Adam Campbell

亞當・坎貝爾｜著
章晉唯｜譯

四週練出一身肌

619種絕對有效的練肌方法

THE Men's Health BIG BOOK OF EXERCISES

男人，沒有你練不到的肌肉

木馬文化

四週練出一身肌：619種絕對有效的練肌方法
The Men's Health BIG BOOK OF EXERCISES

作者　亞當・坎貝爾（Adam Campbell）
譯者　章晉唯
總編輯　汪若蘭
責任編輯　陳希林、李佳霖
行銷企劃　黃千芳

社長　郭重興
發行人兼出版總監　曾大福
出版　木馬文化事業股份有限公司
發行　遠足文化事業股份有限公司
地址 231新北市新店區民權路108-3號6樓
電話 02-2218-1417　傳真 02-8667-1065
email: service@sinobooks.com.tw
郵撥帳號 19588272 木馬文化事業股份有限公司
客服專線 0800221029
法律顧問　華洋國際專利商標事務所 蘇文生 律師
印刷　成陽印刷股份有限公司
初版　2011年07月
定價　新台幣499元
ISBN　978-986-120-708-7

國家圖書館預行編目資料

四週練出一身肌：619種絕對有效的練肌方法 /
亞當.坎貝爾(Adam Campbell)著 ; 章晉唯譯. -- 初版. --
新北市 : 木馬文化出版 : 遠足文化發行, 2011.07
面；　公分
譯自 : The men' s health big book of exercises :
ISBN 978-986-120-708-7(平裝)

1.塑身 2.健身運動 3.男性

425.2　　100004631

目次

審訂者序

二十年體育教師的經驗、以及十年來在運動生理學網站撰寫運動生理週訊文章的歷練，一直秉持著「提供正確運動訓練知識」的想法與理念。我相信很多正確的運動參與知識與概念，已經被廣泛的流傳與應用。不過，在實務的運動訓練場上、健身中心的專業體能指導時，很多實務訓練動作的指導內容，卻很難以文字敘述的方式清楚說明，因此，專業運動教練經常需要親自示範動作給學生學習，不然就是透過訓練動作的圖片與影片協助，再加上一些注意事項的指導，達成專業、有效率的運動訓練。

為了建構健康體能與體適能，心肺適能訓練、肌肉適能訓練、柔軟度訓練、以及維持適當的體重與身體組成，都是相當重要的運動訓練內容。有關肌肉適能訓練方面，大家都知道，肌力訓練可以增進肌力、肌肉爆發力及肌耐力，同時具有減少肌肉組織的流失、提昇休息代謝率(RMR)、增加運動時能量消耗、提昇運動能力等優點，進而避免運動傷害、減少慢性疾病、延緩老化、增進自信心、提昇生活質等。以體能與體適能的觀點來看，維持與提升身體的肌肉功能，是專業運動選手增進基本運動能力、提昇運動表現的重要手段，也是一般社會大眾維持身體機能、提昇健康生活品質的必要過程。

《四週練出一身肌》一書的內容，依據身體各部位的肌肉活動特徵，透過清晰的肌力訓練圖片，以及簡要的文字敘述，清楚呈現人體各部位肌肉的訓練動作與注意事項。對於想要訓練特定部位肌肉的運動愛好者來說，相當值得參考與運用。有關綜合運動與爆發力運動的整合性肌力訓練內容，更以身體運動能力的提昇為訓練目的，適合想要提昇身體運動能力者參考。書末的各項訓練計畫、運動處方的提供，則可以讓讀者依據訓練目的的需要，實際參考運用。

《四週練出一身肌》一書提供了全身性肌力訓練的完整訓練動作圖片與訓練方法資訊，因此，讀者在實務應用時，必須與書末的各項訓練計畫、運動處方一樣，依據訓練的需要與訓練目的，進行訓練動作的組合與設計。而且，除了訓練動作的選擇之外，對於訓練強度（負荷）、訓練反覆次數、訓練組數的決定，也是相當重要的訓練課題，只要讀者實際的應用書中圖片與內容進行訓練，就會瞭解訓練時可能面臨的各項實務應用問題。

相較於體育科系的專業運動訓練教科書，主要以學術研究與週期化訓練理論為主要的內容。這本書詳盡的肌力訓練動作內容，是體育運動學系學生、運動健康休閒（管理）學系學生、健身教練、體育教師、運動教練、以及對於健身運動有興趣者、甚至一般大眾的肌力訓練基礎參考書籍。運動指導者只要可以融會貫通這本書的肌力訓練實務動作內容，再加上專業的運動訓練知識，絕對能夠成為專業的運動訓練指導者；而一般大眾也可藉由此書的訓練方式增進自己的肌肉適能，維持良好的健康體適能。

王順正 教授
國立中正大學運動競技學系系主任
運動生理學網站主持人

序言
這本書將帶給你一個全新的身體

這本書
不講重訓。

這本書講成果。
收效快速的成果。
新年許願希望達到的成果；
或是婚期將近，希望快速打造身形的成果。
尤其是，夏天已經到了，你想要什麼成果？

每個人都知道，自己的身體不可能一夕改變。但如果你確實履行本書中的原則和計劃，你的下半輩子從此就不一樣。而且你不必花一輩子的時間等待成果，甚至連幾個月的時間都不用等。只要兩個星期。兩個星期內，成果就會輕鬆出現在你眼前。你所需要的一切知識，都在這本書裡面：從最適合你目標的訓練方式，到最簡單的營養計畫，讓你今天就能開始。

要達成你設定的成果，其實不難。例如說，你想瘦肚子，那就參考「全球最佳4週飲食和訓練計畫」，一週估計能拋開0.9到1.3公斤的純脂肪，代表每14天就會消掉1吋腹部脂肪。38腰牛仔褲？一個月之後你就要穿36腰了。

這些數據不是隨便亂說的。康乃狄克大學的科學研究數據指出，人一個月可以減下4.5公斤的脂肪，而且無需感到飢餓或吃不夠。科學家在研究中更發現，正確的飲食配上正確的訓練，能創造驚人的功效。其實，本書中所有飲食和訓練計畫，也都是依據這些正確的原則所設計的。

除了消脂，本書還有其他益處。研究者發現，有的健身計畫可以讓使用者增長肌肉——一週就可以長出0.9公斤肌肉。成果雖然因人而異，但本書中的飲食和訓練計畫都是非常有效的工具。兩相配合之下，你每一秒鐘的訓練都會比以前更有效率；成果累積的速度，也是你無法想像的。

或許你早已知道訓練計畫很重要，但你沒時間做。畢竟，我們大部分的人都過著沒日沒夜的忙碌生活，無法長時間訓練。本書也考量到這點，所以本書每一個訓練都可以在一個小時之內完成，大部分的訓練甚至只需要30到40分鐘。書中還有10組訓練，可以每天只花15分鐘就搞定，一週做3次。這10組15分鐘的訓練，都是經由科學分析後設計出來的，擁有超高效率，和那些30分鐘的訓練相比，效果絕對不會打對折。因此，你能在最短的時間內得到最好的成果。練得勤，不如練得巧。

花15分鐘能達到什麼境界？結果會讓你嚇一跳。堪薩斯大學研究者以這些短時間的動作進行研究後發現，這些短時間的動作不但讓入門者的體力倍增，在心理上也比較容易持續下去：採用這些短時間訓練的受試者，在6個月的研究中，有96%的人從頭到尾完成了訓練內容；相形之下，一般的重訓計畫當中，絕大部分的參與者會在一個月之內宣告放棄。此外，這套短時間的方式還可以使受試者快速消除自己的大肚皮，因為他們的身體在一天中剩下的23小時45分鐘裡，會燃燒掉更多脂肪，連睡覺時也繼續燒。

但這些15分鐘的訓練只是個開始。本書還有其他效用，包含世界頂尖訓練師提供的最新重訓計畫，可適用於各種目標、各種生活方式和重訓程度。所有計畫都保證能在短期內看到效果。

舉例來說，如果你從來沒有做過重訓，那不妨試試看肌力與體能訓練師喬．杜戴爾（Joe Dowdell）提出的「重返猛男身重訓計畫」。喬的工作就是訓練名流、平面模特兒和職業運動員，包含NBA明星球員墨菲（Troy Murphy）和鄧里維（Mike Dunleavy）。他為名人所設計的重訓策略，和本書中所採用、可以燃燒脂肪並增強肌肉及改善身材的運動，完全一模一樣。

如果你的目標是要有六塊腹肌，「終極甩肥重訓計畫」會幫你甩開最後一絲肥肉，挺出腹肌。這個重訓計畫是由比爾．哈特曼（Bill Hartman）設計，他是印地安那波利斯市的物理治療師和肌力與體能訓練師，也是健身教練，更是《男性健康》雜誌的首席健身顧問。他的重訓計畫依據最新減肥科學研究打造，從組數、反覆次數到休息，無論哪一項練習都能充分利用身體肌能，燃燒腹部脂肪。如果想換個口味，你也可以參考健護教練和肌力與體能訓練師羅斯曼（Craig Rasmussen）的「創造自己的減重計畫」。在他擬定的計畫中，你可以自己選擇各式減肥運動，並依照他的設計量身打造個人重訓計畫。

若你的目標是想看起來像運動員一樣，則可以參看肌力與體能訓練師波以爾（Mike Boyle）設計的「激賞運動重訓計畫」。波以爾是健身教練，訓練過多位NBA、NFL和NHL的運動員。他的重訓計畫不只能幫助你移動更快、跳更高、避免運動傷害，更幫助你雕塑出精實、肌肉分明的體態。

「完全臥推重訓計畫」中，世界級舉重選手大衛．泰特（Dave Tate）會告訴你如何在短短8週之內，臥推肌力提高50磅。他曾按照這個策略，創下個人最佳成績：610磅。

本書還有更多內容！包含「瘦皮猴變大金剛重訓計畫」、「垂直彈跳重訓計畫」、「婚禮大作戰重訓計畫」、「海灘等著你重訓計畫」、「小倆口很忙重訓計畫」、「三大動作重訓計畫」、「健身房客滿重訓計畫」和「身體萬能重訓計畫」等等，讓你隨時隨地都能燃燒脂肪，練出肌肉。

《四週練出一身肌》這本書能不斷為你帶來最佳效果，而且快到不行。

第一章
重訓的智慧

20種使你看起來更帥、更壯，還能長命百歲的重訓方法

「你看起來不像有在重訓。」

這句話我這輩子不知道聽了多少次，而且每次說這句話的人，都是那種身穿無袖上衣、身材魁梧，看起來一定有「重訓」過的人。他們心裡想要看見的是「典型肌肉男」，所以看見我這樣子會誤以為我沒在做重訓。

事實上，我從不曾想過當肌肉男，也不想當舉重選手，更不想參加大力士競賽（當然，這些都是很好的目標）。所以，我看起來會像舉重選手或大力士嗎？當然不會。

但我看起來像是有在重訓嗎？一定有啊！我身材精實，體態勻稱，雖然肌肉沒有撐爆上衣，也是條條分明。

重訓不是只有「鍛鍊出長達20吋的肱二頭肌」這麼簡單而已。對多數人來說，重訓跟培養肱二頭肌沒太大關係，因為阻力訓練的好處不僅在於讓你手臂變壯，更可以促進你身心全面的健康。過去12年來，我投入健康和健身的研究和倡導，得到一個肯定的結論：你不想管什麼肱二頭肌沒關係，可是若你不重訓，那就真的是瘋了！

重訓讓你戰勝腹部脂肪

重訓讓你戰勝壓力

重訓讓你戰勝心臟病、糖尿病和癌症

重訓更會讓你更聰明、更快樂

不過就是把重物提起來、放下去，反覆做幾次而已，這麼簡單的動作怎麼會有那麼大的效益？這就必須從微小的肌肉纖維開始說起。

簡單來說，重訓時，肌纖維會遭到破壞，這時肌肉蛋白也會加速合成，用胺基酸修復肌纖維，並增加肌纖維耐力。如此一來，肌纖維就更能抵抗日後的傷害。若你規律進行重訓，肌纖維就會經常受到挑戰，肌纖維結構為了適應挑戰就會變化。譬如說，你的肌肉就會變得更大、更強壯，或是變得更不容易疲倦。

肌纖維適應後，就能減少身體的負擔，日常生活的動作如上樓梯或舉起東西等，也就簡單輕鬆起來了。持續規律重訓之後，就算是最困難的體能工作也會變得很輕鬆。科學界把這個情況稱為訓練效果。訓練效果不只能加強你的肌力，也能增進整體生活品質，為你帶來更多優勢。

需要證據嗎？以下20個原因可以說明，如果你明天再不開始重訓，這輩子就白活了。

1、你可以拋掉40%以上的脂肪

關於減肥這件事，最大的祕密是：一定曾有人告訴過你「有氧運動」是減肥的關鍵。其實，重訓更重要。

這一點有事實可以證明。賓州大學研究者以一群體重超重者為研究對象，降低他們飲食中的卡路里，並將受試者分成三組。其中一組不運動，另一組每週3天進行有氧運動，第三組也是每週運動3天，但他們不僅做有氧運動，也做重訓。三組人當中，每一組減掉的體重總和都差不多，大概是9.5公斤。但有重訓的那一組，比沒有重訓的人多擺脫了2.7公斤以上的脂肪。為什麼？因為重訓者所減掉的重量，大多是純脂，而另外兩組減下的只是6.8公斤的油脂和好幾磅的肌肉。稍加計算就可以知道，重訓可以讓你多減掉40%的脂肪。

上面說的不是特例。研究指出，只採飲食計畫而沒做重訓的減重者，減去的重量當中平均75%是脂肪，25%是肌肉。這25%的肌肉，固然可以讓磅秤上的體重數字下降，卻無法幫助你雕塑鏡子中的身體，還可能會復胖。可是如果你一邊控制飲食，一邊做重訓，就能保住你辛苦得來的肌肉，而且燃燒掉更多脂肪。

以抽脂手術的角度來想：重點就只是要移去難看的肥肉，對吧？重訓正能滿足你的要求。

2、燃燒更多卡路里

有做重訓的話，就算在家中舒服坐在沙發上的時候，身體也在燃燒更多卡路里。理由很簡單：每一次阻力訓練後，肌肉需要能量修復、增強肌纖維。威斯康辛大學研究發現，一般人進行全身三大肌群的重訓後，新陳代謝在未來39小時會加速。這段時間中，和沒有重訓的人相比，還會燃燒掉一大部分來自脂肪的卡路里。

但進行重訓的時候，會不會加速燃燒卡路里呢？有很多專家說慢跑比重訓能燃燒更多卡路里。但是南緬因大學科學家以先進的技術計算能量消耗時發現，重訓比原先認定的多燃燒了71%的卡路里。研究者設定8組重訓練習，把這8組練習做一次循

環，約花費8分鐘的時間，卻可以消耗159到231的卡路里。這個數字，與8分鐘內跑完200公尺所燃燒的熱量一樣多。

3、讓衣服更合身

如果不重訓，就準備向你的肱二頭肌說掰掰吧！研究指出，30到50歲之間，身體會失去約10%的肌肉。60歲之後，衰退速度會變兩倍。

更慘的在後面。根據《美國臨床營養學雜誌》研究顯示，失去的肌肉會被脂肪取代。科學家發現，有些人在過去38年內的體重都沒有改變，可是每隔10年就會喪失3磅（約1.3公斤）肌肉，並增加3磅脂肪。這樣一來，你不只會看起來鬆鬆垮垮的，更會增加腰圍，因為1磅（約0.4公斤）的脂肪比1磅的肌肉多佔據了18%的身體空間。幸好，規律的阻力訓練可以避免這種命運。

4、保持身體年輕

減掉多少重量的肌肉固然重要，減掉哪一種肌肉也很重要。研究指出，快縮肌纖維隨年齡增加，最多會失去50%，而慢縮肌纖維的損失則低於25%。這個數據非常重要，因為快縮肌纖維是主要負責產生動力的肌肉，包括產生力量和速度。快縮肌不但是追求運動成績的關鍵，更是你能從客廳椅子上站起來的原因。老人家有時候要站起來很困難，就是因為快縮肌纖維使用不足而萎縮。

讓身體回春的訣竅在哪裡？自然就是重訓囉！重力訓練或是快速抬舉輕量訓練都特別有效。（本書中的動作名稱，如果有「爆發力」或「跳躍」等關鍵字，就表示很適合鍛練快縮肌纖維。）

5、強健的骨骼

隨著年齡增長，骨質會逐漸流失，增加臀部和脊椎衰弱性骨折的風險。情況比你想像的還糟：梅約醫學中心（Mayo Clinic）研究者發現，臀部骨折的人中，一年內有30%的人死亡，而且大量脊椎骨質流失會造成嚴重駝背。好消息是，《應用生理學雜誌》研究發現，只要進行16週的阻力訓練便能增加臀骨密度，提高血液中19%的骨鈣素（骨鈣素是骨骼成長的指標）。

6、更加柔軟

隨著你變老，身體柔軟度也會消失，最多達可達50%。蹲下、彎身或向後伸手都會變得很困難。但是《國際運動醫學雜誌》的一篇論文中，科學家發現只要一週做3次全身重訓，維持16週，臀部和肩膀的柔軟度就有顯著提升，坐姿體前彎的成績增加了11%。你還不相信重訓能讓你身體柔軟嗎？研究指出，奧運的舉重選手，在整體柔軟度上僅次於體操選手。

7、心臟更健康

重訓會加速血液流動。密西根大學研究者發現，一週做3次全身重訓的人，持續2個月後，舒張壓（低壓）平均降低8點，中風的機率因此降低40%，心臟病的風險也降低15%。

8、揮別糖尿病

你可以把重訓稱做是肌肉萬靈丹。在一項為期4個月的研究中，澳洲科學家發現罹患第二型糖尿病的人開始進行肌力訓練後，血糖指數大量減少，病情大大改善。而且，重訓可能是預防糖尿病的最好方法，因為重訓不只能對抗肥胖，降低慢性病的風險，也能改善胰島素敏感度，幫助你控制血糖，降低罹患糖尿病的機會。

9、降低癌症風險

先別急著花大錢預防癌症，低成本的重訓就能搞定。佛羅里達大學研究發現，一週做3次阻力訓練，持續6個月的人，細胞氧化傷害比起沒做重訓的人大量減少。這件事一定要重視，因為受傷的細胞會導致癌症和其他疾病。《運動醫學與科學雜誌》一篇研究中指出，科學家發現阻力訓練會加速讓食物通過大腸，最高可加快56%。科學界認為這樣能減低罹患結腸癌的風險。

10、更能貫徹飲食計畫

重訓可說是一石二鳥：一方面燃燒卡路里，一方面能幫助你貫徹飲食計畫。匹茲堡大學研究者花了兩年的時間，以169位過重的成人為對象，每人每天分配1500卡路里的飲食。受試者當中，沒有參加一週3小時重訓計畫的人，每天的進食量一定會超過規定的1500卡。反之亦然，每天都超量進食的人，也不會參加重訓計畫。偷吃零嘴會危害重訓的決心。這個研究的學者們指出，重訓和節食可能都是提醒自己循序漸進的動作，增強減肥的目標和動力。

11、更能處理壓力

重訓時揮灑熱汗，面對壓力時就更能泰然自若。德州農工大學科學家發現，體態好的人和體態差的人相比，體態好的人分泌的壓力荷爾蒙比較少。喬治亞醫學院研究發現，健壯者的血壓和瘦弱者相比，健壯者面對壓力之後血壓能較快恢復正常。

12、擺脫時差困擾

你下一次出國抵達旅館時別急著整理行李，不妨先去旅館的健身房。舊金山西北大學和加州大學研究者進行肌肉組織切片的研究，發現有做阻力訓練的人，體內負責晝夜節律的蛋白質也起了變化。研究結論是什麼呢？肌力訓練能幫助你的身體迅速調整，讓你適應不同時區，或讓你適應大夜班等情況。

13、人生更快樂

有人靠瑜伽紓解心情。但是，伯明罕阿拉巴馬大學研究者發現，一週做3次重訓，維持6個月的話，可大大降低一般人的情緒和憤怒計量分數。

14、睡得更好

努力投入重訓，可以幫助你輕易入睡。澳洲研究者發現，一週做3次全身重訓，維持8週的病人，睡眠品質改善了23%。而且，研究的受試者開始重訓之後，比以前沒重訓時更容易入睡，也睡得更久、更安穩。

15、鍛練成效更快

「心肺」這個詞不僅僅是用來形容有氧運動而已。夏威夷大學研究發現，進行重訓循環訓練時所提升的心跳率，比起以60%～70%最大心跳率強度跑步時的心跳率，每分鐘高出15下。研究者指出，重訓不只加強肌力，更能和有氧運動一樣有益心血管。不過重訓比較節省時間，而且能得到同樣的效果。

16、對抗憂鬱

蹲舉這個動作，說不定會是新一代的抗憂鬱藥物。雪梨大學科學家發現，規律進行重訓，可以大量減輕重度憂鬱症的症狀。研究者報告指出，60%的臨床確診患者都有重大的改善，和抗憂鬱症藥物反應率相同，而且沒有副作用。

17、工作效率更佳

把時間投資在啞鈴上，就有機會可以加薪。英國研究者發現，上班族如果有去重訓，工作效率會比沒重訓的那幾天高出15%。現在思考一下這些數據代表的意義：至少理論上來說，你去運動的那幾天，原本要花9小時12分鐘做好的事，可以在8小時內就做好。或者，你仍然選擇工作9小時，可是辦事的進度都會超前，壓力也因此減輕不少，你也會覺得工作更快樂了。這就是上班族重訓那天的額外好處。

18、長命百歲

鍛練出強健的身心，可以使你長命百歲。南加州大學研究者發現，全身的肌力和心血管疾病、癌症以及其他原因造成的死亡有關。夏威夷大學科學家將「活到85歲且身體沒有重大疾病」的人，稱之為「特活」（exceptional survival），他們的研究發現中年仍擁有強壯身體和「特活」這兩者之間，有一定的關係。

19、保持頭腦敏銳

永遠不要忘記重訓的重要。維吉尼亞大學科學家發現，一週重訓3次，並維持六個月的男女，血液中的同半胱胺酸（homocysteine）大量減少。同半胱胺酸是一種蛋白質，和痴呆與阿茲海默症有關。

20、變得更聰明

說到精神和肌肉之間的連結，巴西研究者指出，進行6個月的阻力訓練之後，訓練者的心智功能也增強了。而且，重訓還能促進短期和長期記憶能力，改善口語論證能力，專注時間更能因此延長。

第二章
所有關於重訓的問題……正解在這裡

打造你夢幻體格所需的專業知識

對健身稍有了解的人都明白，每個有關重訓的問題，答案都是同樣的三個字：看情況。畢竟每個人的身體和每種狀況都不同，要達成目標，方法也不只一種。因此本章的內容只是基本原則和建議，而非不可違反的戒條。這些都是我最常被問到的問題，我以多年來累積的知識，提供解答給你們參考。請把本章內容當成我個人的基本重訓課程裡的摘要筆記吧。不過別擔心，我的摘要筆記裡面，只有一次提到「使用者自負風險」這種說法。

「動作應該做幾下才好？」

說到重訓，這是你該問的第一個問題。為什麼？因為這個問題會決定你的主要目標在哪裡。例如說，你是想快速減肥，或是長更多肌肉？答案會決定你動作的反覆次數。下定決心，然後參考以下建議，找出最適合你的次數範圍。

想要快速減重

簡單！我認識所有頂尖的重訓專家都發現，做8到15下，減肥效果最好。答案也許不意外，因為研究指出，若以同樣的次數範圍進行各組重訓時，會達到最佳的刺激效果，並能增加燃燒脂肪的荷爾蒙。多做幾下或少做幾下，都不及這個範圍來得有效。當然，8到15這個範圍還是有點寬，所以你必須再把這範圍進行細分。有一個好方法是：在8到15下之間分成三個較小的範圍，讓你的重訓有一點變化。例如：

12到15下
10到12下
8到10下

以上這些反覆次數，對減肥都有效。所以就選一個吧！12到15下是一開始的好選擇，尤其是重訓新手，然後每2週到4週之後就更換成其他次數。

想要長更多肌肉

大家都聽說過一個熱門的健身概念，就是做8到12下是培養肌肉最好的方法。但是，這個說法是從哪裡來的？你聽了可能會嚇一跳：英國的外科醫生兼健美選手艾恩．麥昆發表過一篇研究論文，建議採用比較多次的運動反覆次數，來促進肌肉增長。哪個年代的事？西元1954年。好，這方法大部分時候有效，但這半個多世紀以來，我們學到了更多有關肌肉的知識。其實比較合理的情況是，重訓時要採用低、中、高不同的反覆次數，如此一來肌肉會發展的更好（想要了解為什麼，請參考12頁的「反覆次數只有多少之分，而無好壞之別」）。要得到最好的效果，你最好每2週到4週改變反覆次數，或甚至每一次重訓都改變。

我特別喜歡《男性健康》雜誌常年健身顧問，也是健身教練和肌力與體能訓練師的艾文．科斯葛羅夫（Alwyn Cosgrove）設計的一週3天全身訓練計畫：

星期一：5下
星期三：15下
星期五：10下

這種簡單的方法，獲得了21世紀科學研究的支持。亞歷桑那州立大學研究者發現，每週3次的訓練計畫中，每次都改變反覆次數的人（波動週期訓練），比起每次重訓都做同樣次數的人，力量增加了兩倍。

「重量要選多重才好？」

讀者經常寄電子郵件給我，詢問這個問題。我一般會回答：「我怎麼會知道？我在網路上又看不到你有多壯！」不過我現在已經有了比較好的答案：按照反覆次數的高低，選擇身體能負荷的最大重量。也就是說，如果反覆次數越低，你用的重量就要越重；反過來說，反覆次數越高則重量越輕。例如，如果你可以舉起某個重量15次，那麼只舉5次的話，對你的肌肉就沒什麼幫助。如果你選一個舉5次就很辛苦的重量，你也不可能硬舉個15次。

所以要怎麼找到正確的重量？答案是不斷調整。首先要憑經驗猜猜看，然後試試看。對老練的舉重選手來說，這是第二天性，但如果你才剛入門，別給自己太大壓力，反正你會迅速適應的。關鍵就是要踏入重訓室，開始舉重。如果你選的重量太輕或太重，那就在下一組動作中進行調整。

當然，如果你選的重量太重，那很快就會發現無法做到你想要的反覆次數，因為你無法做完一整組動作。但若是要判斷自己是否挑選的重量太輕，就沒那麼容易。有一個簡易的方法：記住你開始感到吃力的時間點。

比如說，你要做10下。如果10下做完還感到很輕鬆，那你選的重量就太輕了。但是如果第10下開始感到吃力，那就代表你選了正確的磅數。「感到吃力」是什麼意思？就是當你舉重的速度大幅下滑的那一刻。雖然你可以再多做幾下，但是你的肌肉已經感到吃力，就表示差不多夠了。這也就是一般人開始「作弊」的時候，他們會調整自己身體的姿勢，想辦法再多舉幾下。

記住，你的目標是要完成所有的反覆次數，而且每一組都要保持標準姿勢，盡可能挑戰肌肉所能負荷的重量。為了達到這個目標，秘訣就在於「採用『感到吃力』的方法」。盡力去做。當你感到吃力時，你就完成了一組動作。進行以自體重量為阻力的訓練（例如伏地挺身、仰臥起坐、抬臀等動作）時，這也是一個相當適合的策略指標，盡可能達到身體所能負荷的最高反覆次數。（在第十三章中，你會在許多重訓計畫的指示中看到這項原則。）

「每一個動作要做幾組才好？」

首要原則：不論做幾組，相同的肌群至少累積反覆做到25下。如果你計畫一組要做5下，就必須至少做5組動作。如果你一組做15下，那你就只要做2組動作。一組動作的反覆次數越多，你要做的組數就越少。反之亦然。不論你怎麼做，上述的方法都能在一段適當的時間長度內，使你的肌肉始終保持緊繃。

如果你的體格已經夠好，當然每一個肌群可以做超過25下，但不要做超過50下。例如，一般健身建議是同一肌群做3到4種不同的動作，每一種動作做3組，每組10下。就肌肉來說，總反覆次數加起來相當於120下。問題是，如果任何一個肌群可以做到接近100下，那就代表做的強度不夠。換個角度想：強度越強，就無法持久。例如很多人慢慢跑可以跑上一個小時，但很難找到一個人可以持續狂奔一個小時，且速度不會大幅減緩。而一旦速度開始下滑，就代表已經達到對目標肌群最有益的訓練量。那你為什麼還要浪費時間呢？

「重訓要多久才好？」

答案當然是：需要多久就是多久。最好的測量方式是計算總共做了多少組動作。幾年前我從澳洲知名的健身教練艾恩．金（Ian King）那裡學到一件事，十分受用。他的建議是：每一次重訓做12到25組動作。也就是說，所有動作加起來的組數應該在這個範圍之中（不包括熱身動作）。所以如果休息的時間越長，重訓時間就會拉長，如果休息時間越短，就能較快結束。新手可能會覺得12組就很多了，但經驗豐富的重訓者也許可以應付25組。當然，總組數的規定也不是死的，不過這種總組數的規定，對於肌肉增長或者是減肥，都十分有效。對大部分的人來說，一次重訓量如果超過這個範圍，則投入的時間成本效益會大幅銳減，兩次重訓之間肌肉復原

反覆次數只有多少之分，而無好壞之別

重訓專家不會像一般人隨便選一個反覆次數。至少好的重訓專家不會這樣。因為反覆次數的範圍，會決定肌肉如何適應你的訓練程序。其實，只要了解三種主要次數範圍的益處，你就能選擇最符合你需求的反覆次數。但要記得，這些反覆次數的原理不像電燈開關，反而比較像是明暗調節開關：你增加或減少反覆次數時，會稍微調降某種效果，可是會增強另外一種效果。以下就稍加說明。

1、低反覆次數（1到5下）：進行較低的反覆次數時，可以選擇肌肉所能負荷最重的重量，使肌肉緊繃程度到達極限。如此一來，能增加肌纖維中的「肌原纖維」數。肌原纖維又是什麼呢？就是肌纖維中含有收縮蛋白的部分。換個方式想：收縮蛋白增多時，肌肉就更能收縮，產生更大的力量。這就是為什麼1到5下是增加力量最合適的範圍。當然，肌原纖維使肌纖維的尺寸增加，肌所需要的時間也會增加。如果你忽視這項重要的原則，可能會使身體運動過度，欲速則不達。

「每一組動作之間要休息多久才好？」

很短。休息的時間可能還不夠你在飲水機旁聊天。你知道嗎，重訓時每組動作之間要休息多久，是一個相當關鍵的要素，但往往被人忽略。要了解箇中奧秘，首先必須先來一堂運動科學速成課程：反覆次數越少，重量越重，所需要休息的時間也越長；反覆次數越多，重量越輕，休息時間越短。為什麼？當你舉起較重的重量時，快縮肌纖維便開始重組，產生主要的力量，但快縮肌纖維也是最容易疲倦且最需要長時間休息的肌纖維。所以，讓肌肉有充分的時間休息，就能確保你在每一組動作中達到最好的鍛鍊成效。當使用較輕的重量、做較多下的時候，你主要是在訓練慢縮肌纖維。這些肌肉不只比快縮肌更不容易疲倦，而且他們恢復速度也比較快。結論就是，即使剛才才挑戰高反覆次數的動作，慢縮肌纖維短時間內就能恢復，準備好再挑戰一次。

以上這番話，對你要休息多久又有什麼意義呢？我採用以下基本原則：

1到3下：休息3到5分鐘
4到7下：休息2到3分鐘
8到12下：休息1到2分鐘
13下以上：休息1分鐘

但真正的訣竅在於：以上這些數字只代表「練同一塊肌肉時，中間所需要休息的時間」。也就是說，腦筋動得快的話，你就不用等時間一分一秒過去，可以先訓練其他肌群。我最喜歡的兩個方法就是「輪流交替」和「循環訓練」。這兩種方法會大量縮減你重訓的時間，而且不會犧牲成果。因為一部分肌群休息的時候，你已經在訓練其他肌群。以下先介紹「輪流交替」和「循環訓練」這兩種方式，本書第十三章中的計畫都有採用這兩種方式。

輪流交替訓練：先做一組訓練，休息一下，再做一組相反肌群的訓練。（你也可以用上半身的動作搭配下半身動作。）再休息一次，然後重複進行，完成指定的組數。例如，如果你做6下仰臥推舉，可以不必休息2分鐘，只需休息1分鐘。接著做一組啞鈴划船，做完之後休息1分鐘。如果把你完成啞鈴划船的時間也算進來的話，你現在已經休息超過2分鐘的時間，可以再度開始仰臥推舉。要點：採用這種方法，休息間隔可以輕易縮減一半。

循環訓練：做3種或3種以上（可以是4種、5種，或甚至10種）動作，連續進行，各組中間不需休息。最常見的方式是上半身和下半身的動作交替進行。例如，你可以依序進行以下動作：蹲舉、仰臥推舉、抬臀、啞鈴划船等等。這樣的話，

上半身在休息的時候，下半身就可以進行訓練。你也可以在每組之間進行休息。

準備好要試試這些技巧了嗎？參考下面這個表。

使用	搭配
股四頭肌	腿後肌與臀肌
胸肌	上背肌
肩膀	背闊肌
肱二頭肌	肱三頭肌
上半身	下半身
上半身	核心肌群
下半身	核心肌群

「一週要重訓幾天才好？」

至少2次。一週做2次的話，就能獲得阻力訓練產生的健康效益。所以最少應該做2次。理想情況下，一週最好重訓3到4天，可以是全身重訓，或是上下半身分次重訓。以下是進一步的說明。

全身重訓正如其名，每次重訓都會練到全身的肌肉。接著休息一天，隔天再重複。這是有科學原理的。德州大學醫學院蓋文斯頓分校研究者在多項研究中證明，肌肉蛋白質合成是肌肉修復的指標，阻力訓練之後的48小時內，肌肉蛋白質合成會有所提升。所以如果你星期一晚上七點重訓，你的身體會一直維持在肌肉生長模式到星期三的晚上七點。不過，48小時後，身體生長新肌肉的生物刺激就會回歸正常。就代表該回去重訓了。

重訓之後，新陳代謝的加速時間也同樣是48小時。因此，不論是要長肌肉或是減肥，全身重訓都相當有效率。我個人認為，這是燃燒脂肪最好的運動方式。因為你運動到越多肌肉，就燃燒越多卡路里。重訓時或重訓後都是如此。

另一個很有效的策略是上、下半身進行分次重訓。這樣主要是用來增加肌肉大小和肌力，增進運動表現。採用此方式時，不要同一日同時鍛鍊上半身和下半身。原因很簡單：分開來鍛鍊，就能以更激烈的方式，訓練上半或下半身肌群，全身重訓就無法做到如此。不過，這樣也表示你必須給肌肉多一些時間復原。例如，你選擇一週4次的重訓計畫，星期一鍛鍊下半身，星期二鍛鍊上半身，然後休息一天到兩天的時間（也許星期四或星期五），再重複重訓。這樣上、下半身的重訓會間隔2到3天。或你可以上下半身輪流重訓，中間隔一天，一週重訓3次。

記得一件事，假如你進行全身重訓後，已經達到肌肉增長、力量增強的效果，那就不必把上、下半身分開來進行重訓。但如果到了某個關鍵點，無法完成全身重訓的組數，則此時可能就該改變一下。你也可以單純試試看不同的方式，決定什麼樣的重訓方法最適合自己

肉也因此更大塊。（肌肉小常識一：這種肌肉增長方式稱為「肌原纖維肥大」。）

2、高反覆次數（11下以上）：採用高反覆次數時，肌肉必須收縮很長一段時間。如此一來會增加肌纖維中的粒線體。粒線體主要功能為產生能量，不只能燃燒脂肪（燃燒越多越好），更能增加肌耐力和促進心血管健康，肌肉的結構也會改變。肌肉結構改變之後，肌纖維中的肌漿量也增加了，肌肉因此變大。（肌肉小常識二：這種肌肉增長方式稱為「肌漿肥大」。）

3、中度反覆次數（6到10下）：採用這種方式的時候，肌肉適中緊繃，維持時間不長也不短。你可以把它想像成混合了高、低反覆次數的舉重練習。這種方法能同時加強肌力和肌耐力。但若一直維持中度反覆次數，就可能無法以高反覆次數鍛鍊肌耐力，也無法以低反覆次數達到高強度肌肉緊張。所以，建議你輪流採用低、中、高的反覆次數。

的肌肉和生活型態。本書中有許多重訓方法供你選擇，天天都有新花樣。

「同一個肌群要做多少種動作才好？」

一種。這是最簡單、最有效率的方式。重訓時，第一個動作（此時肌肉正處於還沒開始運動的狀態）就可以讓身體獲得大部分的好處。例如，假設你各做3組啞鈴仰臥推舉、上斜啞鈴推舉和啞鈴飛鳥。到最後一組訓練時，你能支撐的重量已經比一開始小得多了。如果把順序倒過來，最後才做啞鈴仰臥推舉，則你能支持的重量，會遠小於你一開始就先做啞鈴仰臥推舉的重量，而且還必須使用平常覺得有點輕的啞鈴。此時，你的肌肉已經無法獲得鍛鍊的益處了。因此，大部分的時候，同一個肌群用一種運動來鍛鍊，會有最佳的效果。尤其是在時間有限的情況下。

上述的原則，當然可以改變。例如，如果某個肌群進度有點落後，則在4週的訓練計畫中，你可以調整重訓的整體組量，加強某部分肌群的訓練（這種方式，稱為優先肌群訓練法），而且訓練這一個肌群時，不會只用同一種動作，乃是選擇二到三種動作，例如可採用先前提到的啞鈴仰臥推舉、上斜啞鈴仰臥推舉和啞鈴飛鳥。（參考第四章「完美胸肌大作戰」現成的重訓計畫。）雖然你開始做後兩組動作時，所能承受的重量遠小於一開始就先做這兩組動作的重量，可是你仍然可以增加肌群的運動總量。如此一來，就能幫助你突破瓶頸，刺激肌肉新生。

使用者風險自負：如果你採用這個方法之後，依然發現自己沒有變強，反而越來越弱，那就表示運動量對你來說太高了。回復到原本的運動量，讓肌肉在重訓間隔期間好好休息。而且，在「重訓建議總量」維持不變的原則下，採用優先肌群訓練法的話，也表示其他肌群必須少練一點（參考第11頁「重訓要多久才好？」）。

「要舉多快才好？」

簡單來說就是：慢慢放下，快速舉起。研究指出，「慢慢放下重量」這個動作，能幫助你更快提升肌力；「快速舉起重量」這個動作則能活化最大量的肌纖維。做動作的時候，盡量花2到3秒鐘慢慢放下重量，在「重量低點」處維持姿勢停留一秒，然後盡可能快速舉起。唯一的例外：如果動作是要鍛鍊爆發力，動作從頭到尾都必須維持最快的速度。

記得，有些動作，例如滑輪下拉，雖然姿勢是「往下拉」，但實際上卻很像是舉起重量的動作，肌肉會收縮。其實仔細想，槓桿下拉時，槓片是上升的。

「需要有人在旁邊看嗎？」

正解：當然需要。畢竟，槓鈴隨時可能會卡在你的脖子上。這不是開玩笑的，這種意外年年都在發生，會死人的。但這也教導我們一件更重要的事：不要嘗試舉起超過你能力的重量，尤其是使用槓鈴做重訓的時候。我和許多人一樣，在家自己重訓，所以旁邊沒人看著。可是，我完全不可能被卡在槓鈴底下無人救援，因為我臥推都用啞鈴。緊急時，我只要放手讓啞鈴掉到地上就好。

每一組訓練，我都採用「何時會感到吃力」這個原則來評估

（參考第10頁「重量要選多重才好？」）。假設我選了一個超過我負荷能力的重量，打算要做六次，那麼我很快就會感覺到這樣不行，此時只要立刻停止即可。但這樣一來，我該如何知悉我力量的極限？其實答案不重要，我完全不想知道自己力量的極限在哪。但如果答案對你來說很重要的話，我的建議很是：若你要測試自己的極限，身邊一定要有人看著。

「我需要哪些器材呢？」

你已經有器材了：你的身體。可以參考第十三章「身體萬能重訓計畫」，今天就開始重訓。但如果你想為自己量身打造健身房，下列的基本及進階器材不可或缺。

基本器材

啞鈴

如果只能使用一種重訓工具，啞鈴會是我的首選。啞鈴簡單、變化多樣，而且耐用。如果你家空間夠大，任何一種啞鈴都可以拿來用。最便宜的是基本款鐵製六角啞鈴。貨比三家不吃虧，如果買一整組啞鈴，還可能打折。如果你家沒什麼空間，可以考慮買一組多功能、一體成形的PowerBlocks啞鈴（參見www.powerblock.com）。這東西能迅速配置出你需要的重量，也不需要太大的儲藏空間。

重訓椅

基本的扁平椅不會太貴。如果有錢，可以考慮可調式啞鈴椅，這樣上斜椅和下斜椅的動作也都可以做了（參考www.fitnessfactory.com網站，有多種選擇）。一張重訓椅能立即增加多種訓練動作的變化。

單槓

如果方便的話，你可以自己用一根直徑2.5公分的鋼管打造自己的單槓。購買現成的單槓也可。依你的需求可以選擇裝在樑上、牆上或天花板的款式，可參見www.newyorkbarbells.com。也可以買那種掛在門上的。我很喜歡一個叫作Perfect Pullup的商品（www.perfectpullup.com），這款單槓能調整高度，以利進行懸垂臂划船，設計真的很獨特，大大增進了實用性。缺點是你必須用螺絲釘將這種單槓鎖進門框，而且售價美金100元，有點貴。

瑞士球

又稱為平衡球、治療球、健身球（我為什麼稱它瑞士球？習慣而已）。瑞士球很適合做核心訓練，並且好處多多，還能當便宜版的重訓椅。其實，只要一組啞鈴、一顆瑞士球，再加上單槓，就是相當完整的家庭健身房了。基本款的瑞士球到處都買得到，連大賣場也有；耐用的Sissel牌和Duraball牌瑞士球可以到www.performbetter.com網站上購買。

槓鈴和槓片

有兩個選擇：標準槓鈴或是奧林匹克槓鈴。標準槓鈴重20磅（約9公斤），比較便宜；奧林匹克槓鈴重45磅（約20.5公斤），就是可以在大部分健身房看到的那種，也比較耐用。我建議，如果你已經有標準槓鈴，那就夠了，反正你的肌肉也分不出來「標準」和「奧林匹克」之間的差別。但如果你的家庭健身房是新開張或要提升等級，那就可以採用7呎的奧林匹克槓鈴。貨比三家，說不定只要花300美金就能找到奧林匹克槓鈴搭配300磅（約136公斤）的奧林匹克槓片組。

槓鈴架

如果你要做槓鈴蹲舉，那就一定需要四方架或掛片式蹲舉架。一座好的四方架還可以大大提升家庭健身房的等級。你可以買一個設有單槓和高低滑輪系統的四方架，這樣就可以做滑輪下拉、滑輪划船和幾乎所有的滑輪訓練動作。我推薦EFS多功能高低滑輪四方架（www.elitefts.com）。

進階器材

滑輪機

滑輪機能提供上百種不同的變化。最省時省錢的方式，就是買一組附有滑輪系統的四方架。但如果你有錢又有空間，Free Motion EXT複合式飛鳥機是不得了的逸品，臂架有108種旋轉角度，讓你從想像得到的每一個角度訓練每一條肌肉。可上www.freemotionfitness.com網站參考。

曲桿槓鈴

做彎舉的時候，對手腕來說，握住曲桿槓鈴會比直桿槓鈴更自然。曲桿槓鈴也比一般槓鈴短，要在健身房裡面搬動的話比較方便。

壺鈴

這是俄羅斯進口的，外表像是有把手的保齡球，已經在市面上出現好幾年，但最近才開始在健身房重訓計畫中流行起來。壺鈴可以當成啞鈴用，做同一種動作的時候，用壺鈴的挑戰難度會高於啞鈴，因為重量並不在中心，所以會強迫你的穩定肌更用力。參考264頁的單手壺鈴揮舉。本書中幾乎每個需要啞鈴的動作，都能換成用壺鈴來做。

藥球

有些器材永遠不會退流行。藥球可用在核心訓練、特殊運動訓練等項目上，還可以用來做「高難度版的伏地挺身」——也就是雙手各放在一顆藥球上。想求新求變的話，買一顆有彈力的藥球如First Place Elite品牌的藥球，就能在牆上進行反覆丟接（參考www.performbetter.com）。

Valslides滑墊

Valslides是一種塑膠材質的設備，墊著泡綿，能讓硬地板或地毯變身為類似溜冰場，減低地面的穩定性，加強如弓步等預備動作時的難度，使你在整組動作中肌肉都保持緊繃。Valslides可能是核心訓練中最實用的工具，因為它徹底改變了腹肌的訓練方式，本書第十章有詳細的介紹。有興趣可以去www.valslide.com看更多資訊。

TRX懸吊式阻力訓練器

這組尼龍製的吊帶讓你不管到哪裡都能重訓。它構造輕便，可以鎖在任何堅固的高點：拉捍、門或樹枝上都沒問題，讓你現場就做出上百種下半身、上半身和核心的訓練，還可加以調整，以便配合不同健身程度的人使用（另附有DVD，根據不同的訓練目標提供完整的教學），因此非常適合四處旅行的人，若想充實自己的重訓器材，也可考慮採購這款商品。在健身這個產業裡面，有太多華而不實的商品，但TRX真的名不虛傳。可參看www.fitnessanywhere.com。

爆炸吊帶

把這款吊帶掛上任何穩固的槓桿，不論在健身房、家中或甚至在公園裡，調整好吊帶長度，你就能做懸吊式伏地挺身、單槓和懸垂臂划船。因為吊帶並不是固定的，所以能挑戰身體在空間中三維度的動作：前後、上下和左右，為你的重訓增加全新的動作面向，有助增強肌肉薄弱的部分，矯正肌肉不平衡的情況。爆炸吊帶可上www.elitefts.com參考。

台階或腳凳箱

雖然你可以在重訓椅上做登階的動作，但腳凳箱和台階卻是更適合的器具，因為可以調整高度。Reebok台階或動力有氧台階具有可調高的設計，不過我個人最喜歡的還是www.elitefts.com網站上的Box Squat Box。它不但穩固，而且附防滑設計，你還可以快速調整它的高低，不論是登階、單腳深蹲、弓步前蹲、分腿前蹲、深跳和抬高式伏地挺身，都有絕佳的幫助。

大型皮帶

超大尺寸的橡膠皮帶可以拿來進行「協助型引體向上」這個動作，而不需用到其他的特別器材（想詳細了解如何進行「協助吊帶引體向上」，請參考第五章）。皮帶越寬，越能協助引體向上的動作。可上www.ihpfit.com搜尋Superbands或www.elitefts.com搜尋伸縮帶（flex bands）。

小型皮帶

小型皮帶又稱為彈力帶（參考www.performbetter.com）。在做臀部和大腿內側的運動時，這些有彈性的小鬆緊帶很有幫助。本書從頭到尾都廣泛運用到彈力帶，例如：彈力帶側走、彈力帶腿外展運動、自體重量推膝深蹲等。

博蘇球

博蘇（Bosu）代表「兩面都有用」的意思。博蘇球能讓伏地挺身和抬臀運動變得更有挑戰性。博蘇球在任何一家健身購物中心都找得到，也可在網路健身商店訂購。

沙袋

你舉起沙袋時，袋內的沙會流動，因此容易改變你的重心，這樣能強化核心肌群的力量，免得你身體倒下去。這些袋子令人感覺很笨拙，但對你的身體很有幫助。而且，沙袋的大小比起槓鈴或啞鈴都還要大，更能模擬日常生活中的物品，像是嬰兒車、電視、行李箱等等在現實生活要拿上拿下的東西。缺點是一般在大賣場買的沙袋會漏沙。但買Woody Bag就不會有這個問題（www.ironwoodyfitness.com），沙都包在結實的PVC外層內。

Airex平衡軟墊

進行下半身動作時，如果站在這種海棉墊上，會使你的肌肉緊繃，平衡腳踝、膝蓋和臀關節。在本書中，我賦予這種平衡軟墊新的用途，例如，將軟墊夾於雙膝間，進行夾膝抬臀運動（參考第九章）。參看www.performbetter.com。

第三章
全球最棒的
4週飲食和重訓計畫

通往精壯身體的捷徑

如果你想從今天就開始擁有快速的成果，那麼最簡單的方式就在這裡：4週飲食和重訓計畫。這是根據世上首屈一指的專業營養科學家福洛克博士的研究所設計出的計畫。

福洛克博士在康乃迪克大學的研究中發現一個極有效的減肥、促進健康法則：低碳水化合物飲食、重訓前後營養補充和重量訓練。受試者一個月就拋開了4.5公斤的純脂肪，也長出不少肌肉。其實，受試者除了消除了肥肚腩之外，受試期間平均每週還增加0.45公斤的肌肉。更重要的是，受試者大大減低了罹患心血管疾病和糖尿病的風險，甚至比遵守低脂飲食的人還更健康。他們身體中的總膽固醇減低了12%，三酸甘油脂下降32%，胰島素也減少32%，而且C反應蛋白（身體發炎的指標）也降低了21%。受試者到底做了什麼？什麼都沒做！只有參照本章所介紹的飲食和重訓計畫。

以下就是你的4週快速上手計畫。拋開肥胖，擁抱健康生活！

飲食計畫

這項飲食計畫很簡單：少吃碳水化合物，減少卡路里攝取，就可達到減肥效果。這項飲食計畫還可以誘發你的身體去使用儲存的脂肪（而不是使用醣分），來作為主要的能量來源。研究指出，如此一來能幫助一般人控制血糖、飢餓和欲望；你會吃得比較少，但又不會覺得吃不夠。結果就是讓你更快減肥，體驗前所未有的輕鬆感受。

吃什麼好呢？

第21頁表格列出的三個種類的食物，從中選出任何組合，吃到你覺得飽（不可吃到撐）。這麼簡單的方法，卻有可能使你飲食更規律。結果：你會自動吃得更少，降低體脂，完全不需要計算卡路里。

進食原則

每餐都攝取優質蛋白質

攝取蛋白質並維持身體基本的營養，這樣你減肥時才能同時能培養、維持肌肉的生長。蛋白質也能幫你感到飽足，幫助你更快達成目標。

放膽吃脂肪

膳食脂肪是幫助身體控制總卡路里需求的關鍵，因為吃了脂肪之後，非常容易感到飽足。所以，只要你有降低體重，就表示你沒有攝取過量。

多蔬多健康

紐約市內紐約州立大學下州分校醫學中心研究者測試兩千位採用低碳水化合物飲食計畫者，結果發現平均來說，飲食控制最成功的人，每天至少吃四份低澱粉的蔬菜。

避開含糖和澱粉的食物

這類食物富含大量的碳水化合物，例如麵包、義大利麵、馬鈴薯、米飯、豆子、糖果、一般碳酸飲料、烤食，以及其他所有含穀物、麵粉和糖的食物。有一個簡單的方式可以判斷：閱讀產品的成分標籤。如果食物中每一份（per serving）含有超過5克的碳水化合物，那就別吃了。當然，也別過度在意。在餐廳點餐時，只要注意餐點主要的食材就好了。一盤菜裡面雖然可能藏有糖或澱粉，但如果上桌的食物屬於我們在這裡建議的食材種類，就沒問題。自己判斷就好。

限制水果和牛奶的攝取

康乃迪克大學的研究中，研究人員要求受試者盡量避開水果和牛奶，以便把每天碳水化合物的攝取量降低至50到75公克以下的水平，這樣才不必監控卡路里的量。其實你還是可以喝牛奶並食用低卡水果（尤其是莓果類和瓜類），只要沒有過量，並注意自己總碳水化合物攝取量，就沒有問題。

總而言之，每日的水果和牛奶的總量應限制在兩份以內。一份水果是二分之一杯；一份牛奶則是一杯（約240克）。每一份約含有10克的碳水化合物。所以一天中，你可以享用約120克的草莓和一杯牛奶，或吃一份240克的草莓。

餐餐都幫你想好

不必把飲食計畫弄得太複雜。就把它想成是肉類和蔬菜飲食計畫。以下範例就是一天飲食的參考。

早餐：任何一種蛋都可，不論是炒的、煎的、煮的、燉的或做成蛋捲（包括內餡）。當然，你可以加乳酪或任何一種肉，甚至是培根和香腸。

小點心：各種乳酪都可當小點心，堅果和核果也不錯，像是杏仁、花生、葵花子、南瓜子等都是理想的選擇。新鮮蔬菜搭配一些佐料也很棒。當然，高蛋白奶昔一天中隨時都可以飲用。

中餐：最佳選擇就是一盤大沙拉，裡面有雞肉、火雞肉或鮪魚。例如：凱撒雞肉沙拉或蟹肉沙拉。你也可以吃個漢堡（去麵包），或可以吃前一晚晚餐的剩菜。

晚餐：應該是一天最簡單的一餐。任選肉類，搭配建議的蔬菜，就算是有按照

專家簡介

福洛克博士（Jeff Volek, PhD, RD）是康乃迪克大學副教授，發表了185篇以上與飲食及運動相關科學研究論文。2007年，福洛克博士和本書作者合著了《男人！沒有吃不下的食物！》（Men's Health TNT Diet），書中詳細解說飲食計畫背後的科學原理，按部就班提供建議、菜單以及更多的訓練方式。

優質蛋白	低澱粉蔬菜*		天然脂肪
牛肉	朝鮮薊	蘑菇	酪梨
乳酪	蘆筍	洋蔥	奶油
蛋	花椰菜	胡椒	椰子
魚	球芽甘藍	菠菜	鮮奶油
豬肉	白花椰菜	蕃茄	堅果和核果**
雞鴨	芹菜	蕪菁	橄欖、橄欖油和芥花油
乳清蛋白和酪蛋白	小黃瓜	櫛瓜	全脂酸奶和沙拉醬

*這些是常見的一些低澱粉蔬菜，你也可以食用各式蔬菜，但避免馬鈴薯、豆類和玉米。

**一天以兩份為限（一份約是一手可抓起的量）。

計畫在進食。最完美的晚餐可以是一塊牛腩肉以及新鮮蕃茄，加上馬札瑞拉乳酪組成的沙拉，或是烤雞配蒸花椰菜。

喝什麼好呢？

任何每份低於五卡路里的飲料都可以喝。有哪些選擇呢？當然有水。還有無糖咖啡和茶（加鮮奶油也OK）。還有無糖飲料，諸如健怡可樂等。

酒的話，適量的話無妨。一天不超過兩杯紅、白酒、淡啤酒或烈酒。而且要確定你的酒裡面沒有摻含卡路里的果汁或碳酸飲料。

重訓前後營養攝取

每一次重訓時，要像康乃迪克大學的受試者一樣，牢牢記住下列建議，奉行不輟：重訓前一個小時到重訓後30分鐘之間，至少攝取20克的蛋白質。高蛋白奶昔這時候就有用了。盡量選用大部分成分是蛋白質的產品，碳水化合物和脂肪能少則少。例如，At Large Nutrition Nitrean（www.atlargenutrition.com）就值得推薦，一份當中含有24克的蛋白，2克的碳水化合物和一克的脂肪。購買其他產品的時候也可以此為參考。當然，你也可以吃一般的食物。以下就是一些簡單的選擇：

- **罐頭鮪魚（約100公克）**
- **90克到120克的熟肉（3到4片），像火雞肉或雞肉。**
- **一份瘦肉，差不多是一盒撲克牌的大小。**
- **3顆蛋：全熟水煮蛋、炒蛋、煎蛋。**

疑難排解

1、如果你沒有得到理想的結果，那就開始監控卡路里攝取量。把你希望的目標體重乘以10或12（體重單位以「磅」來計算），得出的數字就是每天的卡路里攝取量。

2、一開始的幾天如果心情出現惱怒，或感到疲倦，這是正常的。你的身體和一般人一樣，需要幾天時間來適應。如果5天之後還感到疲倦，先檢查自己是否有攝取足夠的鹽分和水分。基本原則：起床後每隔2小時喝250到350克的水，然後不要避開脂肪的攝取。飲食計畫就是增加身體的脂肪消耗，所以你一定需要吃些脂肪以獲得能量。

3、如果你感到腸胃不適，每天記得補充纖維質，像Metamucil或Benefiber之類的纖維食品。

重訓計畫

現在你可以照自己想要的方式自己減肥了，我們大家都應該感謝肌力與體能訓練師克雷格・羅斯曼（Craig Rasmussen）的貢獻，他設計出一種尖端減肥重訓計畫，可以讓你選擇自己的重訓動作，打造自己的重訓計畫。心動不如馬上行動，開始按照下列方法進行吧！然後就能看見自己的肥肉漸漸消失。

如何進行重訓計畫

- 依照參考指示，選擇自己的重訓動作。然後參看第24頁和25頁表格內建議的組數、反覆次數和休息時間。
- 一週三天，輪流進行A和B計畫，每次重訓完至少休息一天。假設你想在星期一、三、五重訓，星期一做重訓A，星期三就做重訓B，星期五再回到重訓A。下一週，星期一、五則做重訓B，星期三做重訓A。
- 照表格上的動作順序進行重訓。每一次練習時，請選擇你能負荷的最大重量（要把動作做完為前提）。詳細資訊和指示請參考第二章「重量要選多重才好？」
- 訓練1請一次做完。也就是說，完成所有組數，接下來再換下一組動作。每一組中間休息一分鐘。
- 訓練2A和2B則是兩種動作為一組。完成訓練2A，休息一分鐘，然後完成訓練2B。再休息一分鐘，然後從頭再做一次，直到你各完成三組。接著再進行訓練3A。
- 訓練3A和3B兩種動作為一組。完成訓練3A，休息一分鐘，然後完成訓練3B，再休息一分鐘，然後從頭再做一次，直到你各完成三組。接著再進行有氧訓練。
- 每次重訓後馬上做有氧訓練。
- 每次重訓前，完成5到10分鐘的熱身運動。參考第十二章「打造自己的暖身運動」指示，設計一套自己喜愛的動作。

專家簡介
克雷格・羅斯曼是肌力與體能訓練師，也是加州聖塔克拉利塔的健護教練。他從事教練已超過八年，協助客戶減肥並增進運動表現。

重訓計畫A

訓練	組數	反覆次數	休息時間
1. 核心肌群（第十章）	3	12	1 分鐘
2A. 腿後肌與臀肌（第九章）	3	12	1 分鐘
2B. 上背肌（第五章）	3	12	1 分鐘
3A. 股四頭肌（第八章）	3	12	1 分鐘
3B. 胸肌（第四章）	3	12	1 分鐘

- **訓練1：核心肌群** 翻開第十章。從「穩定度訓練」的部分當中，選擇任何一種核心訓練動作。可以選擇前平板式（274頁）、側平板式（280頁）、爬山式（284頁）、瑞士球屈腿（286頁）等動作。
- **訓練2A：腿後肌與臀肌** 翻開第九章。選擇任何一種腿後肌或臀肌的訓練動作，左右腿分開訓練。可以選擇單腳槓鈴直膝硬舉（250頁）、單腳抬臀（236頁）或啞鈴登階（258頁）等動作。
- **訓練2B：上背肌** 翻開第五章。從「上背肌」的部分，選擇任何背肌訓練動作。可以選擇啞鈴划船（74～78頁）、槓鈴划船（72～73頁）或滑輪划船（88～91頁）等動作及各式變化動作。
- **訓練3A：股四頭肌** 翻開第八章。選擇任何股四頭肌訓練動作，雙腿同時訓練。可以選擇各式蹲舉動作，例如啞鈴深蹲（199頁）、高腳杯深蹲（200頁）、槓鈴前深蹲（195頁）等。
- **訓練3B：胸肌** 翻開第四章。選擇任何一種胸肌訓練動作。可以選擇伏地挺身（30～39頁）、啞鈴仰臥推舉（48～49頁）、瑞士球啞鈴仰臥推舉（52～53頁）等動作及各式變化動作。

心肺訓練

- 翻開第十四章。從「經典飆速心肺訓練」中選擇任何「完結動作」，或選擇第十三章中任何一項心肺訓練計畫。

重訓計畫B

訓練	組數	反覆次數	休息時間
1. 核心肌群（第十章）	3	12	1 分鐘
2A. 股四頭肌（第八章	3	12	1 分鐘
2B. 背闊肌（第五章）	3	12	1 分鐘
3A. 腿後肌與臀肌（第九章）	3	12	1 分鐘
3B. 肩膀（第六章）	3	12	1 分鐘

- **訓練1：核心肌群** 翻開第十章。從「平衡訓練」的段落內，選擇任何一種核心訓練動作。可以選擇前平板式（274頁）、側平板式（280頁）、爬山式（284頁）、瑞士球屈腿（286頁）等動作。
- **訓練2A：股四頭肌** 翻開第八章。選擇任何一種股四頭肌的訓練動作，左右腿分開訓練。可以選擇啞鈴或槓鈴弓步前蹲（208或212頁）、啞鈴或槓鈴分腿深蹲（202或204頁）或單腳深蹲（192頁）等動作。
- **訓練2B：背闊肌** 翻開第五章。從「背闊肌」的部分，選擇任何背肌訓練動作。可以選擇引體向上（92～97頁）、滑輪下拉（98～101頁）或直臂下拉（102～103頁）等動作及各式變化動作。
- **訓練3A：腿後肌與臀肌** 翻開第九章。選擇任何一種腿後肌或臀肌的訓練動作，雙腿同時訓練。可以選擇槓鈴硬舉（244頁）、啞鈴直膝硬舉（252頁）或瑞士球抬臀彎腿（239頁）等動作。
- **訓練3B：肩膀** 翻開第四章。選擇任何一種肩膀訓練動作。可以選擇啞鈴肩上推舉（116頁）、側平舉（122頁）、三十度肩膀平舉和聳肩（138頁）等動作。

心肺訓練

- 翻開第十四章。從「經典飆速心肺訓練」段落中，選擇任何「完結動作」，或在第十三章當中任選一項心肺訓練計畫。

第四章：胸肌

打造雄偉的正面形象

胸肌

強壯的胸肌威力十足，不但使你在會議室中脫穎而出，在閨房中贏得佳人驚呼，更能在運動場上展現凌人氣勢。難怪男人總愛鍛練胸肌的運動。畢竟，在浴室鏡子裡面，最顯眼的那塊肌肉就是胸大肌。誰不想讓胸肌變好看呢？

如果停止重訓，胸肌是最容易萎縮的肌群，因為日常活動很少有機會使用這些肌肉。想想看：在現實生活中，真的很少有機會把重物從你胸前推開。別忘了，失去肌肉會減緩新陳代謝，意思是說，鍛練胸肌也能幫助你對抗腹部脂肪。

胸肌大還有額外的好處

力量更大：強壯的胸肌能使你在任何運動中輕易將對手推開，不論是美式足球、籃球、武術或是冰上曲棍球都一樣。

揮擊更強：除了核心肌肉之外，網球中的正手拍擊球，和棒球中側投的球速，都必須仰賴強而有力的胸肌。

一擊必殺：胸肌主要的目的是移動手臂向前，所以培養胸大肌的力量，就可以幫助你灌注更多力量在「被你打擊的目標」身上。

看看你的肌肉

胸大肌

胸大肌[1]是最主要的胸肌。胸大肌的工作就是：將上臂拉向身體中間。可以用仰臥推舉這個動作來想像：長槓推離身體時，胸肌繃緊，上臂靠近胸部。這是因為胸大肌附著在上臂骨的內側。所以當胸肌收縮，肌纖維縮短，便會將上臂拉向肌肉起點，也就是胸部中間。

這就是為什麼如果想要練爆胸肌的話，伏地挺身和仰臥推舉是最佳方法。舉例來說，仰臥推舉時因為手握住重物，增加了上臂的重量，迫使胸肌收縮更用力。其結果就是：更大、更健壯的胸肌。

鎖骨部位的肌纖維構成大家所說的上胸。

胸大肌纖維的起點在胸部三個地方：鎖骨[2]、胸骨[3]和胸骨下方的肋骨[4]。

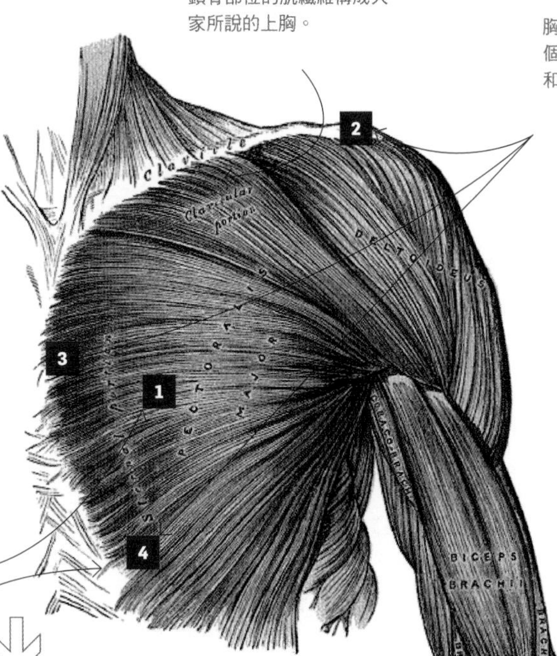

下胸包括胸骨部位全部的肌肉。

胸小肌

胸小肌[5]是細薄、三角形的肌肉，位於胸大肌下面。胸小肌從第三、四、五根肋骨開始，附著在接近肩關節的部位。雖然嚴格說來這塊肌肉也算「胸肌」，但主要的功能是協助拉扯肩膀向前——這是背部運動會出現的動作，像是啞鈴過頭拉舉。

本章當中，有64種專門鍛練胸部肌肉的訓練。看完之後你會發現，有幾種訓練屬於「主要動作」，只要練熟這些基本動作，就能以完美的姿勢做其他的變化動作。

伏地挺身和雙槓撐體

這些訓練的目的在於鍛練胸大肌。但是，多數動作也會鍛練到前三角肌和肱三頭肌，因為這些肌肉幾乎在每一種動作中都屬於輔助肌群。做這些動作時，旋轉肌、斜方肌、前鋸肌和腹肌也會緊縮，有助維持肩膀、上身和臀部穩定。

主要動作
伏地挺身

A

- 四肢著地，雙手放地上，距離微比肩寬，和肩膀呈一直線。

75

根據美國肌力和體能訓練協會研究指出，做標準的伏地挺身時，相當於舉起自己75%的體重。

B

- 身體下沉，直到胸部幾乎碰到地板。
- 在底部稍停，然後用最快的速度推回起始姿勢。
- 在練習中，任何時候發現臀部開始放鬆，此時身體的姿勢就會跑掉，應立刻將該次的伏地挺身視為最後一次動作，做完後結束整組練習。

注意手腕

如果直接把手放在地上，手腕會痛，那麼在手著地的位置放一組六角啞鈴，然後握住啞鈴握把，練習時手腕打直。

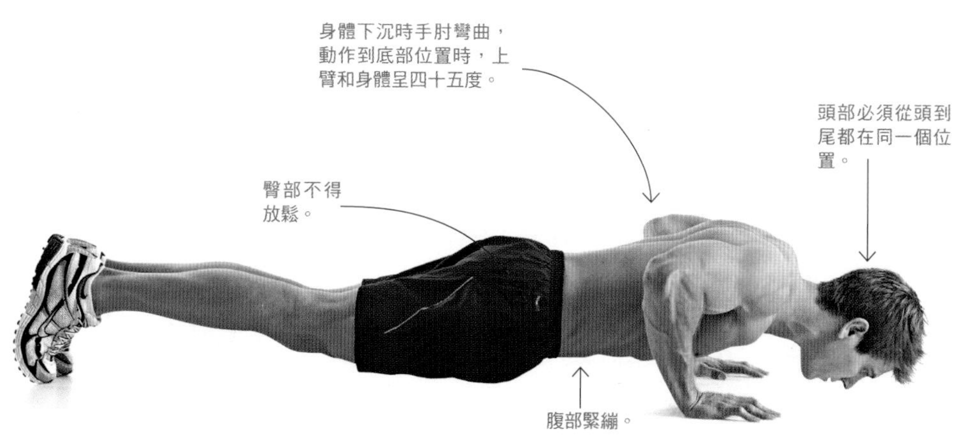

錯誤的肌肉訓練

如果你過度鍛練胸肌，更準確地說，如果你花大量的時間訓練胸肌，而沒有顧及上背肌，這樣會造成肌肉和關節的不平衡，最後導致姿勢不良，增加受傷的風險。有個簡單訣竅可以參考：上背肌和胸肌的練習組數要相同。如果你姿勢已經不良，那在重訓時就要投入更多時間來鍛練上背肌。

胸肌 | 伏地挺身

變化1

上斜式伏地挺身

・雙手置於箱子、椅子或台階上。這個動作減輕了自身舉起的體重，做起來更容易。

你可以在階梯做這個訓練，等到力量越來越強，便可一層一層移到更低的階梯。

變化2

簡易版伏地挺身

・伏地挺身的姿勢原是雙腳著地，現在改為雙膝彎曲著地，腳踝交叉。這樣也可以把伏地挺身變得更容易。

65

做簡易版伏地挺身時，相當於舉起自己65%的體重。

變化3

下斜式伏地挺身

・雙腳置於箱子或椅子上進行伏地挺身。這樣會加你舉起的體重重量，屬於困難版的伏地挺身。

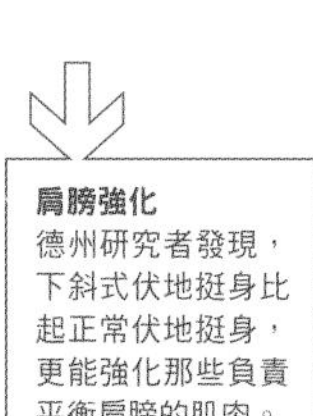

肩膀強化
德州研究者發現，下斜式伏地挺身比起正常伏地挺身，更能強化那些負責平衡肩膀的肌肉。

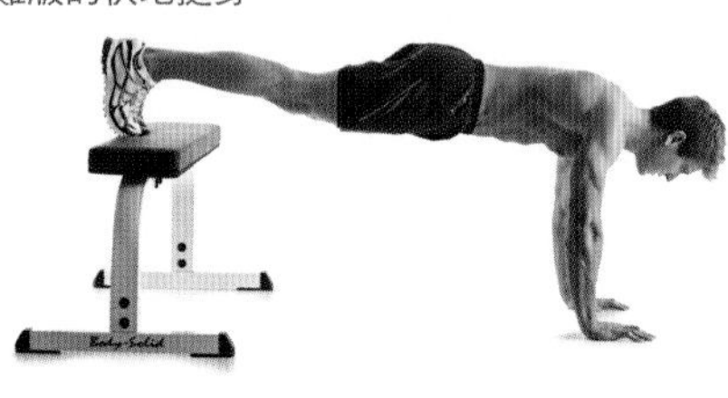
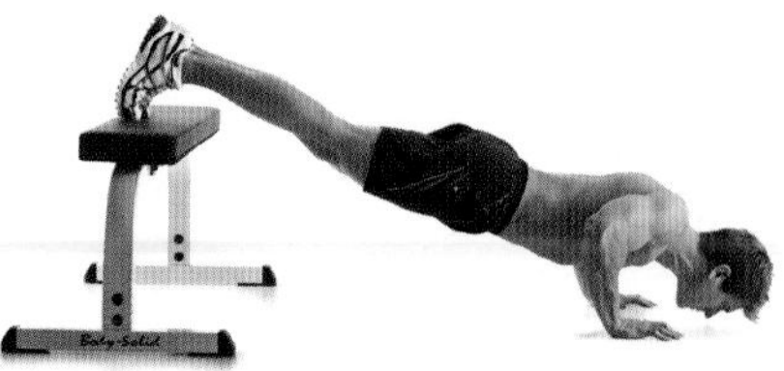

變化4

單腳下斜式伏地挺身

・單腳置於箱子或椅子上，另一腳懸空。

挺開肥滋滋
伏地挺身是測量現在你運動量夠不夠、能否在未來少長肥肉的指標。根據一篇加拿大的研究，研究者發現伏地挺身測驗表現不佳的人，在未來20年間可能會長出9公斤的肥肉，而且機率高達78%。

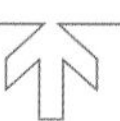

變化5

雙腳放瑞士球上伏地挺身

A

・雙腳置於瑞士球上做伏地挺身。

B

・身體盡量下沉，臀部不得放鬆。

球面不穩，迫使核心肌肉更加用力，增加動作難度。

變化6

雙腳相疊伏地挺身

・一隻腳置於另一隻腳上，靠下面的單腳支撐身體。

變化7

負重伏地挺身

・請重訓伙伴幫你放一塊槓片在背上，約放在位於肩胛骨的部位。

也可穿上加重背心或放上重鏈，增加動作舉起的重量。

伏地挺身難度一覽表

難

9. 瑞士球伏地挺身
8. 博蘇球伏地挺身
7. 單腳下斜式伏地挺身
6. 雙腳放瑞士球上伏地挺身
5. 下斜式伏地挺身
4. 雙腳相疊伏地挺身
3. 伏地挺身
2. 上斜式伏地挺身
1. 簡易版伏地挺身

易

變化8

三停伏地挺身

A

・做標準伏地挺身，但先在預備動作停頓兩秒。

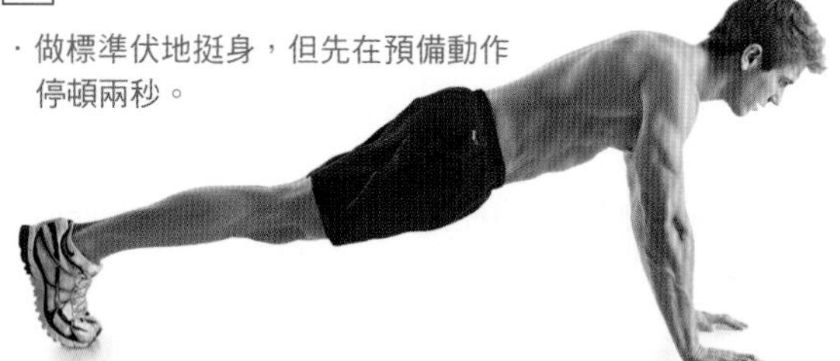

B

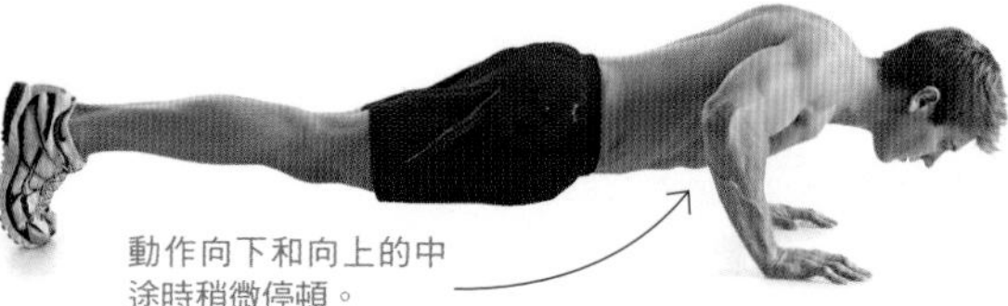

C

D

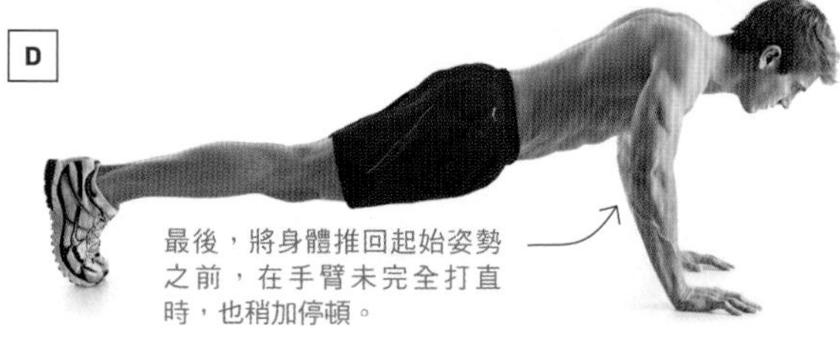

慢慢做動作

每一次的短暫停頓，能加強關節在該角度和上下十度的力量。因此，這種動作能幫助消除肌肉薄弱的部位，並能增加肌肉緊繃時間，促進肌肉生長。

變化9

遠手伏地挺身

・雙手擺開，距離約為肩膀兩倍寬。

變化10

近手伏地挺身

・雙手擺開，和肩膀同寬

變化11

心形伏地挺身

・雙手靠近，以兩手大姆指和食指圍成一三角形。

雙手越靠近，肱三頭肌練得越多。

變化12

偏手伏地挺身

・一隻手放在標準伏地挺身的位置，另一隻手的位置則向前移動約30公分。

每一組雙手位置交換。

偏手的動作能增加動作難度，加強核心和肩膀肌肉。

變化13 蜘蛛人伏地挺身

A

・先呈標準伏地挺身預備動作。

B

・身體向地板下沉時，抬起右腳，向右側彎曲，膝蓋好像要碰觸手肘一般。

・動作回復，身體回到起始姿勢。重複同樣的動作，但此時，以左膝接近左手肘。以此類推，來回持續交換訓練。

胸肌 | 伏地挺身

變化14

瑞士球伏地挺身

· 手置於瑞士球上，而不是在地板上。

針對肱三頭肌的動作
此動作比標準伏地挺身更著重於肱三頭肌的訓練，增加30%的運動量。原因：瑞士球迫使肱三頭肌出力，穩定手肘和肩膀關節，最後長出更多肌纖維。

變化15

藥球伏地挺身

· 雙手置於藥球上。

雕塑腹肌
紐西蘭研究者指出，雙手置於瑞士球或藥球上做伏地挺身時，因為重心不穩定的緣故，核心肌肉會比平常增加20%的運動量。

變化16

單手藥球伏地挺身

· 一手置於藥球之上。

變化17

雙手藥球伏地挺身

· 雙手底下各放一顆藥球。

變化18
T字形伏地挺身

A

· 將一對六角啞鈴放在手的位置。
· 手抓住手把，呈伏地挺身預備姿勢。

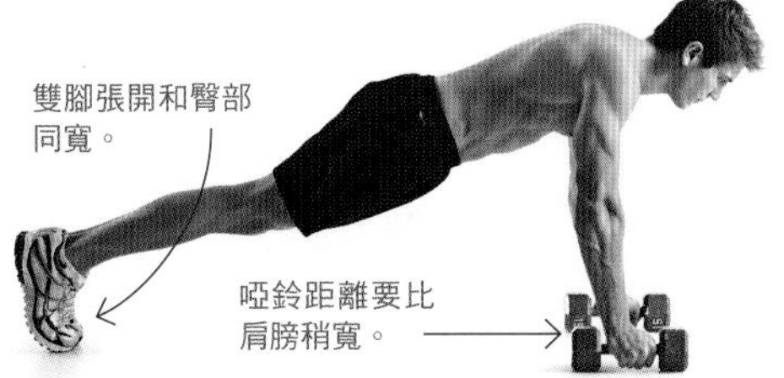

B

· 身體下沈靠近地板。

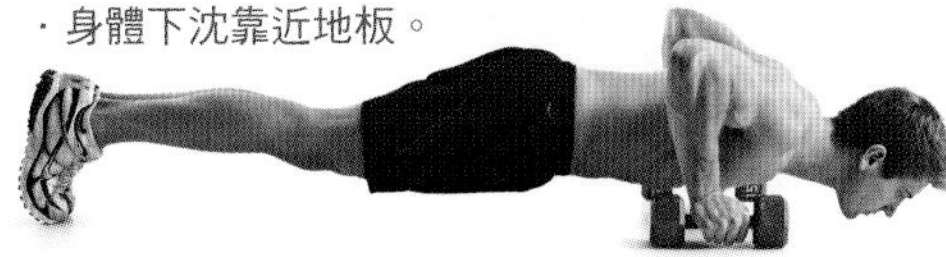

C

· 撐起身體時，右半身向上轉，右臂彎曲將啞鈴提起接近身體。右臂伸直，將啞鈴舉到右肩上方。
· 放下啞鈴，重複動作。這次換左邊。

變化19
柔道伏地挺身

A

· 一開始姿勢和標準伏地挺身無異，不過請將腳移向前，抬起臀部，身體呈倒V形。

B

· 保持臀部高抬，身體下沉直到下巴快接觸地面。

C

· 臀部幾乎下沉至地面，同時朝上抬起頭和肩膀。動作回復，回到起始姿勢，然後反覆訓練。

伏地挺身大躍進

想增加伏地挺身能做的次數，可試試看以下這個簡單的階段式訓練。首先算算看你最多可以做幾下伏地挺身（任何一種形式的伏地挺身都可以），並花費多少時間。然後休息一樣久的時間，並再做二到三組。也就是說，如果你25秒內做了20下伏地挺身，你就休息25秒，再開始做。假設你做第二組的時候，只能在16秒內做出12下就撐不下去了，那你就再休息16秒，然後開始做第三組。用這種方式來練，一週兩次，就可以快速提升成績。

變化20

爆發力伏地挺身

A

・呈伏地挺身姿勢。

B

・彎曲手肘，身體下沉。

胸部幾乎快碰到地板

C

・用力將身體撐起，雙手躍離地面。

變化21

靜體爆發力伏地挺身

・動作一開始和爆發力伏地挺身一樣，但在身體下沉到底時停留5秒鐘。暫停能消除肌肉的彈性，因此便能活化最多快縮肌纖維。快縮肌纖維是最能增加力量和肌肉大小的肌纖維。

變化22

爆發力交叉伏地挺身

A

・左手置於地板上，
右手置於槓片平滑面。

B

・下沉身體，接近地面。

C

・身體移向右側進行爆發力伏地挺身，
雙手離開地面。

D

・落地時，左手落於槓片上，右手落於地板。

E

・接著下沉身體，重複動作，每次來回換手。

換手動作過程中，迫使前臂朝身體中心用力，此動作主要是胸部主要肌肉胸大肌的功能在作用。

變化23

博蘇球伏地挺身

・將博蘇球翻面，半球面朝地板，雙手置於平面兩側。

胸口幾乎碰到博蘇球的表面。

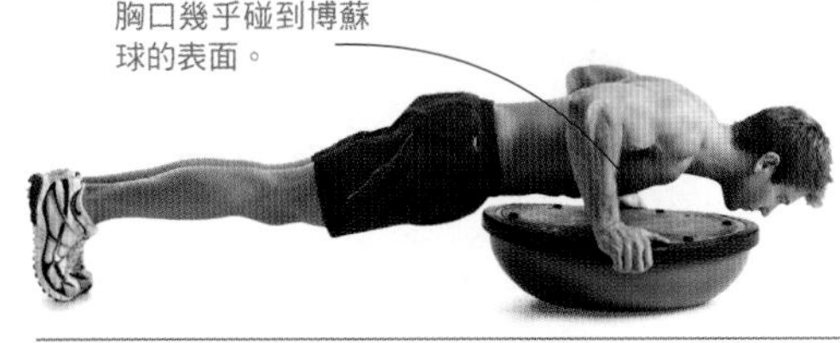

變化24

懸吊式伏地挺身

・將一組有握把的吊帶掛在固定的橫槓上，手把距離地面約30公分。
・身體下沉，直到上臂低於手肘。

身體從頭到腳踝維持一直線。

懸吊式伏地挺身的選擇工具：爆炸吊帶，請參考elitefts.com。

變化25

伏地挺身和划船

A

・在手的位置放一對六角啞鈴。
・手握住啞鈴手把，呈伏地挺身預備動作。

B

・身體下沉接近地面，停頓一下，接著推回起始姿勢。

C

・推回到起始姿勢時，右手彎曲抬起啞鈴至胸側，進行划船動作。
・停頓 一下，然後放下啞鈴，左手重複同樣的動作。此為一組動作。

二合一上身訓練
伏地挺身和划船能同時訓練胸肌、中背和上背肌，強度也相同。

掛著練，肌肉更多

加拿大研究者研究指出，懸掛在吊帶上做伏地挺身，能增加腹肌和上背肌的肌肉活性。注意：此動作也會增加下背壓力。為了保護脊椎，要確定核心肌和臀肌維持緊繃，做其他伏地挺身變化動作時也一樣。只要繃緊腹肌，夾緊臀肌，身體上升和下沉時保持兩處肌肉緊縮，就能避免受傷。

主要動作
雙槓撐體

A

・握住雙槓練習器的手把，撐起身體，雙手完全打直。

B

・慢慢將身體下沉，彎曲手肘直到上臂低於手肘。
・停頓一下，然後推回身體到起始姿勢。

變化1
傾斜式雙槓撐體

保護肩膀
這種變化動作會重新分配身體負荷的重量，因此身體下沉時，身體會前傾，將更多壓力放在胸部，減少肩膀壓力。如果前一個動作（標準雙槓撐體）會造成你的肩膀疼痛，則可採用這種方法。因為這種方式能減少肩膀負擔，許多人會建議直接以這種方式進行訓練。

變化2
負重雙槓撐體

・做這項訓練時，腰際掛上雙槓撐體加重吊帶。

A
・抬高臀部和大腿，動作中保持這個姿勢。

B
・身體下沉直至上臂和地板不再平行。

接下來這些訓練，目的在於鍛練胸部最大的肌肉：胸大肌。多數的動作也會訓練到前三角肌和肱三頭肌，因為在接下來的每一種訓練中，前三角肌和肱三頭肌都屬於輔助肌群。做這些動作時，肩旋轉肌腱袖和斜方肌也會收縮，協助肩膀保持穩定。

訓練小秘訣
想像自己是在把身體推離槓鈴，而不是將槓鈴推開身體。這簡單的想法會自動說服身體保持正確姿勢。

主要動作
槓鈴仰臥推舉

A

- 於胸骨上方正手握住槓鈴，雙手距離比肩膀微寬，手臂打直。

將槓鈴推開胸口時，手向外擠壓槓鈴，彷彿要將槓鈴撕成兩半。如此一來能刺激更多肌纖維。

為什麼姿勢很重要

仔細感受訓練的技巧，你可能會注意到一些事情：做仰臥推舉這個動作之前，會檢查自己姿勢是否正確的人，槓鈴推舉速率能增進183%。這是貝瑞大學研究的發現。姿勢正確的好處：槓鈴推舉速率越快，越能突破瓶頸，也能推舉更重的重量。

B

· 直直放下槓鈴，停頓，然後再直線將槓鈴推回起始位置。
· 手肘靠近身體，槓鈴放下時，上臂和身體呈45度。這個姿勢能減少肩關節壓力。

變化1

近握槓鈴仰臥推舉

· 掌心向外，正手握住槓鈴，雙手距離約與肩同寬。

更多肱三頭肌
近握槓鈴仰臥推舉會迫使肱三頭肌出更多力。其實，近握槓鈴仰臥推舉是增加肱三頭肌力量和大小最好的訓練之一。

變化2

反手槓鈴仰臥推舉

・掌心向內，反手握住槓鈴，雙手約與肩同寬。

訓練上胸肌
加拿大研究者發現，反手槓鈴仰臥推舉比其他仰臥推舉，更能活化上胸肌肉。

變化3

毛巾槓鈴仰臥推舉

・將毛巾捲起直放在胸口中心。然後進行正常的仰臥推舉，將槓鈴放下到毛巾處，而非胸骨上。

槓鈴放下到毛巾處，可以增加推舉中間部分肌肉的負擔（多數人的中間肌肉練不好）。因此，這項訓練幫助你加強常見的肌肉薄弱處，增加標準仰臥推舉能舉的次數。

變化4
三停槓鈴仰臥推舉

A

· 做標準仰臥推舉，但在以下三個點各停頓十秒鐘。

B

· 第一點：低於起始位置幾公分的地方。

C

· 第二點：一半的地方。

D

· 第三點：胸部上方。
· 接著將槓鈴推回起始位置。如此便是一組動作。

變化5
肌張力槓鈴仰臥推舉

· 手臂打直，慢慢放下至離胸部10公分處，維持此姿勢40秒，這樣可以增加肌肉；維持6到8秒，這樣可以鍛練肌力。此為一組動作。
· 警告：如果身旁沒有專業教練，切勿進行肌張力仰臥推舉。

多少重量？
在達成目標時間為前提之下，盡可能選擇身體能負荷最重的重量。如果你要增加力量，你就選擇重一點的；如果你要快速增加肌肉，則選輕一點的。

槓鈴停在此處。

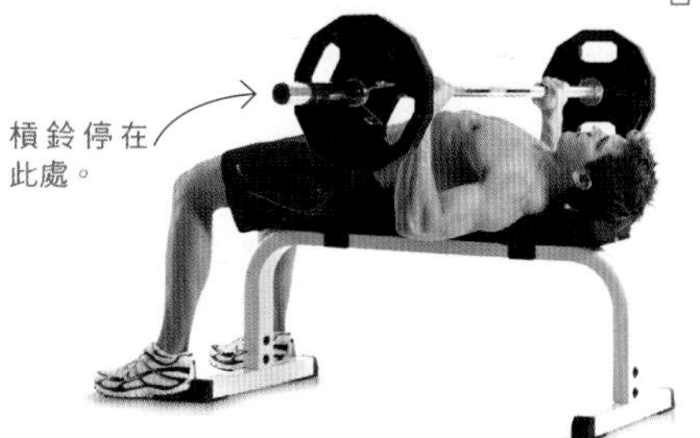

變化6
架上槓鈴仰臥推舉

· 將重訓椅放在槓鈴架下。然後將安全架調整至你的瓶頸處下方的高度。將槓鈴放於架上。躺在重訓椅上，推舉槓鈴，然後慢慢將槓鈴放下回到架上。停一秒鐘，再重複同樣的動作。

變化7
板式槓鈴仰臥推舉

· 此動作和毛巾槓鈴仰臥推舉動作一樣，但胸部放的不是毛巾，而是將兩塊長30公分、寬10公分、高5公分的木條疊在一起，放在胸前（需確認這些木條已經以螺絲釘或帶子緊緊固定在一起）。

找出自己的瓶頸
所謂的「瓶頸」，就是你肌肉無力，無法完成動作時，槓鈴所在的位置。要找到那個位置，也不需要等到動作完全失敗，只要肌肉開始疲累，你第一個感到吃力之處，就是你的瓶頸之處。

強壯的胸肌等於健康的雙眼？

密西西比州立大學研究者指出，仰臥推舉能減低罹患青光眼的危險。科學家在研究中發現，做三組仰臥推舉的30位受測者，降低了15%的眼壓，因此減少了視神經的壓力，進而降低視神經損害和罹患青光眼的危險。有些訓練如仰臥推舉、蹲舉等，能培養大量肌肉，最能提供降低眼壓的益處。

上斜式槓鈴仰臥推舉

A

- 將可調式啞鈴椅調整上斜至15到30度。
- 面朝上躺在椅上，正手握住槓鈴，雙手距離微比肩寬。

B

- 放下槓鈴至上胸部。
- 停頓一下，接著將槓鈴推回起始位置。

下斜式槓鈴仰臥推舉

A

- 面朝上躺在下斜式推舉椅，正手握住槓鈴，雙手距離微比肩寬。
- 手臂打直，將槓鈴舉在胸部上方。

B

- 槓鈴放到下胸部。
- 停頓一下，然後推回起始位置。

槓鈴地板仰臥推舉

A

・躺在地板上（不要躺在重訓椅上），正手握住槓鈴。

B

・放下槓鈴，直到上臂接觸地面。
・手肘彎曲，放下槓鈴時朝向外側。
・停頓一下，接著將槓鈴推回起始位置。

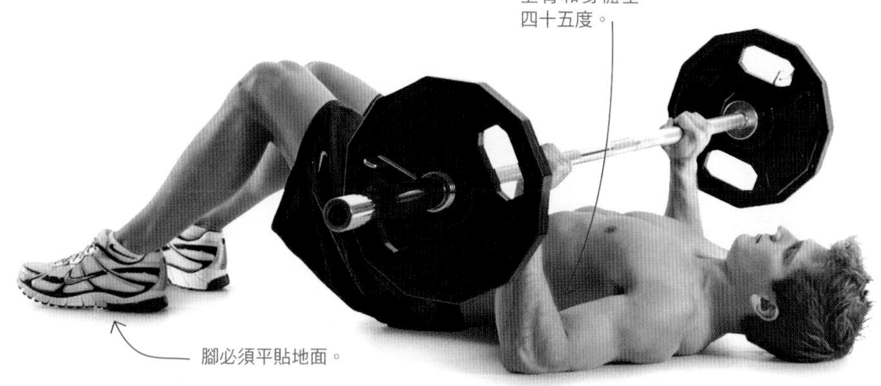

地板更有效！
地板會限制上臂動作的幅度，最多只能和地面平行，因此就能集中鍛練仰臥推舉最後（也是最困難）部分的肌肉。

酸痛的祕密

本章所有胸部訓練動作的目的，都在鍛練整個胸大肌。但你會注意到，在做上斜式仰臥推舉時，隔天最酸痛的地方是上胸部。下斜式仰臥推舉時，酸痛的是下胸部。原因在於，改變身體的角度會對胸肌特定的部位施加更多壓力，如此一來對該部位的肌纖維就會造成更多破壞，因此也會感到更多酸痛。

主要動作
啞鈴仰臥推舉

A

- 握住一對啞鈴，躺在平坦椅上，舉在胸部上方，讓啞鈴幾乎碰在一起。
- 掌心朝外，但微微轉向內。
- 開始前，肩胛骨向後夾緊，整組動作中盡可能繃緊。

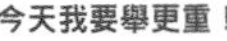

B

- 手的角度不變，將啞鈴放下至胸部兩側。
- 停頓一下，接著以最快的速度，推回起始位置。
- 將啞鈴推至最高點時手臂完全打直。

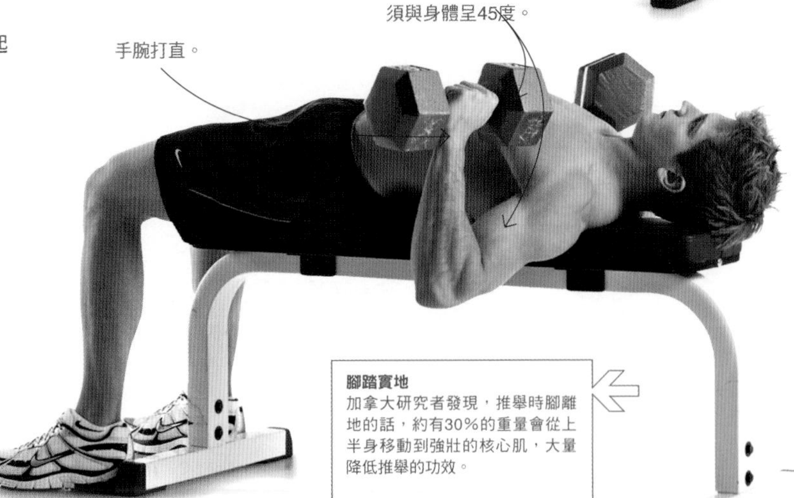

今天我要舉更重！
英國研究者發現，一般人在仰臥推舉前如果做好心理準備，專心面對，則會比分心的狀況下，多舉起12%的重量（在研究中，科學家讓經驗豐富的舉重選手先用20秒的時間做心理準備）。所以呢，躺上重訓椅之前別閒聊了，專心眼前的訓練吧！

腳踏實地
加拿大研究者發現，推舉時腳離地的話，約有30%的重量會從上半身移動到強壯的核心肌，大量降低推舉的功效。

變化1

交互啞鈴仰臥推舉

‧一般情況下是用雙手同時推舉啞鈴。但現在一次推一個，左右交互進行。

變化2

交互直握啞鈴仰臥推舉

‧一般情況下是用雙手同時推舉啞鈴，但現在一次推一個，左右交互進行。放下其中一個啞鈴時，將另一個啞鈴推起。

交互仰臥推舉能活化核心肌，因為你不斷改變分配在你身體兩邊的重量。

變化3

直握啞鈴仰臥推舉

‧雙手掌心朝內相對握住啞鈴。

強化胸肌
直握啞鈴仰臥推舉就和上斜式仰臥推舉一樣，更能加強上胸肌的部分。所以如果你沒有可調式啞鈴椅，這是訓練上胸部分胸大肌相當有效的方式。

變化4

單手啞鈴仰臥推舉

‧這項訓練動作純粹和啞鈴仰臥推舉的姿勢一樣，但先以單手完成一整組的反覆次數，之後再馬上進行另一隻手的動作。

推舉生腹肌
任何啞鈴重訓動作若一次只做單邊，都能迫使核心肌出力。

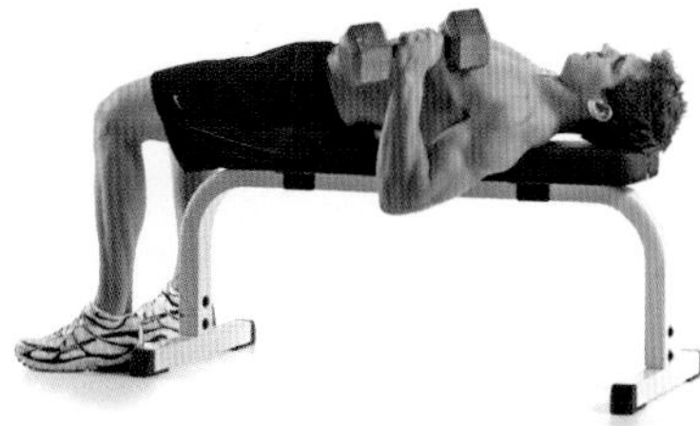

主要動作
上斜式啞鈴仰臥推舉

A

・將可調式啞鈴椅調整到最淺的豎起角度，豎起大約15度到30度。
・面朝上躺在椅上，雙手打直，將啞鈴舉在肩膀上方。

B

・將啞鈴放下到胸部。
・停頓一下，將啞鈴推回起始位置。

變化1
直握上斜式啞鈴仰臥推舉

・雙手掌心朝內相對握住啞鈴。

變化2
交互上斜式啞鈴仰臥推舉

・平常會雙手同時推舉啞鈴，但現在一次推一個，左右交互進行。

下斜式啞鈴仰臥推舉

A

・握住一對啞鈴，面朝上躺在下斜式推舉椅。
・啞鈴舉在胸部上方。

B

・啞鈴放下到下胸兩側。
・停頓一下，接著將啞鈴推回起始位置。

啞鈴地板仰臥推舉

A

・握住一對啞鈴，面朝上躺在地板上。
・將啞鈴舉在胸部上方，手臂打直。

B

・放下啞鈴，直到上臂碰到地板。
・停頓一下，接著將啞鈴推回起始位置。

主要動作
瑞士球 啞鈴仰臥推舉

A

・握住一對啞鈴，背躺在瑞士球上。
・懸空抬起臀部，使得身體從肩膀到膝蓋呈一直線。
・掌心朝外，但微微轉向內。

B

・手的角度維持不變，將啞鈴放下至胸側。
・停頓一下，接著以最快的速度將啞鈴推回起始位置。
・手舉到最高點時手臂完全打直。

極佳的胸肌訓練
澳洲研究指出，在瑞士球上進行仰臥推舉時，核心肌必須多付出45%的力量（和標準仰臥推舉相比）。不過，在瑞士球上仰臥推舉的時候，能夠推舉的重量也減少，因此降低了胸肌的負擔。

變化
交互瑞士球 啞鈴仰臥推舉

A

・握住一對啞鈴，背躺在瑞士球上。

B

・每次由一隻手推舉一個啞鈴，左右手交互進行，不要雙手同時推舉兩個啞鈴。

主要動作
上斜式瑞士球啞鈴仰臥推舉

A

· 背靠在瑞士球上，身體和地板呈四十五度。
· 啞鈴舉在下巴上方，手臂打直。

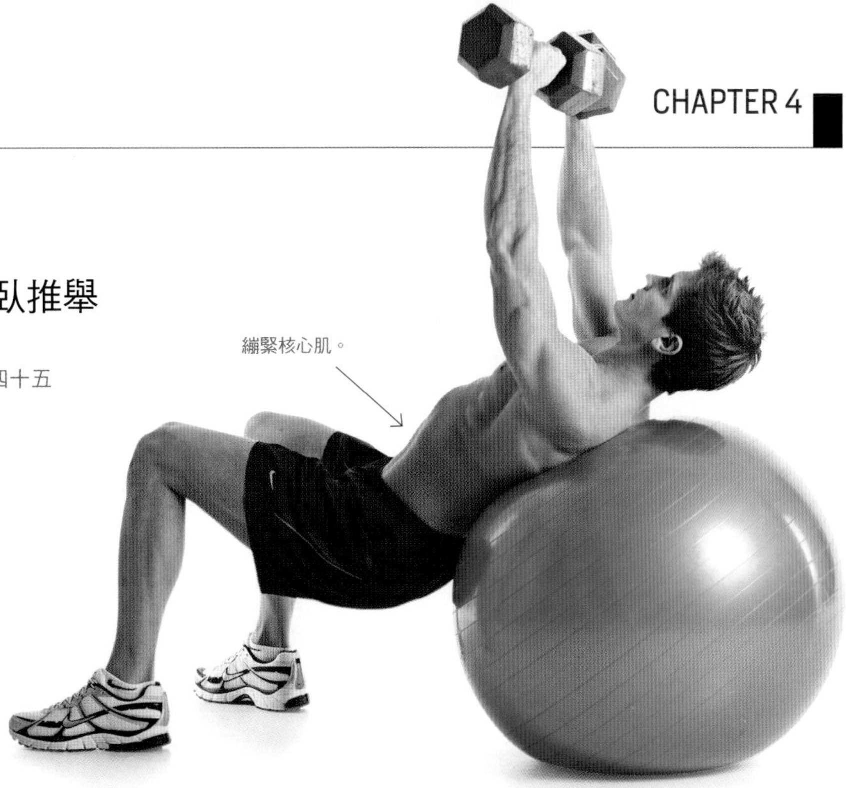
繃緊核心肌。
腳平放在地板上。

B

· 放下啞鈴，停在上胸部兩側。
· 停頓一下，接著將啞鈴推回起始位置。

臀部不得往下掉。

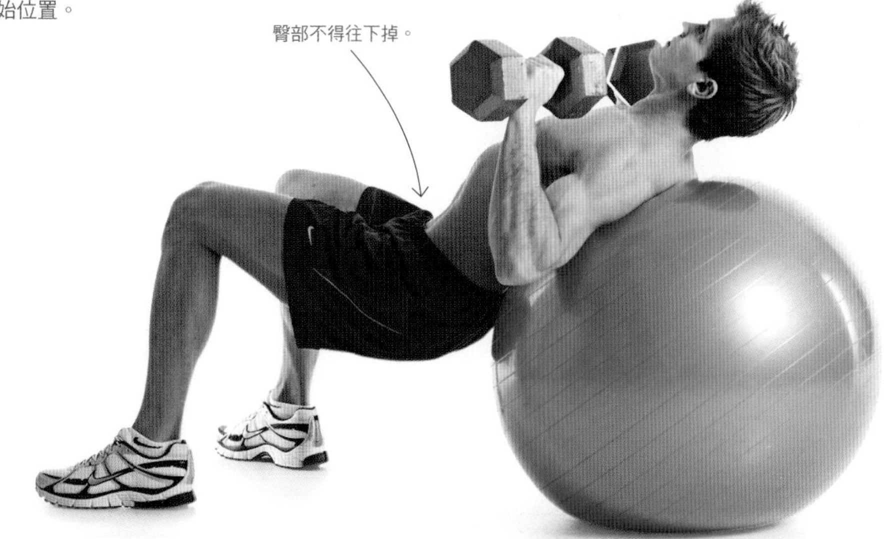

單手滑輪胸部推舉

A

- 右手握住滑輪機高滑輪握把，背對磅片。
- 雙腳前後錯開，將手把舉起，與肩同高，右手臂彎曲和地面平行。

B

- 將手把推向前，右手臂伸直於身前。
- 接著慢慢彎曲右手肘回到起始姿勢。
- 完成右手臂計畫的反覆次數，接著換左手，完成相同的次數。

20

做立姿滑輪推舉時，比起做標準的仰臥推舉，核心肌多出了20%的力量。

藥球胸前傳球

A

- 手握住藥球，約站在水泥牆前一公尺處。
- 雙手在胸前握住球。
- 雙腳張開與肩同寬。

B

- 將球以雙手推向牆，和籃球傳球一樣。
- 球從牆彈回時接住球，重複動作。

玩球才能生肌肉

與其一個人對牆訓練，你也可以找人一起進行藥球胸前傳球訓練。簡單進行傳接球就行了。如果你找不到牆，也找不到人，你可以身體前傾，彎到上身幾乎和地面平行，接著朝地板用力傳球就可以了。

胸肌 | 啞鈴飛鳥

以下這些訓練之目的，在於鍛練胸大肌。前三角肌在這些動作中屬於輔助肌群。

主要動作
啞鈴飛鳥

A

- 握住一對啞鈴，面朝上躺在平坦椅上。
- 啞鈴舉在胸部上方，手肘稍微彎曲，掌心朝外。

B

- 手肘彎曲角度不變，慢慢放下啞鈴，稍微向後，直到上臂和地面平行。
- 停頓一下，接著將啞鈴舉回起始位置。

胸肌訓練也要長幼有序

啞鈴飛鳥這個動作，最好在重訓的後半段進行。密蘇里的楚門州立大學研究者發現，做啞鈴飛鳥時，比起做仰臥推舉，胸肌活化的時間足足快了23%。因此科學家指出，啞鈴和槓鈴仰臥推舉可以互相調換，但不要把啞鈴飛鳥當成主要的鍛練胸肌的動作。

變化1
上斜式啞鈴飛鳥

・面朝上躺在微幅上斜的可調式啞鈴椅上。

變化2
上斜式啞鈴飛鳥推舉

・這項訓練結合了上斜式啞鈴飛鳥和上斜式啞鈴仰臥推舉兩個動作。一開始先做上斜式啞鈴飛鳥，盡力反覆動作，直到感到吃力。接著馬上換到上斜式啞鈴仰臥推舉，以正確姿勢盡力完成越多組數越好。

變化3
下斜式啞鈴飛鳥

・面朝上躺在下斜式推舉椅上。

變化4
瑞士球啞鈴飛鳥

上背和中背穩穩靠在瑞士球上躺著。

錯誤的肌肉訓練
你還在用蝴蝶式擴胸機嗎？

蝴蝶式擴胸機，又稱為蝴蝶機，可能會過度拉扯肩膀，造成肩膀後方肌肉僵硬，最後導致肩膀受傷和疼痛，增加罹患肩關節夾擠症候群的危險。因此不要再使用蝴蝶機了，請採用本章介紹的動作。另外，做任何訓練時，必須顧及身體能負荷的強度，並在整組動作過程中都不會感到疼痛，唯有如此才是正確的訓練方式。

立姿滑輪飛鳥

A

- 將交叉滑輪機的高滑輪裝上兩個手把。
- 雙手各握住一個手把，雙腳前後錯開站在滑輪機中間。

B

- 手肘角度不變，同時將手把向下拉，直到手把在身前交叉。
- 停頓一下，接著回到起始姿勢。

61

英國研究指出，重訓期間，如果跳過一次重訓不做，則下一週會有61%的機率會放棄一組訓練不做。下次如果你覺得有點懶，不想上健身房時，請記得這件事。

請翻頁

欣賞史上最佳胸肌訓練動作

胸肌

你沒做過的史上最佳訓練胸肌動作！
增強版伏地挺身

這些動作不只能鍛鍊你的胸肌，對前鋸肌更是大有幫助。前鋸肌雖然小，但很重要，負責移動你的肩胛骨。一般人經常忽略前鋸肌，讓它變得很無力，如此一來就提高罹患肩關節夾擠症候群的危險。肩關節夾擠症候群是一種「非常痛」的肌肉傷害，主因是其中一條肌腱卡入肩關節內。而且，前鋸肌無力通常會造成肩胛骨前傾或下垂，導致圓肩，身型永遠萎靡。

沒錯，基本的伏地挺身的確也有訓練到前鋸肌。但只要加上「增強版」動作——也就是在動作最後，將上背推向天花板，就可以使訓練產生奇效。明尼蘇達大學研究者發現，增強版伏地挺身更能活化前鋸肌，比起標準伏地挺身增加了38%的功效。

A

· 四肢著地，雙手放地上，稍微比肩膀寬，手臂打直。
· 繃緊腹肌，好像肚子準備挨一拳一樣，做此練習時，保持腹部緊繃

B

· 身體下沉，直至胸部幾乎碰到地板。

C

· 停頓一下，接著以最快的速度將身體推回起始姿勢。
· 手臂打直，上背向後推向天花板。這個動作相當細微；從外觀看不出來，但你能感受到其中的不同。
· 停頓一秒，接著再繼續伏地挺身，重複動作。

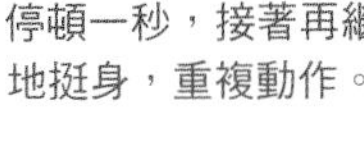

額外訓練！

瑞士球增強版伏地挺身

A

· 雙手放在肩膀正下方，置於瑞士球兩側。

B

· 保持核心肌緊繃，身體下沉直至胸部輕觸球面，接著將身體推回。

C

· 做「增強」動作，把上背往瑞士球反方向推。

胸肌

最佳胸部伸展運動
門口伸展

為什麼那麼好？
這個伸展動作能放鬆胸小肌。多數坐在辦公桌的人都有胸小肌僵硬的毛病，如果胸小肌僵硬，會將肩胛骨拉向前，造成駝背。從此以後「高大挺拔」這個形容詞再也不會用在你身上。

盡全力去做！
雙手各伸展30秒鐘，接著再重複2次，總共做3組。每天規律進行，如果真的很僵硬，一天最多可以做3次。

手臂呈九十度。

A

- 右手臂彎成90度（好像要和人家擊掌的姿勢），前臂抵在門框上。
- 雙腳前後錯開，左腳在前，右腳在後。

B

- 胸部旋轉向左，直到感受到胸肌和肩膀前肌肉舒服地伸展。換另一隻手臂，並換腳，另一邊進行同樣的動作。

在伸展時，可以將同一側的腳向前踏，如此一來會自然為肌肉增加壓力。

打造完美胸肌

選定自己的重訓計畫：以下是三種針對不同目標的胸肌重訓計畫。

塑造胸型複合計畫

這個重訓計畫的基本原理非常簡單：不要給肌肉時間完全復原，這樣等到肌肉適應之後，就更能抵抗疲倦。假以時日，你的力量會變強，任何胸肌運動都能做更多下。也就代表胸肌越來越健壯。

如何進行：做8下雙槓撐體和8下伏地挺身，中間不停歇。不斷在兩種動作間交替，每一次做的次數都慢慢減少。也就是說，你下一輪只做7下雙槓撐體和7下伏地挺身，再下一輪各做6下，以此類推，一直做到各做一下為止。休息90秒，接著重複同樣的複合動作。力量增強後，再把最起始的動作次數多加一次。這個重訓計畫最多只能5天能做一次。

超能強力重訓計畫

研究指出，以波型的方式改變反覆次數的人（科學家稱之為波動週期訓練），比起每次重訓都做同樣次數的人，力量增加了兩倍。

如何進行：一週做3次重訓，每一次間隔至少一天。

星期一（重訓一），做4組槓鈴仰臥推舉，接著再做4組上斜式槓鈴仰臥推舉。每一組動作做4到6下，各組間隔休息90秒。

星期三（重訓二），做3組單手滑輪推舉，接著再做3組上斜式啞鈴仰臥推舉；每一組動作做10到12下，各組間隔休息60秒。

星期五（重訓三），做2組雙槓撐體，接著再做2組伏地挺身。每一組動作做15到20下，每組間隔休息45秒。

省時三連戰計畫

連續做三組胸肌訓練，中間不休息，這樣會很省時。而且，重訓設計成這種方式也會使肌肉緊繃時間更久，更有效刺激肌肉生長。

如何進行：三種不同的訓練連續各做一組，中間不休息，此訓練方式稱為「三組式訓練法」，也有人稱為「三合一訓練法」。混合、搭配自己喜歡的動作，從每一種分類各選出一種動作（A、B和C）。訓練A做4到6六下，訓練B做10到12下，然後訓練C做15到20下。休息60秒，接著再重複3次，總共做4輪。此重訓計畫一週做2次，每次中間至少間隔3天。

訓練A

啞鈴仰臥推舉（第48頁）

交互啞鈴仰臥推舉（第49頁）

直握啞鈴仰臥推舉（第49頁）

交互直握啞鈴仰臥推舉（第49頁）

瑞士球啞鈴仰臥推舉（第52頁）

交互瑞士球啞鈴仰臥推舉（第52頁）

槓鈴仰臥推舉（第42頁）

訓練B

上斜式啞鈴仰臥推舉（第50頁）

交互上斜式啞鈴仰臥推舉（第50頁）

直握上斜式啞鈴仰臥推舉（第50頁）

上斜式瑞士球啞鈴仰臥推舉（第53頁）

反手槓鈴仰臥推舉（第44頁）

上斜式槓鈴仰臥推舉（第46頁）

訓練C

伏地挺身或雙槓撐體的任何變化（第30～41頁）

第五章：背肌

男人健美身材的秘密

背肌

很少聽到有人說：「哇！那傢伙背肌練得真好！」大多數男人只會花很多時間訓練身體正面的肌肉，自然就忽略了背肌。因此，就算一個男人擁有壯觀的胸肌，他仍可能忽略了背肌的訓練，而這樣會導致一個嚴重的問題：姿勢不良。當胸肌比背肌強壯時，肌肉不平衡會使肩膀向前彎曲，最後造成駝背。

幸好，只要你多花一點時間鍛鍊背肌，就能矯正姿勢，使你的背影和正面的形象同等帥氣。

練背肌好處多多

仰臥推舉更威！上背和中背肌肉是穩定肩關節的關鍵。強壯、穩定的肩膀能讓你在大部分的上半身訓練當中，有能力舉起更重的重量——從仰臥推舉到手臂彎舉都不成問題。

壯碩的肱二頭肌！訓練背肌的動作也對鍛鍊手臂肌肉很有幫助。因為彎曲手肘舉起重量的這個動作——不管是手臂彎舉，或者是典型的背肌訓練如划船或引體向上——都是在訓練肱二頭肌。反正你的手臂不可能聰明到會分辨出你是在練哪裡。

腹腰精實！訓練背肌能燃燒腹部脂肪。告訴你一個新陳代謝基礎知識：鍛鍊越多肌肉，消耗越多卡路里。

看看你的肌肉

後三角肌
在一般人的認知當中後三角肌[1]就是肩膀肌肉（第六章會進一步說明），其實許多訓練上背肌的動作，都會鍛鍊到這塊肌肉，因為後三角肌負責將上臂向後拉。只要你做划船動作，就會牽動到後三角肌。

大圓肌
大圓肌[2]從肩胛骨外側邊緣連接到上臂內側（跟背闊肌相同）。因此大圓肌負責協助背闊肌將上臂拉到身體側邊。

背闊肌
背闊肌[3]起於背的下半部，沿著脊椎和髖骨，連接到上臂內側。背闊肌主要負責將上臂從抬起的動作拉往身體兩側——例如從高處的架子上面抓下一件東西這樣的動作。這就是為什麼含有這個動作的訓練，像是引體向上、滑輪下拉、直臂下拉等，都是鍛鍊背肌的熱門方式。

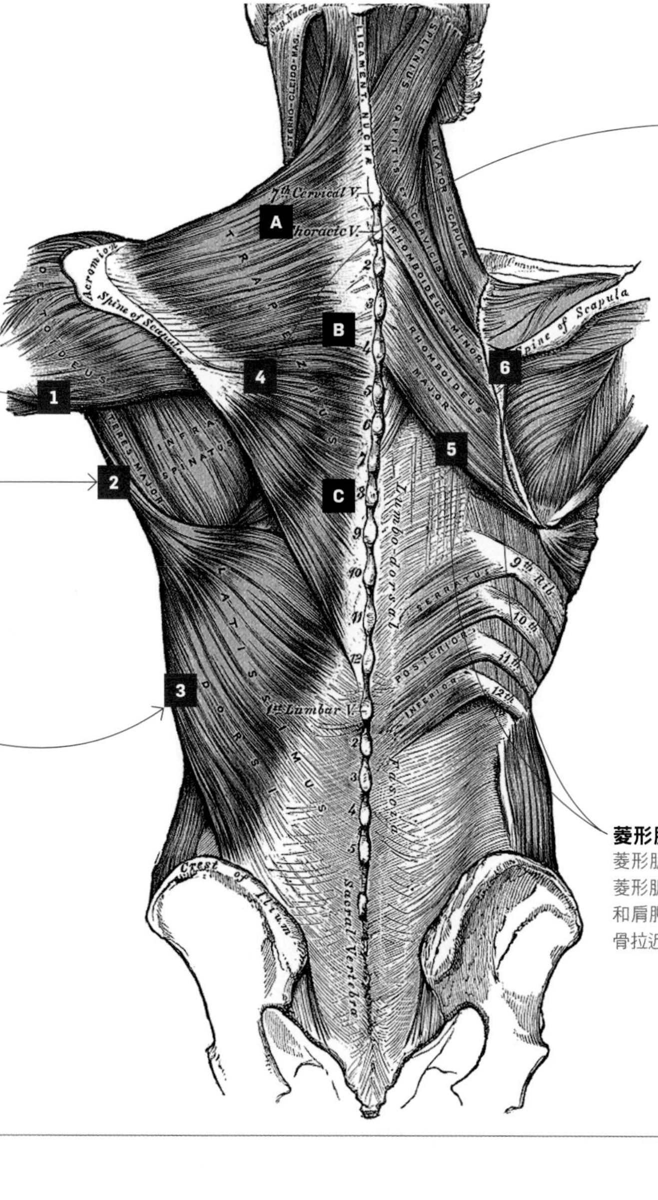

斜方肌
斜方肌[4]是長三角形的肌肉，位於你的上背部。因為肌肉纖維分布方式的緣故，斜方肌有好幾種功能。
上斜方肌[A]負責抬起肩胛骨。聳肩就是最典型的上斜方肌動作。值得注意的是，最適合訓練這些肌纖維的運動，如側平舉和聳肩等，都歸類為肩膀訓練動作。可以參考第六章。
中斜方肌[B]垂直連接脊椎，負責將肩胛骨向背中間拉近。划船動作能鍛鍊這些肌纖維。
下斜方肌[C]肌纖維向上連接到肩胛骨，負責將肩胛骨向下拉。划船動作也會鍛鍊到這部分的肌纖維。

菱形肌
菱形肌位於斜方肌下方，精確來說是包含大菱形肌[5]和小菱形肌[6]。菱形肌是連接脊椎和肩胛骨的小肌肉，負責協助斜方肌將肩胛骨拉近。

上背肌

划船與平舉

在這個章節裡，有103種專門鍛練背部肌肉的訓練動作。這些訓練分為兩個主要類別：上背訓練和背闊肌訓練。有幾種訓練經作者歸類為主要動作，只要熟習這些基本動作，就能以完美的姿勢做所有變化。

划船與平舉

這些訓練旨在鍛練中、下斜方肌和大小菱形肌。多數動作也會鍛練到上斜方肌、後三角肌和肩旋轉袖肌肉群，因為這些肌肉在各式划船動作中，都屬於輔助肌群，而且能協助維持身體穩定。

主要動作
懸垂臂划船

A

・正手握住單槓，與肩同寬。

反向伏地挺身？
懸垂臂划船對背肌的幫助，就和伏地挺身對胸肌的幫助一樣，不只能大大鍛練上背和中背肌肉，也能挑戰核心肌的力量。

B

- 動作一開始先將肩胛骨向後拉緊，接著以手臂繼續將胸部拉近單槓。
- 停頓一下，接著慢慢將身體放下回到起始姿勢。

為什麼划船動作很重要？

划船動作訓練斜方肌和菱形肌，這些肌肉在舉重物時，協助穩定肩胛骨。別小看這件事，因為肩膀不穩定的話，可能會限制住手臂和胸肌的力量。例如：你的胸肌原本可以仰臥推舉225磅，但若肩膀無法支撐這個重量，那你連一下也做不到。只要努力加強划船的肌力，就能增加全身的力量。

上背肌 ｜ 划船與平舉

變化1

屈膝懸垂臂划船

・平常懸垂臂划船時雙腿會打直，但現在將膝蓋彎曲呈90度。

變化2

反手懸垂臂划船

・雙手與肩同寬，反手握住單槓。

變化3

高腳懸垂臂划船

・腳不放在地板上，而是置於椅子或箱子上。

變化4

瑞士球高腳懸垂臂划船

・改將腳置於瑞士球上，不要放在地上。

變化5

加重懸垂臂划船

- 訓練時在胸部放上一塊槓片，以增加懸垂臂划船的難度。

變化6

單臂懸垂臂划船

- 左手正手握住單槓，右手放空手肘彎曲呈90度。
- 將身體以左手向上拉，右手臂向上伸直，右手伸高。
- 以左手完成計畫的反覆次數，接著馬上換手，以右手握住單槓，完成相同的次數。

肩膀到膝蓋保持緊繃。

變化7

懸掛式懸垂臂划船

- 在單槓上掛上附有手把的吊帶，手把離地約一公尺。

吊帶不像單槓是固定的，所以肩旋轉袖（也就是旋轉肌群）就必須出更多力維持肩膀穩定。

變化8

毛巾式懸垂臂划船

- 在懸垂臂划船手握的位置之處，各掛上一條毛巾。
- 雙手抓住毛巾末端，掌心相對朝內。
- 盡可能拉高胸部。

抓住毛巾能增加前臂肌肉出力，訓練背肌同時加強握力。

主要動作
槓鈴划船

A

- 正手握住槓鈴，雙手微比肩寬，手臂伸直。
- 身體前傾，膝蓋彎曲，身體下沉幾乎和地面平行。

錯誤的肌肉訓練

划船時下背向外彎曲

姿勢錯誤可能會導致受傷，例如椎間盤突出。避免的方法如下：舉起槓鈴，挺胸站直，下背自然前拱。保持上身緊繃，膝蓋微彎，臀部盡可能向外推。接著身體姿勢不變，上身下沉直到幾乎和地面平行。現在，透過鏡子檢查自己的姿勢。

上背肌 划船與平舉

選擇4種握法：正手、直握、反手和張肘，搭配以下8種啞鈴划船。所有握法都可以配合每一種划船動作。因此，划船這個經典動作就會有32種選擇。

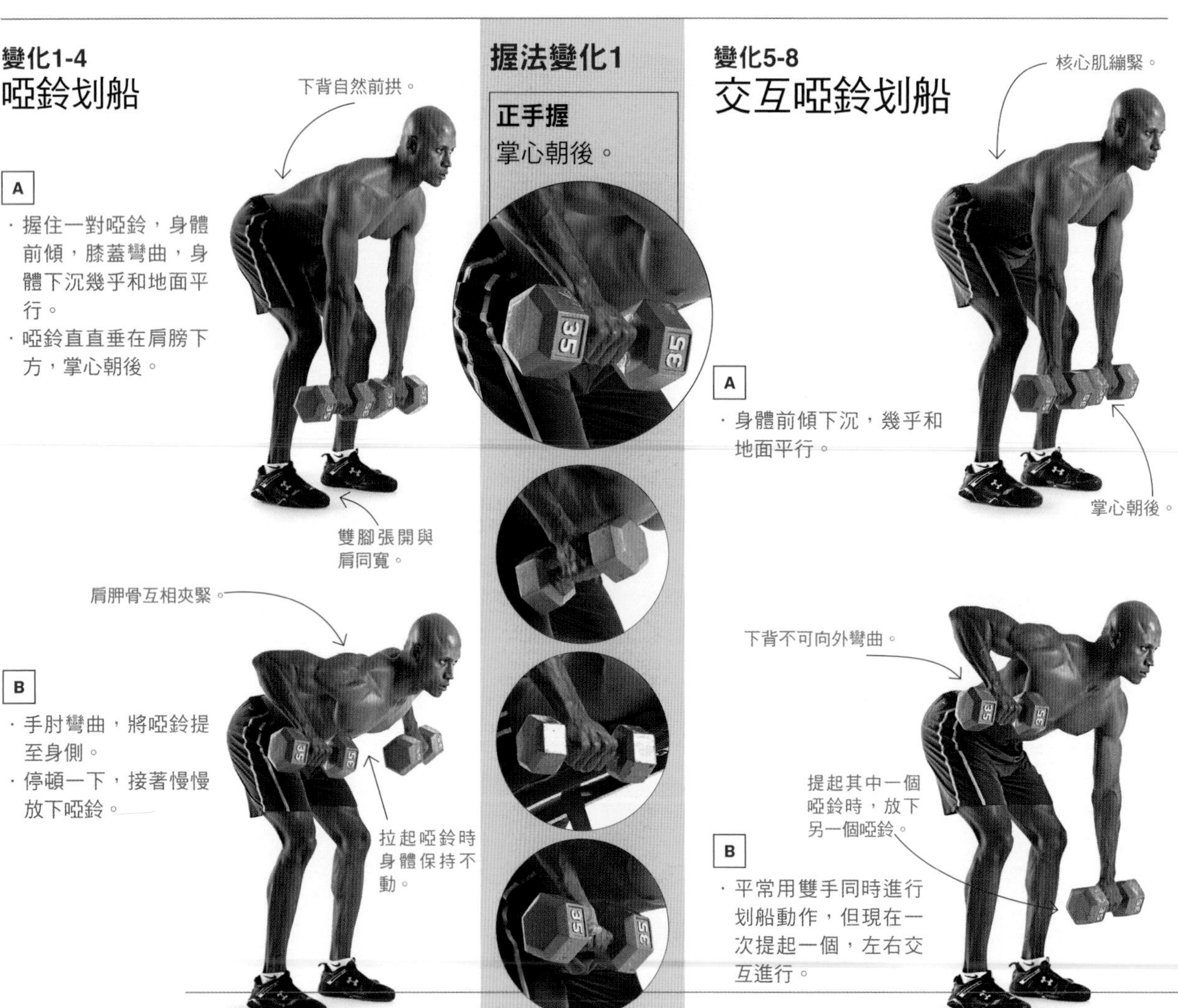

變化1-4

啞鈴划船

A

- 握住一對啞鈴，身體前傾，膝蓋彎曲，身體下沉幾乎和地面平行。
- 啞鈴直直垂在肩膀下方，掌心朝後。

B

- 手肘彎曲，將啞鈴提至身側。
- 停頓一下，接著慢慢放下啞鈴。

握法變化1

正手握

掌心朝後。

變化5-8

交互啞鈴划船

A

- 身體前傾下沉，幾乎和地面平行。

B

- 平常用雙手同時進行划船動作，但現在一次提起一個，左右交互進行。

變化9-12
單腳直握啞鈴划船

A

・身體前傾下沉，幾乎和地面平行。
・抬起一隻腳懸空。

B

・將啞鈴提至身側。
・每一組動作換腳。

握法變化2

直握
雙手掌心相對。啞鈴划船時，手肘靠近身側。

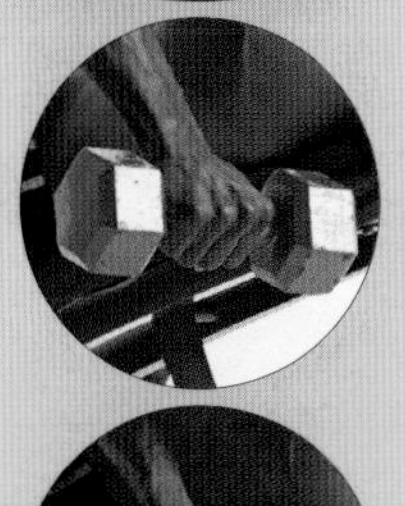

變化13-16
單臂直握啞鈴划船

A

・右手握住啞鈴，身體前傾，膝蓋彎曲，身體下沉幾乎和地面平行。
・啞鈴直直垂在肩膀下方。

單臂划船能分別鍛練身體的左側及右側，協助支撐不平衡的肌肉，增加核心肌的挑戰。

B

・將啞鈴提至身側，手肘收近身體側邊。

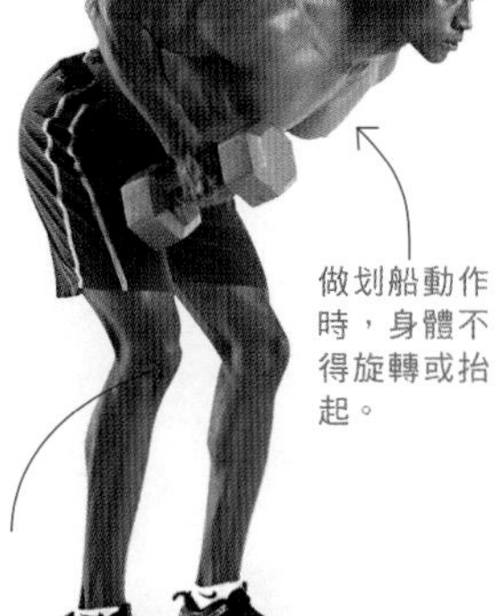

上背肌 | 划船與平舉

變化17-20

俯臥張肘啞鈴划船

A

・做此划船動作時不是站姿，而是胸朝下俯臥在可調式啞鈴椅上，角度微調成上斜。
・啞鈴直直垂於肩膀下方。

B

・雙肘保持張開，將啞鈴提至胸側。

進行動作時，應當讓下背自然前拱，而不要讓上身完全癱在椅子上。

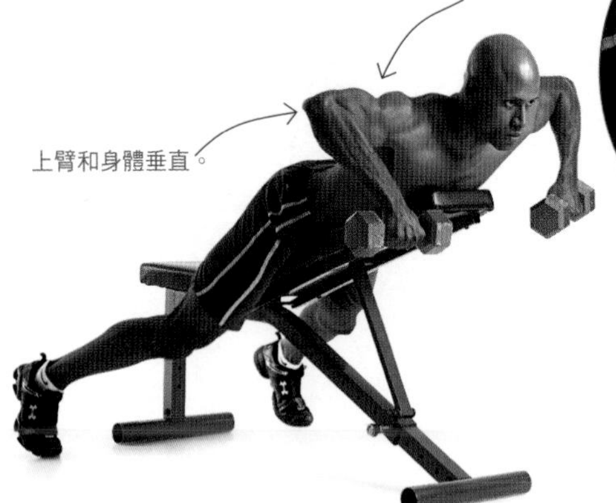

握法變化3

張肘正手握
掌心朝後。划船時，手肘張開，上臂垂直身體。

變化21-24

單臂屈體啞鈴張肘划船

A

・左腳和左手放在扁平椅上。
・下背自然前拱，身體和地面平行。

B

・上臂保持和身體垂直，啞鈴提至胸側。

變化25-28

單臂單腳反手啞鈴划船

下背自然前拱。

A

· 右手反握啞鈴。
· 左手撐在身前椅上，身體前傾。
· 抬高右腿，在身後懸空。

掌心朝前。

腿抬高和上半身呈一直線。

B

· 啞鈴提至身側時，手肘也收於身側。

膝蓋微彎。

握法變化4

反手握

掌心朝前。像是直握一樣，划船時，手肘接近身側。

變化29-32

俯撐單臂反手啞鈴划船

A

· 右手握住啞鈴。
· 左手撐在前方的椅上，身體前傾。
· 啞鈴直直垂下，掌心朝前。

身體幾乎和地面平行。

B

· 啞鈴提至身側時，手肘也要收於身側。

反手握會增加肱二頭肌負擔。

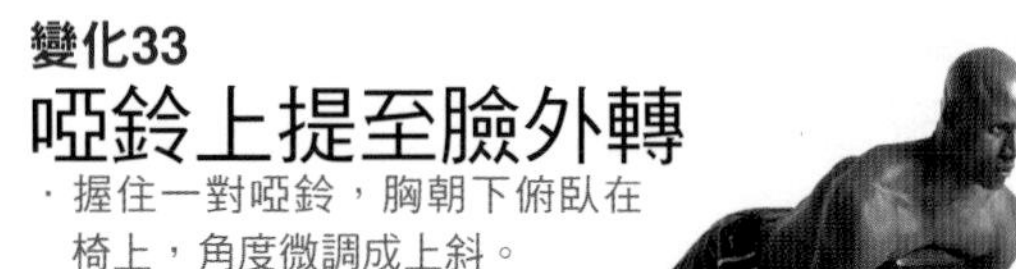

變化33

啞鈴上提至臉外轉

- 握住一對啞鈴，胸朝下俯臥在椅上，角度微調成上斜。
- 手臂直直從肩膀下垂，掌心相對。
- 連續動作，彎曲手臂並將啞鈴提至臉側，同時盡可能提高上臂。
- 停頓一下，接著動作回復至起始姿勢。

變化34

單臂直握啞鈴划船旋轉

- 不用兩個啞鈴，一次鍛練一手。
- 提起啞鈴時，將同側身體上旋。
- 停頓一下，接著身體和啞鈴回到起始姿勢。
- 先用單手完成計畫的反覆次數，接著再換另一隻手做同樣的次數。

變化35

單腳單臂旋轉啞鈴划船

A

- 右手握住啞鈴，掌心外轉朝右。
- 抬起右腿，和身體呈一直線。

B

- 將啞鈴提至身側的同時，掌心向內轉向身體。
- 右手完成計畫的反覆次數，接著馬上以左手和左腳完成相同的次數。

主要動作
俯立平舉

A

· 握住一對啞鈴，身體前傾幾乎和地面平行。
· 啞鈴直直自肩膀下垂，掌心相對。

B

· 身體不動，手臂直直向兩側抬起，直到和身體呈一直線。
· 停頓一下，接著慢慢回到起始姿勢。

背肌訓練大驚奇！

許多人認為「俯立平舉」這個動作應該算是肩膀訓練動作，因為該動作目的就是鍛練後三角肌。但請仔細想想：其實俯立平舉和划船動作一樣，唯一的差別就是提起啞鈴時手肘並沒有彎曲。所以，用這個動作來鍛練上背和中背肌肉也相當有效，這也是為什麼本書會將這個動作放在這一章。還有，為了增強效果，做此動作時，記得夾緊肩胛骨。

變化1
反手俯立平舉
· 反手握住啞鈴，掌心朝前，而不是相對。

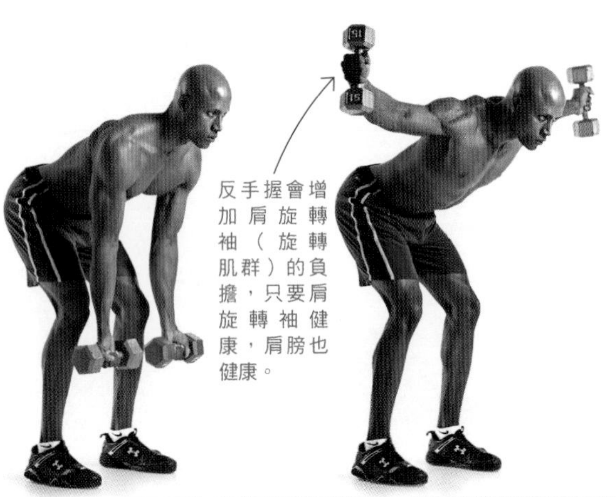

變化2
正手俯立平舉
· 正手握啞鈴。掌心朝後，而不是相對。

變化3
坐姿平舉
· 握住啞鈴，坐在椅子邊，不要站著。

變化4
側臥啞鈴抬舉
· 右手握住啞鈴，左側躺在平坦椅上。
· 以左肘支撐身體。
· 右臂直直垂下，和地面垂直，掌心朝後，手肘微微彎曲。
· 手肘彎曲角度不變，手直直升到肩膀上方，手臂外轉，掌心朝頭。
· 慢慢回到起始姿勢。

變化5

滑輪交叉平舉

A

- 在交叉滑輪機的低滑輪裝上兩個手把。
- 右手握住左手把，左手握住右手把，站在滑輪中間。
- 身體前傾，膝蓋彎曲，身體下沉幾乎和地面平行。

B

- 手肘彎曲角度不變，雙臂抬起和地面平行。
- 停頓一下，然後慢慢回到起始姿勢。

Y-T-L-W-I字形平舉

這是一個夢幻訓練動作。雖然區分為很多動作，但目的在於鍛練上背肌——上背肌負責穩定肩胛骨，特別是斜方肌。本動作也能加強肩膀各種角度的肌肉，強化肩旋轉袖和三角肌。

你可以做完一整套Y-T-L-W-I字形平舉，當作完整的上背重訓，不論有沒有啞鈴皆可（依個人能力）。如果你沒有啞鈴，那就注意自己手部的姿勢，必須和握有啞鈴時一樣。如果有用啞鈴，那麼只需要兩個很輕的啞鈴即可。你可以靠在重訓椅上或瑞士球上做這些動作。瑞士球會加強動作的難度，因為球面會迫使核心肌肉用力維持姿勢。Y-T-I這三個動作，在地板上也可以有效地進行，隨時在旅館地上都能做。

上斜式Y字形平舉

A

- 將可調式啞鈴椅微調上斜，俯臥在椅上，胸部靠著椅背。

B

- 手臂舉起和身體呈30度（呈Y字形），並抬高到和身體平行。
- 停頓一下，接著慢慢放下手臂回到起始姿勢。

雙手大姆指朝上。

地板Y字形平舉

A

· 面朝下俯臥在地板上。手臂平放於地上，完全伸直，和身體呈30度，掌心朝內。

B

· 手臂盡可能舉高。
· 停頓一下，接著放下回到起始姿勢。

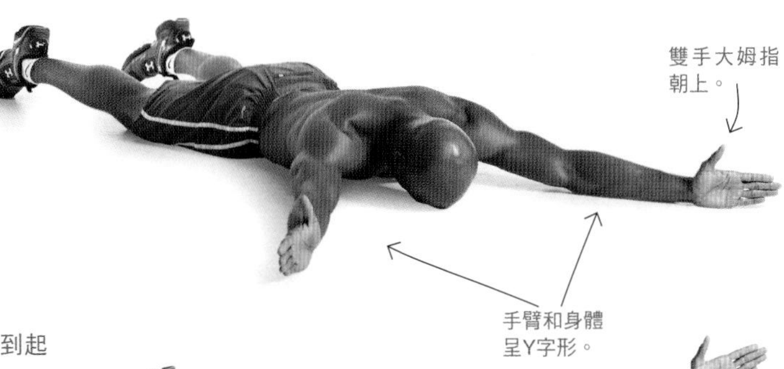

瑞士球Y字形平舉

A

· 俯臥在瑞士球上，背打直，胸部騰空。

B

· 雙手臂抬起，直到高度和身體平行。手臂和身體呈30度。
· 停頓一下，接著放下回到起始姿勢。

完整的上背重訓計畫

做10下Y字形平舉，接著馬上做10下T字形平舉。以此類推，直到完成了Y-T-L-W-I字形五組的平舉。休息2分鐘，再重複一次。

無器材背肌重訓計畫

Y-T-I字形每組動作各做12下，俯臥於地板上，動作之間不要休息。

新增五種動作

除了能在可調式啞鈴椅、瑞士球和地板上做Y-T-L-W-I字形平舉之外，你也可以像做槓鈴或啞鈴划船一樣，俯立傾斜身體進行平舉動作。只要記得要確定在做動作時，下背保持自然前拱就可以了。

上背肌 ｜划船與平舉

上斜式T字形平舉

・握住一對啞鈴，俯臥在可調式啞鈴椅上，角度微調上斜。
・手臂打直，朝左右舉高，直到和身體平行。
・停頓一下，接著慢慢放下回到起始姿勢。

地板T字形平舉

・手臂展開置於兩側，和身體垂直，雙手大姆指朝上，然後盡可能抬高雙手，但勿過於勉強。
・停頓一下，接著慢慢放下回到起始姿勢。

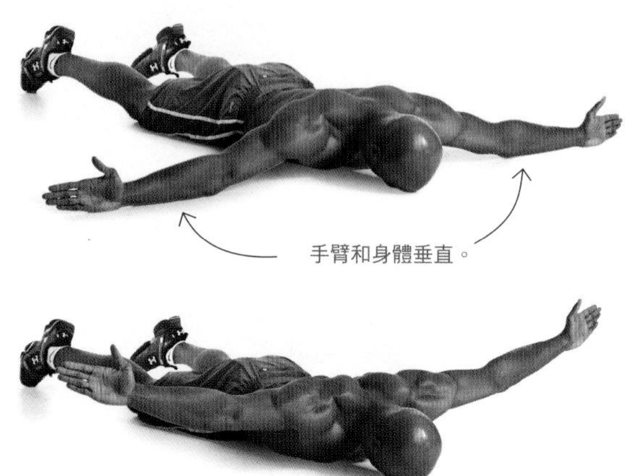

瑞士球T字形平舉

A

・俯臥在瑞士球上，背打直，胸部騰空。

B

・手臂打直於身側舉高，呈一直線。
・停頓一下，接著慢慢放下回到起始姿勢。

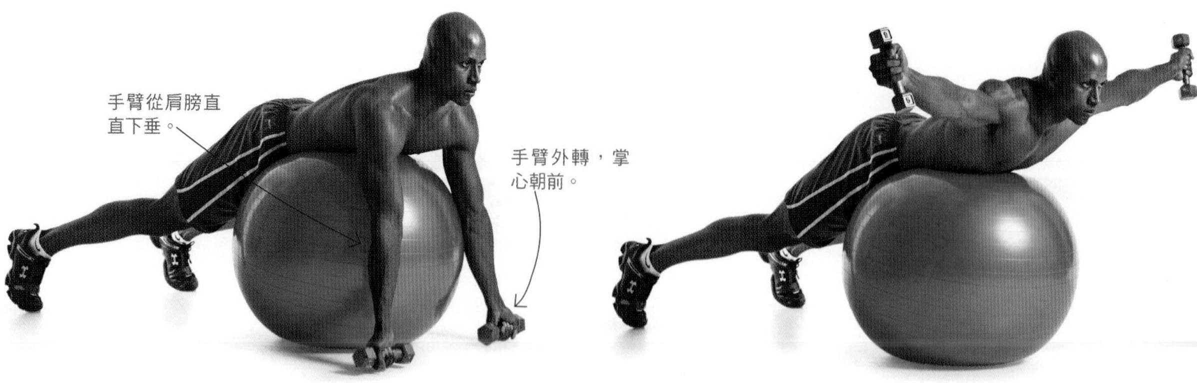

上斜式L字形平舉

A

・握住一對啞鈴，俯臥在可調式啞鈴椅上，角度微調上斜。
・雙手從肩膀直直垂下，掌心朝後。

B

・接著，將手肘提升彎曲，漸漸使得肩胛骨夾緊，上臂因而跟著抬高。盡可能抬高上臂。

C

・手肘角度不變，上臂盡可能向後旋轉。
・停頓一下，接著慢慢放下回到起始姿勢。

瑞士球L字形平舉

A

・俯臥在瑞士球上，背打直，胸部騰空。

B

・將手肘往外彎曲張開，且肩胛骨夾緊，使得上臂盡可能抬高。
・動作到底時，上臂和身體必須垂直。

C

・手肘姿勢不變，上臂盡可能向後旋轉。
・停頓一下，接著慢慢放下回到起始姿勢。

上斜式W字形平舉

A

- 握住一對啞鈴，俯臥在可調式啞鈴椅上，將啞鈴椅的角度微調上斜。
- 手肘彎曲度數超過90度，並將手肘位置保持在身體兩側，掌心朝上，姆指朝外。

B

- 手肘彎曲角度不變，抬高上臂時夾緊肩胛骨。
- 啞鈴舉到頂端時，手臂呈W字型。
- 停頓一下，接著慢慢放下回到起始姿勢。

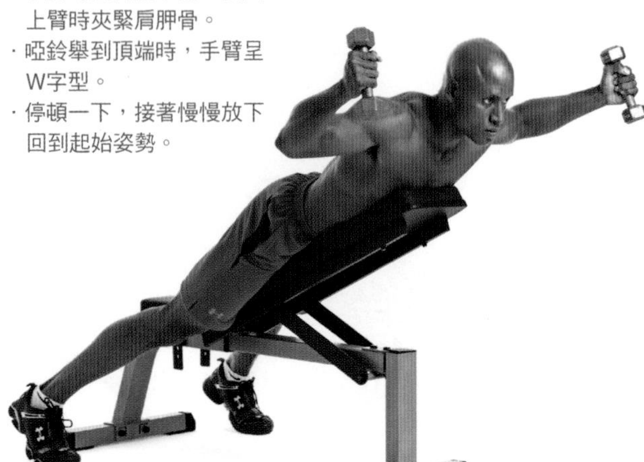

瑞士球W字形平舉

A

- 手持啞鈴，俯臥在瑞士球上，背打直，胸部騰空。
- 手肘彎曲超過90度並夾緊身體，掌心朝上，姆指朝外。

B

- 手肘彎曲角度不變，夾緊肩胛骨，使得上臂抬高。
- 啞鈴舉到底時，手臂呈W字型。
- 停頓一下，接著慢慢放下回到起始姿勢。

胸部要提高。

上斜式I字形平舉

- 握住一對啞鈴，俯臥在可調式啞鈴椅上，角度微調上斜。
- 手臂從肩膀直直垂下，掌心相對。
- 手臂直直舉起，高舉和身體平行，呈I字形。
- 停頓一下，接著慢慢放下回到起始姿勢。

地板I字形平舉

- 手臂直直置於肩膀前方，身體從指尖到腳呈一直線。
- 盡可能抬高手臂，勿過於勉強。
- 停頓一下，接著慢慢放下回到起始姿勢。

掌心朝內，雙手大姆指朝上。

瑞士球I字形平舉

A

- 握住一對啞鈴，俯臥在瑞士球上，背打直，胸部騰空。

B

- 直直抬起手臂，和身體呈I字型。
- 停頓一下，接著慢慢放下回到起始姿勢。

手臂向內轉，掌心相對。

主要動作
滑輪划船

A

· 將滑輪機裝上拉桿，身體調好位置，腳支撐住身體。
· 正手握住拉桿，雙手距離微比肩寬。

B

· 身體不動，將拉桿拉至上腹部。
· 停頓一下，接著身體慢慢放鬆回到起始姿勢。

2

根據俄克拉荷馬州立大學研究統計7萬9千名上班族發現，一週進行兩組20分鐘重訓計畫的人，上班時較不容易生病。

錯誤的肌肉訓練
聳肩划船

做任何划船動作的時候，一開始必須將肩膀放下並向後。為什麼？如果忘了這一點，則你會習慣抬高肩膀，導致手肘彎曲，划船時肩膀會過度伸展。如此一來，不但會增加前肩的壓力，更會影響稱為肩胛下肌的肩旋轉袖。時間一久，會造成肩關節不穩，更會導致肩膀受傷。

上背肌 | 划船與平舉

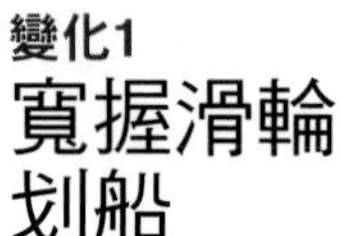

變化1
寬握滑輪划船

・雙手距離約為肩寬的一點五倍，將拉桿拉至下胸。

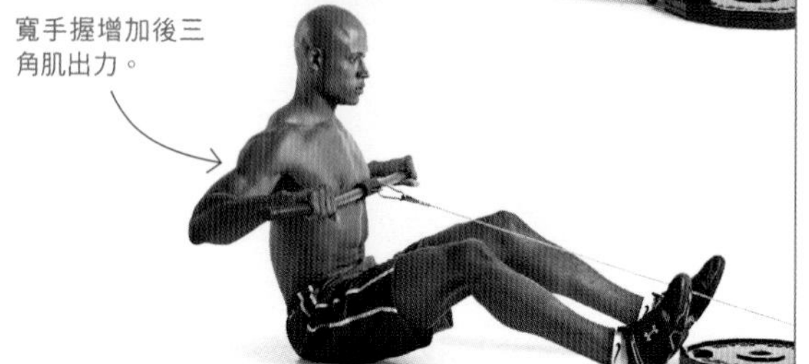

變化2
反手滑輪划船

・雙手握住拉桿，與肩同寬，將拉桿拉至下腹部。

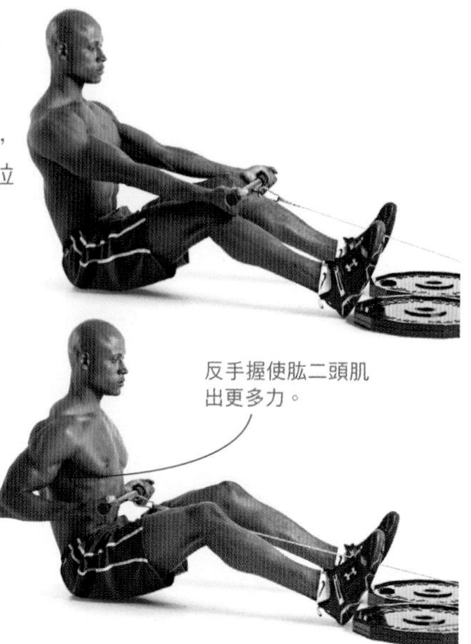

變化3
繩把滑輪划船

・將滑輪機裝上繩把，雙手握住繩子兩端，進行滑輪划船。

變化4
V型握把滑輪划船

・將滑輪機裝上V型握把，雙手握住，拉至身體中段。

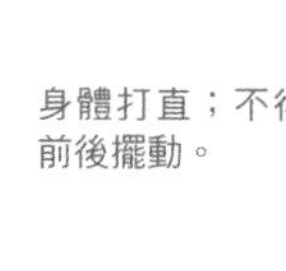

變化5

單手滑輪划船

- 將滑輪機裝上握把，身體不動，用單手將握把拉到身側，然後換另一手做動作。
- 完成右手計畫的反覆次數，接著馬上以左手完成相同的次數。

變化6

單手滑輪划船旋轉

- 將滑輪機裝上握把，右手握住握把。
- 將握把拉至右側，身體向右旋轉。
- 停頓一下，接著回到起始姿勢。

變化7

滑輪划船至頸外轉

- 將滑輪機裝上繩把，身體坐在滑輪機前。
- 將繩把中央拉向臉部，然後上臂與前臂開始旋轉，轉向後方，此時肩胛骨夾緊。前臂轉向後上方。
- 停頓一下，接著慢慢回到起始姿勢。

變化8

立姿單手滑輪划船

- 滑輪機低滑輪裝上握把。右手握住握把，雙腳錯開站立。
- 將握把拉向右側，身體向右旋轉。
- 停頓一下，接著回到起始姿勢。
- 右手完成計畫的反覆次數，接著馬上以左手完成相同的次數。.

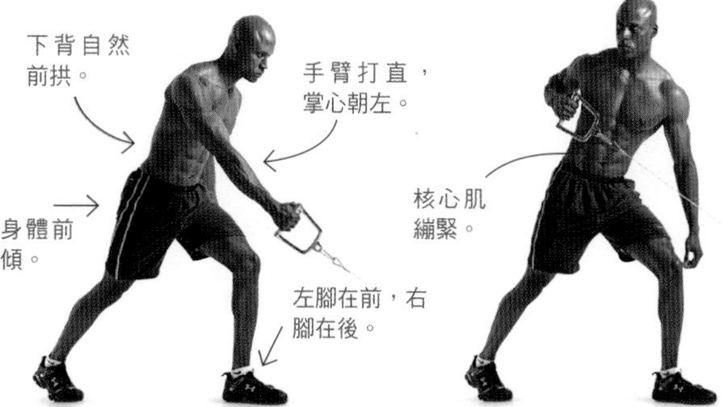

背闊肌 反手引體向上與正手引體向上

反手引體向上與正手引體向上

這些動作旨在鍛練背闊肌，同時會鍛練到大圓肌和肱二頭肌。這些動作大部分也會用到核心肌和上、中背肌，幫助你穩定身體並協助進行這些動作。

主要動作
反手引體向上

A

- 反手握住單槓，與肩同寬。
- 手臂打直，自然下垂，每一次放下身體時都要回到這個姿勢。

訓練小秘訣
想像自己正在把單槓拉至胸口，而不是把你的胸口拉至單槓。

- 將胸部拉至單槓。
- 上胸部接觸單槓時，停頓一下，接著慢慢放下身體至起始姿勢。

把自己拉高
正手或反手引體向上的動作，都應該改名叫作胸部上拉運動。因為如果動作要有效，必須要確實把單槓拉至胸部的位置。如此一來，能提高動作幅度，增加肩胛骨附近肌肉的刺激。

正手引體向上，還是反手引體向上？

正手引體向上，和反手引體向上有什麼不同？其實很簡單：反手引體向上是用反手握；正手引體向上是用正手握。當然，你馬上就會發現反手引體向上比較輕鬆（更準確地說，是「比較不那麼難」）。因為反手握單槓時，肱二頭肌會出比較多力量，讓你有更多力量，可以把身體上拉。

背闊肌 | 反手引體向上與正手引體向上

變化1

反向反手引體向上

A

- 在單槓下方放一把椅子，站在椅子上，反手握住單槓。
- 從椅子上跳起，將胸部抬至和雙手同高，接著將腳踝交叉在身後。

B

- 以五秒鐘的時間，慢慢放下身體，直到手臂打直。如果這樣太難，那就以你身體能夠承受的速度慢慢放下身體。
- 再跳高，回到起始位置，然後重複此動作。

進行反向反手引體向上時，從上方將身體放至底部的過程，必須保持同樣的速率。如果發現有些地方下降特別快，默默記在心裡。接著，下一組動作放下身體時，在那幾個地方停留一兩秒鐘。這樣可使你的表現快速進步。測量進步的好方式：如果你能用30秒慢慢做完反向反手引體向上，你應該就可以做得到一個的標準引體向上。

變化2

輔助吊帶反手引體向上

A

- 大型橡皮吊帶一端繞過單槓，然後穿過另一端，緊緊掛在單槓上。
- 反手握住單槓與肩同寬，雙膝置於吊帶圈，手臂打直自然下垂。

B

- 將胸部拉至單槓，進行引體向上。
- 上胸部接觸單槓時，停頓一下，接著慢慢放下身體至起始姿勢。

採用輔助吊帶來練習反手引體向上這個動作，對你以後做標準引體向上很有用，輔助吊帶的效果比連鎖健身房的引體向上輔助機更有助於日後練習引體向上。試試看Superband（請參考www.ihpfit.com網站）或迷你伸展彈力吊帶（請參考www.elitefts.com網站）。

變化3

反手近握引體向上

・反手握住單槓，雙手距離15到20公分。

雙手距離較近時，肱二頭肌在動作中更能施展力量。如此一來會使動作比標準反手引體向上更輕鬆。

變化4

立握引體向上

・握住單槓上的平行手把，掌心朝內相對。接著將胸部拉至和握把同高。

變化5

正手引體向上

・動作和反手引體向上相同，只是改成正手握住單槓，雙手距離稍微比肩膀寬。

肱二頭肌激增
西點軍校研究者測量正手引體向上的肌肉活動後發現，這個動作不只能訓練背闊肌，也同時能訓練肱二頭肌。

變化6

正手寬握引體向上

・正手握住單槓，雙手距離為肩寬的一點五倍寬。

引體向上難度一覽表

難

- 8. 正手寬握引體向上
- 7. 正手引體向上
- 6. 正反手引體向上
- 5. 立握引體向上
- 4. 反手引體向上
- 3. 反手近握引體向上
- 2. 協助吊帶反手引體向上
- 1. 反向反手引體向上

易

變化7

正反手引體向上

‧雙手距離與肩同寬，一手正手握，另一隻手反手握。

進行正反手引體向上時，背肌、肩膀肌肉和核心肌為了防止身體旋轉，會比標準正手或反手引體向上出更多力。

變化8

左右反手引體向上

‧平常引體向上會直直向上拉至胸部，做這個動作時先拉向右手。停頓一下，回到起始姿勢。下一次反覆時，拉向左手。每一次動作左右交換。

變化9

懸掛式引體向上

‧單槓掛上一組附有握把的吊帶，手握住握把，雙手自然下垂。接著進行反手引體向上，拉起身體時自然旋轉手臂。

變化10

毛巾引體向上

‧找到引體向上單槓雙手的位置，接著在那兩個位置各掛上毛巾。
‧握住毛巾末端，掌心朝內，雙腳腳踝交叉在後，雙手自然下垂。
‧盡可能拉高胸部。
‧停頓一下，接著慢慢放下回到起始姿勢。

抓住毛巾能增加前臂肌肉收縮，增進握力和肌耐力。

肩胛骨收縮運動

A

・正手握住單槓，雙臂自然下垂。

B

・手臂不動，肩胛骨往下夾緊，維持五秒鐘，保持穩定呼吸。此為一次動作。

上背強度測試

維持肩胛骨夾緊，支撐越久越好。如果你連10秒都達不到，就代表你上背肌無力，應該馬上用這個動作來進行重訓計畫。此動作也訓練你將肩膀放下，並向後施力，矯正身形姿勢。

滑輪下拉與直臂下拉

這些動作目的是鍛練背闊肌，也同時鍛練大圓肌和肱二頭肌。而且，上、中背肌多少也會收縮，因為這些肌肉皆屬於輔助肌群，協助動作和身體穩定。

主要動作
背闊肌滑輪下拉

A

· 坐在滑輪下拉機，正手握住拉捍，與肩同寬。

引體向上的替換動作
走進任何一家健身房看一看：滑輪下拉可能是本章介紹的所有訓練中，最熱門的一種。因為如果你沒辦法做到標準的引體向上（也無法做到反向反手引體向上或輔助吊帶引體向上），那麼最棒的替代動作，就是滑輪下拉。

B

- 身體不動，肩胛骨夾緊，將拉桿拉至胸部。
- 停頓一下，接著慢慢回到起始姿勢。

背闊肌 | 滑輪下拉與直臂下拉

變化1

寬握滑輪下拉

‧正手握住拉桿，雙手距離為肩寬一點五倍。

拉桿拉至上胸。

變化2

反手滑輪下拉

‧反手握住拉桿，雙手與肩同寬。

拉下拉桿時身體打直。

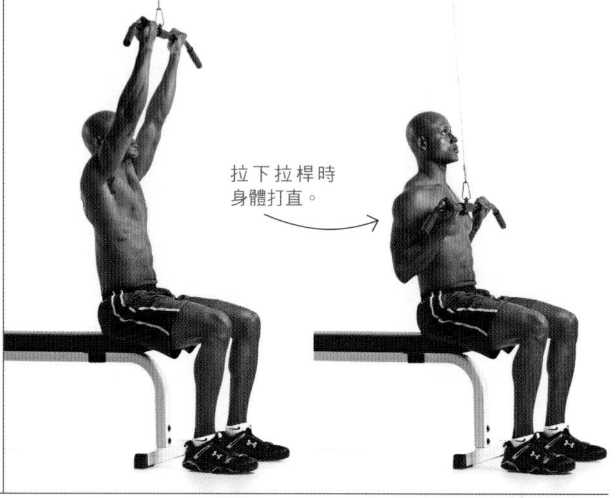

變化3

30度滑輪下拉

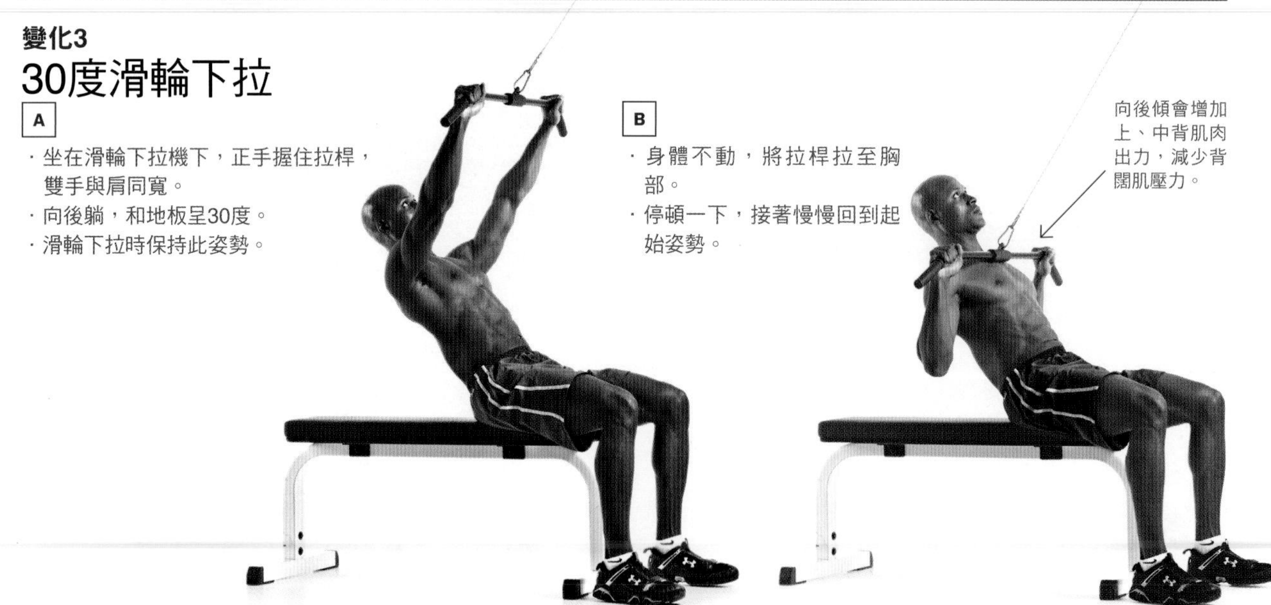

A

‧坐在滑輪下拉機下，正手握住拉桿，雙手與肩同寬。
‧向後躺，和地板呈30度。
‧滑輪下拉時保持此姿勢。

B

‧身體不動，將拉桿拉至胸部。
‧停頓一下，接著慢慢回到起始姿勢。

向後傾會增加上、中背肌肉出力，減少背闊肌壓力。

變化4

近握滑輪下拉

・反手握住拉桿，雙手距離為15到20公分。

變化5

跪姿滑輪下拉

・平常會坐在滑輪下拉機下，現在則跪在前方，身體從肩膀到膝蓋呈一直線。

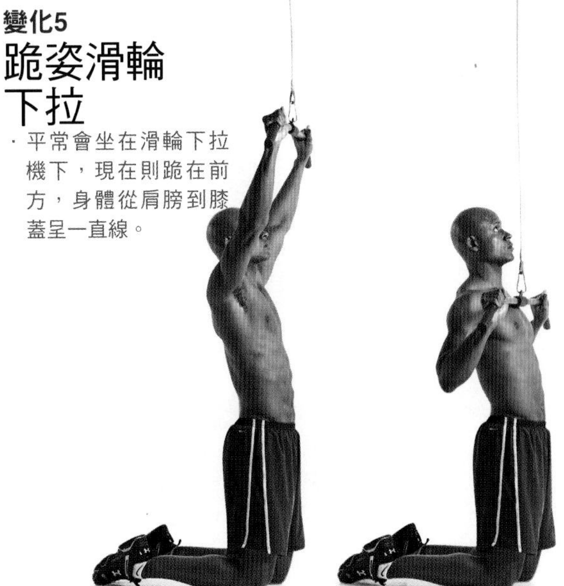

變化6

跪姿反手滑輪下拉

A

・反手握住滑輪下拉機拉桿，雙手與肩同寬。
・平常會坐在滑輪下拉機下，現在則跪在前方，身體從肩膀到膝蓋呈一直線。

B

・將拉桿拉到上胸部。

為什麼要跪著？
因為現實生活中，背闊肌和臀肌是一起活動的。不過，你坐著時，臀肌會維持放鬆。所以跪著有助於臀部活動（你走路時或是引體向上時也有助於臀部活動）。當然，跪著拉滑輪，能拉動的重量有限，但也是有一定功效。

背闊肌 | 滑輪下拉與直臂下拉

主要動作
曲桿槓鈴直臂下拉

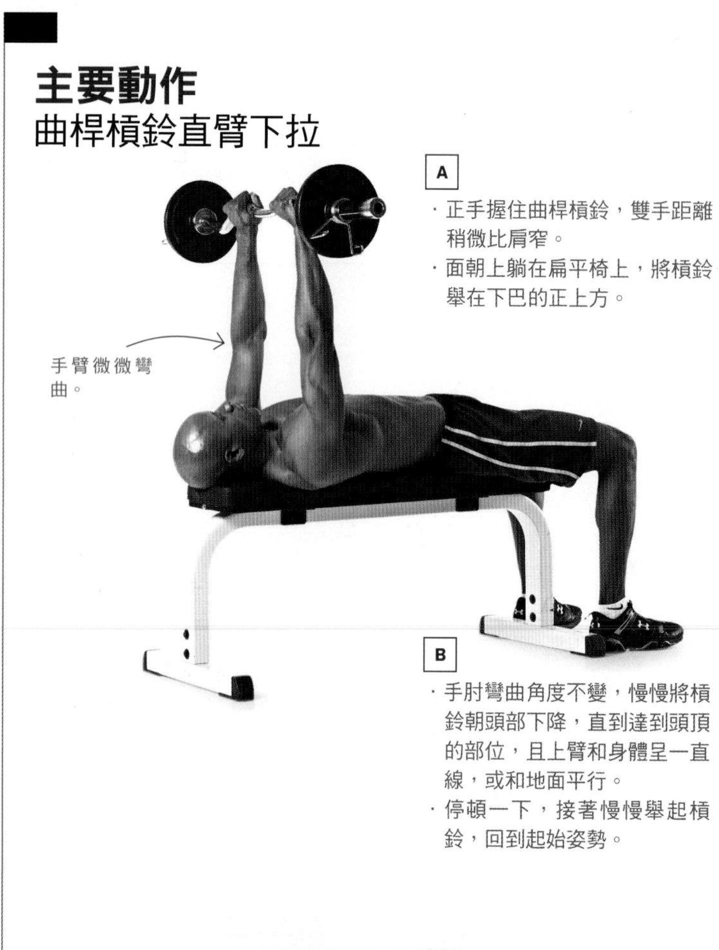

手臂微微彎曲。

雙腳隨時平貼在地。

A

· 正手握住曲桿槓鈴，雙手距離稍微比肩窄。
· 面朝上躺在扁平椅上，將槓鈴舉在下巴的正上方。

B

· 手肘彎曲角度不變，慢慢將槓鈴朝頭部下降，直到達到頭頂的部位，且上臂和身體呈一直線，或和地面平行。
· 停頓一下，接著慢慢舉起槓鈴，回到起始姿勢。

變化1
瑞士球曲桿槓鈴直臂下拉

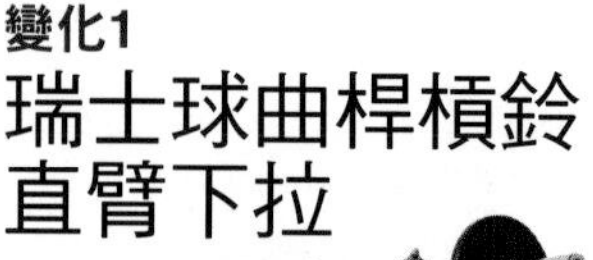

A

· 平常會躺在重訓椅上，現在則躺在瑞士球上訓練。上、中背穩穩靠在瑞士球上。抬起臀部，肩膀到膝蓋呈一直線。

B

· 手肘彎曲角度不變，慢慢將槓鈴下降到頭頂，直到上臂和身體呈一直線。

如果你找不到單槓或滑輪下拉機，則直臂下拉這個動作，是鍛練背闊肌另一種好選擇。原因是：即使是躺著做動作，此訓練也需要將上臂上拉，高舉過頭，向身體後方伸展，這種動作運用的就是背闊肌的主要功能之一。

立姿直臂下拉

A

· 站在滑輪下拉機前，正手握住拉桿，雙手距離微比肩寬。

B

· 背和手臂打直，畫一弧形拉下拉桿，直到拉桿碰到大腿。
· 停頓一下，接著慢慢回到起始姿勢。

拉出腹肌！
根據芬蘭科學家指出，立姿直臂下拉比標準捲腹更能迫使腹部出力。

史上最佳背部訓練動作
滑輪內拉至臉外轉

這個非常特別的動作，可以同時鍛練肩膀的肩胛肌肉和肩旋轉袖。這些肌肉負責穩定肩膀，是肩膀健康的關鍵，而且多數人訓練時都會忽略這些部位。因此，「滑輪內拉至臉外轉」這個動作可以讓你降低受傷的危險，增強上半身肌力。《男性健康》雜誌的頂尖健身顧問群一致同意，做重訓時，這項訓練是最讚的必選項目。

A

- 將滑輪機高滑輪（或滑輪下拉機）裝上繩把，雙手握住繩把兩端。
- 面對磅片退後幾步，手臂在面前打直。

B

- 手臂彎曲，手肘張開，將繩把中央拉向眼睛，直到雙手達到耳朵的部位為止。
- 停頓一下，接著回到起始姿勢。

額外訓練！
臥姿滑輪下拉至臉外轉

- 如果做滑輪下拉至臉外轉時，無法保持身體挺直，可以面朝上躺在扁平椅上試試看。

最佳背部伸展運動
跪姿瑞士球背闊肌伸展

為什麼那麼好？
這個伸展動作能放鬆背闊肌。當肌肉僵硬時，上臂會向內轉，造成姿勢不良。

盡全力去做：
維持這個伸展動作30秒鐘，接著再重複兩次，總共做3組。每天規律進行，如果真的很僵硬，一天最多可以做3次。

A

- 跪在地板上，瑞士球放在前方約60公分處。雙手放在球上，兩手之間距離約15公分。
- 身體前傾，肩膀向地板下壓。

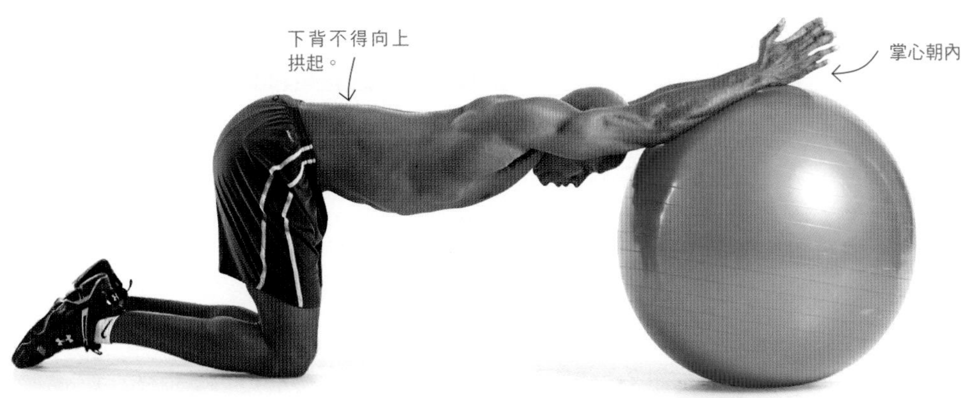

背肌

終極引體向上重訓計畫

不論你引體向上只能做一下，或想突破停滯已久的八下瓶頸，只要採用肌力與體能訓練師柯斯葛羅夫所設計的重訓計畫，就能為你找到最適合自己的方式。

如果你是連一下引體向上都做不起來的人……

訓練一：輔助吊帶引體向上

如何進行：做兩組動作，每組6下，中間休息60秒，接著再做訓練二。

訓練二：反向反手引體向上

如何進行：做兩組動作，中間休息60秒。盡可能延長放下身體的時間（以碼錶計時），直至手臂伸直。關鍵要求：從開始到結束試著用同樣的速率放下身體。當你放下身體的速度能撐超過30秒時，或是兩次總共放下身體的時間超過45秒時，加入第三組動作。完成所有組數，然後再做訓練三。

訓練三：爆發力跪姿滑輪下拉

如何進行：

- 選擇能讓你完成反覆完成4下的最重重量（也就是第5下就做不到）。
- 做10組動作，每組2下，中間間隔休息60秒。
- 每一下動作以最快速度完成。
- 每一週把休息時間減少15秒。
- 第五週，做一組動作，盡全力做越多越好。
- 第六週，從頭重複同樣的過程。

當你至少能做到2下引體向上時

這時候就應該把重訓升級。最好的方式叫做「減少休息時間」：不要先追求做更多下，而是先專心減少每組之間的休息時間。到最後，等到你連休息都不必了，那麼自然就等於能連續做更多下。

如何進行：把你「能用正確姿勢完成的引體向上次數」除以2，就是你每組動作的反覆次數。比如說，如果你能做2下引體向上，則你每組就做1下；如果你可以做5下引體向上，則每組就做3下（如果不是整數就四捨五入）。找到了你的反覆次數後，開始做完3組動作，每組中間休息60秒。一週做2次重訓，每次至少間隔3天。每週把休息時間減少15秒。等到休息時間歸零時，每次重訓再加做一組。

一旦你能做到10下引體向上……

你可能會傾向於保持既有的水準就好，例如說，每次重訓做3組動作，每組10下。不過這樣的話，大概就沒有什麼進步的空間。還不如加一點重量在身上，但是少做幾下，這樣就能更快增加力量，而引體向上次數也會因此自然增加。

如何進行：進行這種重訓的時候，需要使用TKO撐體腰帶（請參考www.elitefts.com）。把這個吊帶繫在腰上，並在上面吊槓片。接著進行以下的重訓計畫。做動作時，選擇身體能負荷最重的重量，並完成所有反覆次數。所以如果反覆次數減少，重量就增加。每週進行3次重訓；每組間休息60秒。

	第一組	第二組	第三組	第四組	第五組	第六組
第一週	8	6	4	8	6	4
第二週	7	5	3	7	5	3
第三週	6	4	2	6	4	2
第四週	5	3	1	5	3	1

到第五週時，再從頭開始，用和第一週相同的組數和反覆次數，但根據當時的肌力調整重量。到了第五週的時候，你所使用的重量，會超過第一到四週。

打造完美背肌

以下的重訓計畫，只要15分鐘。採用之後，能將身體雕塑成完美的V字形。這個計畫是由理學碩士和肌力與體能訓練師貝倫廷（Craig Ballantyne）提供，他同時也是《男性健康》雜誌的健身顧問，並架設了TurbulenceTraining.com網站。這個重訓計畫不但可以全面訓練到背闊肌，更可以專門雕塑上、中背肌肉的鍛鍊，這些肌肉常是姿勢不良的原因，也經常受到忽略，導致肌肉無力。強化這些肌肉不只能幫助你玉樹臨風，更能增加肩膀穩定度。成果：不管哪種上半身動作，你都能舉起更重的重量。

如何進行：從以下每一群動作中各選出一種動作（A、B、C和D）。接著連續各做一組動作，各組中間休息60秒。例如，做一組訓練A的動作，休息60秒鐘，再做一組訓練B的動作，再休息60秒鐘，以此類推。四種訓練都各完成一組後，休息2分鐘，然後從頭到尾做兩次循環。這個重訓計畫每週可以進行一次或二次。

訓練A

除了反向反手引體向上之外，其他動作都盡可能做越多越好，直到感到吃力為止。每一次動作中，花3秒鐘時間放下身體，回到起始位置。反向反手引體向上則做5下，每一下花5秒鐘放下身體。

反向反手引體向上（94頁）

輔助吊帶反手引體向上（94頁）

反手引體向上（92頁）

立握引體向上（95頁）

正反手引體向上（96頁）

正手引體向上（95頁）

訓練B

動作盡可能做越多下越好，直到感到吃力為止（也就是頂多再做二下就會做不到）。每一次動作中，花2秒鐘的時間放下身體，回到起始位置。

懸垂臂划船（68頁）

屈膝懸垂臂划船（70頁）

反手懸垂臂划船（70頁）

高腳懸垂臂划船（70頁）

瑞士球高腳懸垂臂划船（70頁）

毛巾式懸垂臂划船（71頁）

訓練C

動作每組反覆次數為12下。每一次動作中，花2秒鐘將啞鈴放下，回到起始姿勢。

俯立平舉（79頁）

正手俯立平舉（80頁）

反手俯立平舉（80頁）

滑輪交叉平舉（81頁）

訓練D

動作每組反覆次數為10下。每一次動作中，花2秒鐘將啞鈴放下，回到起始姿勢。

瑞士球Y字形平舉（83頁）

上斜式Y字形平舉（82頁）

瑞士球T字形平舉（84頁）

上斜式T字形平舉（84頁）

第六章：肩膀

男人的肩膀越壯越好

肩膀

一副好肩膀能帶來如夢似幻的效果：腰部看起來更精瘦，手臂看起來更粗壯，背部看起來更寬闊。而且，肩膀是最輕易就能打造的區塊，因為身體的脂肪不容易在肩膀堆積。

何況，若沒有一副強壯的肩膀，則上半身任何肌肉的尺寸和肌力都不太可能達到完美。因為肩膀肌肉負責協助胸肌、背肌、肱三頭肌和肱二頭肌大多數的動作。所以，你也可以說肩膀肌肉是健身的王牌。

練肩膀好處實在多！

上半身的金鐘罩、鐵布衫！鍛鍊肩關節周圍比較無力的肌肉，能減少脫臼及肩旋轉袖撕裂的風險。

力量更強！做出投擲或揮擊的動作時，手臂是由肩關節旋轉。強壯的肩膀肌肉能使手臂更容易活動，力量更強。

站起身會更挺拔！肩旋轉袖虛弱的話，肩關節後方的肌肉會被前方的肌肉拉扯，肩膀會因此向內彎曲，造成身形萎靡。可是你能改變這種情形！你可以平衡肌肉力量，打造更強壯的肩旋轉袖。如此一來，就能找回男人的挺拔和驕傲。

看看你的肌肉

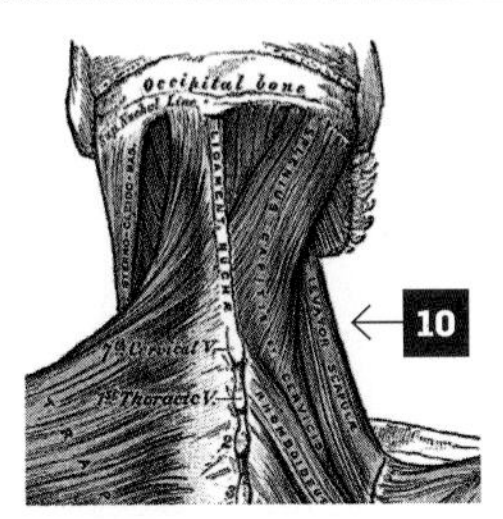

提肩胛肌

提肩胛肌是如繩子一般的肌肉，沿著頸部後方連接到肩胛骨邊緣內側，大多數的人會以為提肩胛肌[10]是頸部肌肉。但是，提肩胛肌和上斜方肌一起負責聳肩的動作，因此槓鈴和啞鈴聳肩能加強這部分的肌力。

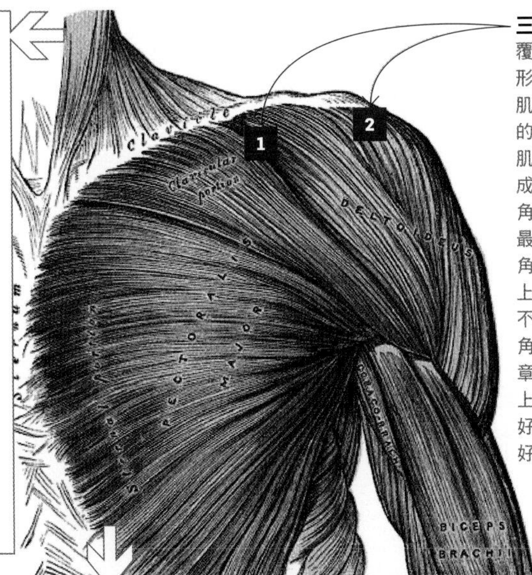

三角肌

覆蓋上臂、形狀為圓弧形的肌肉，稱為三角肌，穿無袖襯衫時想秀的就是這塊肌肉。三角肌由三個清楚的部位組成：前三角肌[1]、中三角肌[2]和後三角肌[3]。最適合前三角肌和中三角肌的動作，叫做「肩上推舉」和「平舉」。不過，最適合訓練後三角肌的動作其實是第五章的動作，因為訓練上、中背肌的動作，恰好也是鍛練後三角肌最好的動作。

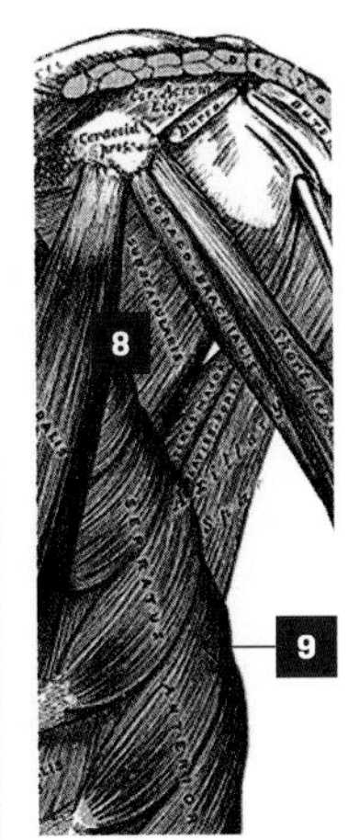

前鋸肌

前鋸肌[9]位於胸肌外側邊緣，連接到上面八條肋骨表面。包覆肋廓延伸連接到肩胛骨下方內側邊緣。前鋸肌負責協助穩定肩胛骨，並幫助肩胛骨旋轉。「鋸肌聳肩」和「撐椅鋸肌聳肩」等動作，能加強這塊肌肉。

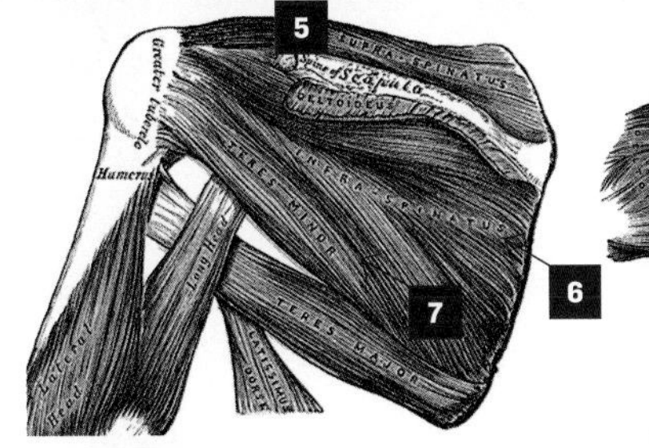

肩旋轉袖

肩旋轉袖是連接肩胛骨和肩關節的四條肌肉。這些肌肉分別是棘上肌[5]、棘下肌[6]、小圓肌[7]、肩胛下肌[8]。你上半身的所有動作，幾乎都會用到這些肌肉——肩旋轉袖會收縮，以穩定肩關節。因此，肩旋轉袖必須要用肩旋轉動作來好好訓練。

上斜方肌

整個斜方肌雖然歸類於背部肌肉，肩部訓練卻最適合鍛練斜方肌上部[4]，像是側平舉、聳肩等，以上動作都包含在本章中。

錯誤的肌肉訓練 肩膀在痛，還在舉重

有個很好的比喻：車輪破了，你當然不會冒險繼續開車，免得對輪圈造成永久傷害。肩膀也是一樣。但光只是避開令人不舒服的訓練還不夠。這就好像輪胎破了，結果你只把車停在車庫中，這樣爆胎並不會自行修復。你必須拿出行動來。如果在訓練中肩痛復發，應尋求骨科醫師或物理治療師的協助。

本章中，有40種專門鍛練肩膀肌肉的訓練。看完之後會發現，有幾種訓練歸類為主要動作。只要熟習這類的基本動作，就能以完美的姿勢做出所有變化。

推舉

這些動作旨在鍛練前三角肌、中三角肌和肱三頭肌，同時也會鍛練到上斜方肌、肩旋轉袖和前鋸肌，因為這些肌肉在各式變化中，都屬於輔助肌群，能協助維持身體穩定。

主要動作
槓鈴肩上推舉

A

- 正手握住槓鈴，雙手距離微比肩寬，將槓鈴舉至身前，與肩同高。
- 雙腳張開與肩同寬。

B

- 將槓鈴直直高舉過頭，頭微微向後傾，但身體保持直立。
- 停頓一下，接著慢慢放下手臂回到起始姿勢。

靠背，好嗎？

一般人通常以坐姿進行肩上推舉，背部靠著靠背。如此一來，就會為推舉動作提供穩定的表面，讓你能舉起更重的重量。但是，重量更重也代表肩關節增加負擔，會有受傷的危險——尤其在做「危險姿勢」時，也就是當你手肘彎曲90度，掌心朝前的時候，肩膀很容易受傷。為了避免受傷，應避免使用靠背。

12

根據喬治亞大學研究者指出，原本精神不濟的人，只要做12組的重訓，就能感到精力旺盛。

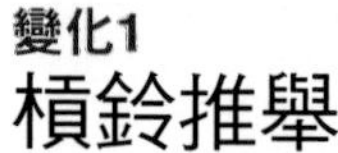

變化1
槓鈴推舉

A
· 正手握住槓鈴，雙手距離微比肩寬，將槓鈴舉至身前，與肩同高。

B
· 雙膝下沉。

C
· 一口氣向上推，腳一起用力，將槓鈴推舉過頭。

核心肌繃緊。

手肘伸直至底。

臀部挺出去。

膝蓋打直。

重量更重，風險更小
如果你想要推舉更重的重量，試試看一般推舉這個動作。這項動作不會像靠著靠背做肩上推舉一樣，增加受傷的危險（參考前面「靠背，好嗎？」單元），因為你的雙腳會幫助你順利推過「危險姿勢」，減少肩膀的壓力。

變化2
槓鈴分腿推舉

A

· 正手握住槓鈴，雙手距離微比肩寬，將槓鈴舉至身前，與肩同高。

B

· 雙膝下沉。

C

· 一口氣向上推，雙腳一起用力，將槓鈴推舉過頭。
· 推舉槓鈴的同時，將雙腳前後錯開，一腳在前，另一腳在後。

變化3
坐姿槓鈴肩上推舉

A

· 坐在重訓椅邊，身體打直。

B

· 槓鈴高舉過頭

肩膀 推舉

主要動作
啞鈴肩上推舉

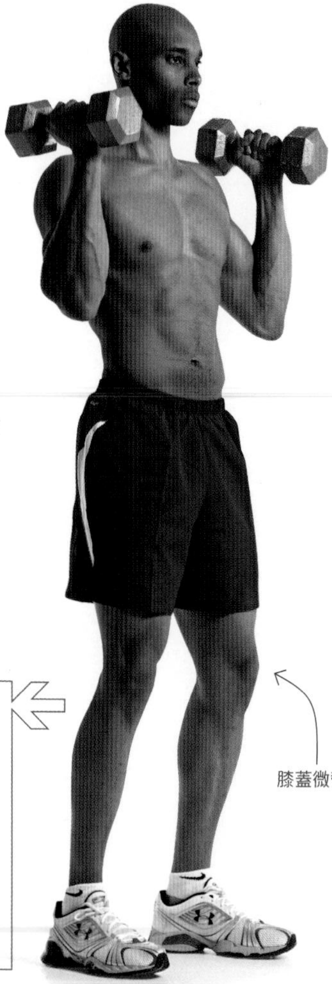

A

- 立姿將一對啞鈴握於肩旁，手臂彎曲，掌心相對。
- 雙腳張開與肩同寬，膝蓋微彎。

膝蓋微彎。

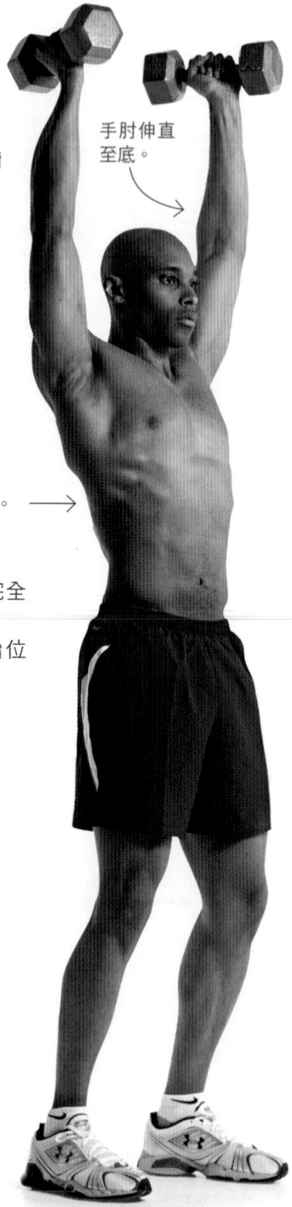

啞鈴直直推至肩膀上方。

手肘伸直至底。

核心肌繃緊。

B

- 將啞鈴上舉，直至手臂完全打直。
- 慢慢放下啞鈴回到起始位置。

訓練小訣竅
切記舉起啞鈴的手臂要呈一直線，而不要像大多數人一樣，舉起啞鈴時手會互相靠近——這個習慣會增加肩膀受傷的風險。

變化1
啞鈴推舉

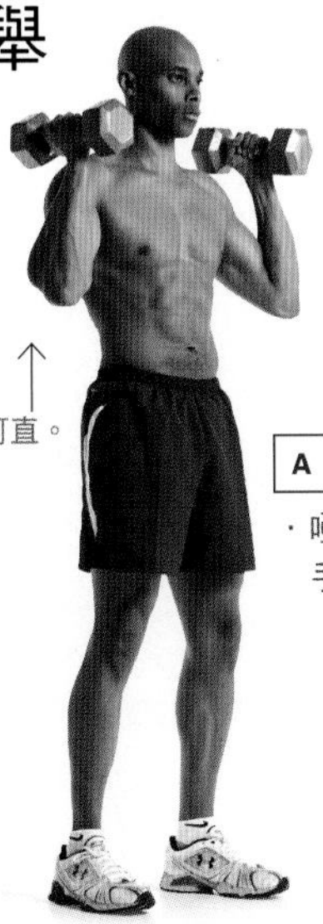

身體打直。

A
・啞鈴握於肩旁，手肘彎曲。

B
・雙膝下沉。

彎曲膝蓋可以產生更多力量推舉啞鈴。

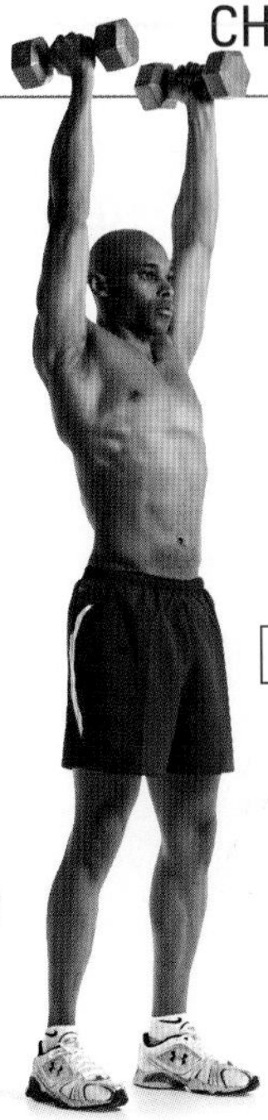

C
・一口氣向上推，雙腳一起用力，將啞鈴高舉過頭。

變化2
交互啞鈴肩上推舉

A
・啞鈴握於肩旁，手肘彎曲。

掌心相對。

做此動作時，核心肌繃緊。

B
・平常會同時推舉雙手的啞鈴，現在一次推舉一邊，左右交互進行。

放下其中一邊啞鈴時，將另一邊向上推舉。

變化3
坐姿啞鈴肩上推舉
・坐在重訓椅邊，身體打直。

變化4
瑞士球啞鈴肩上推舉
・坐在瑞士球上，身體打直。

變化5
交互瑞士球啞鈴肩上推舉
・坐在瑞士球上，身體打直。
・平常會同時推舉雙手的啞鈴，現在一次推舉一邊，左右交互進行。

變化6
單手啞鈴肩上推舉
・一次只用一個啞鈴進行啞鈴肩上推舉。
・以右手完成計畫反覆次數，馬上換成左手，完成相同的次數。

變化7

啞鈴交互肩上推舉轉身

A

・啞鈴握於肩旁，手肘彎曲。

B

・左手啞鈴微微斜推至肩膀上方，並將身體旋轉向右。
・動作回復到起始姿勢，轉身向左，並將右手啞鈴上舉。如此左右交互進行。

地板倒立肩膀推舉

・採用伏地挺身的姿勢，但腳往前踩並抬起臀部，身體幾乎和地面垂直。
・雙手距離稍微比肩寬，手臂打直。
・身體姿勢不變，身體下沉，頭幾乎碰到地板。
・停頓一下，接著將身體推起，手臂打直，回到起始姿勢。

倒立肩膀推舉

・採用伏地挺身的姿勢，但腳放在重訓椅上，抬起臀部，身體幾乎和地面垂直。
・身體姿勢不變，身體下沉，頭幾乎碰到地板。

肩膀平舉

這些動作目的是鍛練前、中三角肌。但是，各種變化會改變出力方式，出力的肌肉部位也不同。而且，肩膀平舉也會鍛練到後三角肌、上斜方肌、肩旋轉袖和前鋸肌，因為這些肌肉在各式變化中，都屬於輔助肌群，並能協助維持身體穩定。

主要動作
前平舉

A

- 握住一對啞鈴，手臂自然垂於身側，掌心相對。

B

- 手臂直直舉向前方，和地面平行，和身體垂直。
- 停頓一下，接著慢慢放下啞鈴，回到起始位置。

變化1
槓片前平舉

A

· 拿一個槓片，用雙手握住槓片兩側。

B

· 槓片舉至與肩同高

17

**根據康乃迪克大學研究者指出，
若有適當補充水份，
平均每三組動作反覆次數能進步17%。
記得，肌肉約有80%是水。**

變化2
滑輪前平舉

A

· 將滑輪機低滑輪裝上繩把，背對磅片。
· 右手握住繩把，手臂自然放在身側，掌心朝大腿。

B

· 手肘角度不變，手臂直直向前伸起，和地面平行。
· 停頓一下，接著慢慢放下回到起始姿勢。
· 右手完成計畫的反覆次數，接著馬上換左手，完成相同的次數。

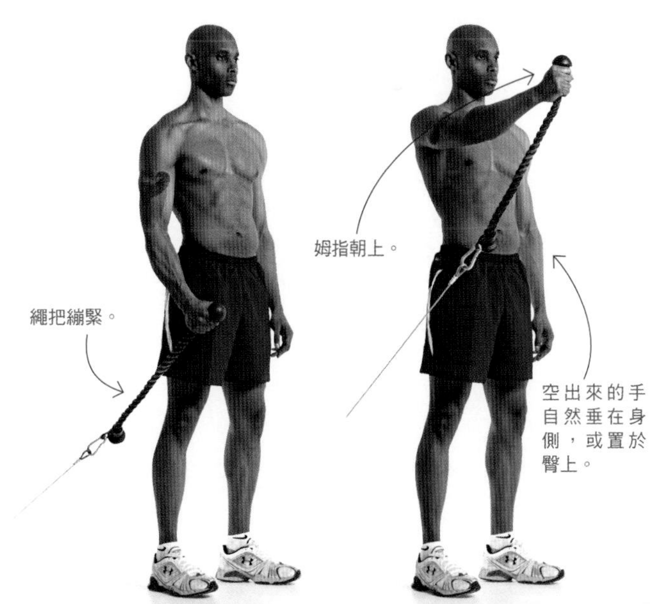

主要動作
側平舉

A

- 握住一對啞鈴，手臂自然放於身側。
- 挺胸站直，雙腳張開與肩同寬。
- 手臂外轉，掌心朝前，手肘微微彎曲。

B

- 手肘彎曲角度不變，手臂直直舉起至身側，與肩同高。
- 在最高點停頓一秒鐘，接著慢慢放下啞鈴回到起始位置。

不該做的事！
啞鈴舉至最高點時，上臂不得向內轉（也就是不要出現倒啤酒的樣子）。此動作可能會造成肩關節夾擠症候群。

變化1

靜臂交互側平舉

A

· 立姿直直張開雙臂，握住一對啞鈴，像是側平舉將啞鈴舉到最高點的姿勢。

B

· 放下並舉起單邊手臂，接著再放下並舉起另一邊手臂。如此為一下。

變化2

傾斜側平舉

A

· 左手握住啞鈴，手臂自然垂放。
· 右腳站在穩固的物體旁，例如四方架。
· 左右腳併攏。
· 右手臂抓住四方架並打直，身體傾向左方。

B

· 手肘彎曲角度不變，手臂直直舉起至身側，與肩同高。
· 放下並重複此動作。
· 左手完成計畫的反覆次數，接著馬上換右手，完成相同的次數。

肩膀 | 平舉

變化3

曲臂側平舉外轉

A

- 握住一對啞鈴，手自然垂下，掌心相對。
- 將手抬高，使手肘彎曲呈90度。
- 手肘角度不變，上臂向外張開（如展翅的動作），直到上臂和地面平行。

B

- 上臂朝上並朝後旋轉，前臂朝向天花板。
- 停頓一下，接著順著相反方向做動作，回復到起始姿勢。

變化4

側臥側平舉

A

- 右手握住啞鈴，身體左側躺在可調式啞鈴椅上，角度調成上斜15度。
- 啞鈴握在身體右側，掌心朝大腿。

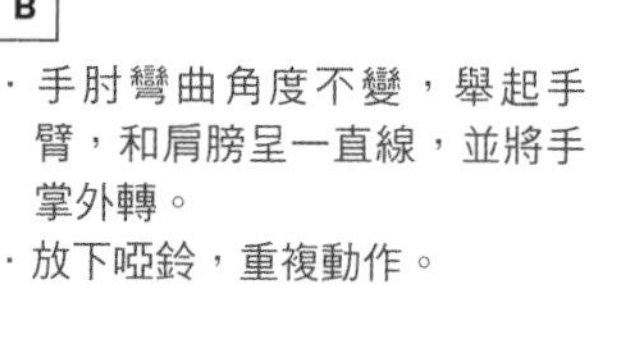

B

- 手肘彎曲角度不變，舉起手臂，和肩膀呈一直線，並將手掌外轉。
- 放下啞鈴，重複動作。

組合式肩膀平舉

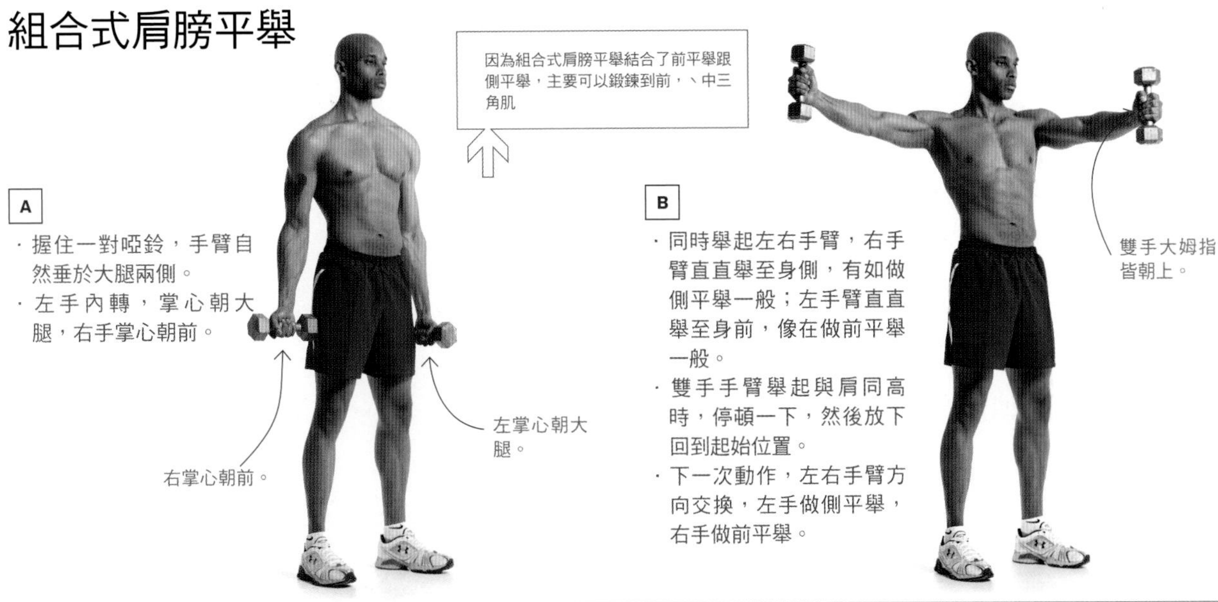

A

- 握住一對啞鈴，手臂自然垂於大腿兩側。
- 左手內轉，掌心朝大腿，右手掌心朝前。

B

- 同時舉起左右手臂，右手臂直直舉至身側，有如做側平舉一般；左手臂直直舉至身前，像在做前平舉一般。
- 雙手手臂舉起與肩同高時，停頓一下，然後放下回到起始位置。
- 下一次動作，左右手臂方向交換，左手做側平舉，右手做前平舉。

30度肩膀平舉

A

- 雙腳張開與肩同寬，雙手握住一對啞鈴，自然垂於身側。
- 掌心相對，手肘微微彎曲。

B

- 手肘角度不變，舉起手臂。手臂角度和身體呈30度（呈Y字形），抬高至與肩同高。
- 停頓一下，接著慢慢放下啞鈴，回到起始位置。

聳肩動作

以下這些動作旨在鍛練上斜方肌和提肩胛肌。每次朝耳朵方向聳肩時，都會用到這些肌肉。不過，此單元最後兩種動作目的是訓練前鋸肌。此兩種動作是「反向聳肩」，肩膀向下，而身體其他部分向上。

主要動作
槓鈴聳肩

A

・正手握住槓鈴，雙手距離微比肩寬，槓鈴自然垂放腰前。
・背部自然前拱，身體前傾。

錯誤的肌肉訓練還在直立划船啊？

在做這項熱門的上斜方肌訓練動作時，大約有三分之二的人不知道自己正面臨肩關節夾擠症候群的危險。肩關節夾擠症候群是一種非常痛的肌肉傷害，主因是其中一條肩旋轉袖的肌肉或肌腱卡入肩關節中。夾擠的情況通常發生在上臂舉起至肩膀或以上的高度，同時肩膀向內轉，這正好也是直立划船拉起的姿勢。

2

根據YMCA研究指出，重訓計畫所需要的時間越長，一般人越無法堅持下去。短時間的重訓計畫（可在30分鐘以內做完），比起其他長時間的重訓計畫，參與者能堅持下去的可能性足足提高兩倍。

肩膀 ｜ 聳肩

變化1
寬握槓鈴聳肩

A

- 正手握住槓鈴，雙手距離約為肩膀兩倍寬。

B

- 做聳肩動作，肩膀盡可能抬高。

變化2
槓鈴過頭聳肩

A

- 正手將槓鈴高舉過頭，雙手距離約為肩膀兩倍寬。
- 手臂要完全打直。

B

- 做聳肩動作，盡可能抬高肩膀。
- 停頓一下，接著動作回復至起始姿勢。

聳肩才平衡
將槓鈴高舉過頭並聳肩，能鍛練上斜方肌，減少提肩胛肌的壓力（提肩胛肌常過度使用，上斜方肌比較少用）。對多數人來說，此動作可以矯正姿勢，因為這些上斜方肌和提肩胛肌經常出現使用頻率不平衡的狀態。

主要動作
啞鈴聳肩

A

· 握住一對啞鈴，手臂自然垂於身側，掌心相對。

B

· 做聳肩動作，盡可能抬高肩膀。
· 停頓在最高處，接著慢慢放下啞鈴回到起始姿勢。

啞鈴的好處？
和槓鈴聳肩相比，啞鈴聳肩給肩關節的壓力較少。因為肩膀不需旋轉去支撐槓鈴。如此一來，聳肩時肩膀就更穩定。

變化
啞鈴過頭聳肩

A

· 將一對啞鈴抬至肩膀正上方，手臂完全打直，掌心朝外。

B

· 做聳肩動作，肩膀盡可能抬高。
· 停頓一下，接著動作回復，回到起始姿勢。

肩膀 | 聳肩

主要動作
鋸肌聳肩

A

· 手握住雙槓練習器的握把，撐起身體，雙手完全伸直。
· 膝蓋彎曲，腳踝在身後交叉。

B

· 手臂位置不變，肩膀向下用力，抬起上身。
· 停頓5秒鐘，接著回到起始姿勢。如此動作為反覆次數一下。慢慢進步後，每一次動作試著維持更長的時間。

你不該忽略的肌肉
鋸肌聳肩動作就如其名，目的是鍛練前鋸肌。此肌肉無力的話會導致姿勢不良，也可能會在做肩上推舉時，造成肩關節夾擠症候群。以此「聳肩」運動，強化自己的鋸肌。

變化

撐椅鋸肌聳肩

A

・在一張椅子或凳子上坐直，雙手平放在臀部旁的椅面。
・手臂完全打直。

B

・肩膀向下用力，抬起上身。
・停頓5秒鐘，接著放下身體回到起始姿勢。如此動作為反覆次數一下。

肩膀旋轉運動

這些動作目的是鍛練肩旋轉袖肌肉，特別是棘下肌和小圓肌。

主要動作
坐姿啞鈴外旋

A

- 左手握住啞鈴坐在重訓椅上。
- 左腳膝蓋彎曲放在椅上。
- 左手肘彎曲90度，內側放在膝蓋上。

B

· 手肘彎曲角度不變，上臂旋轉，前臂盡可能向外舉。
· 停頓一下，接著回到起始姿勢。
· 左手完成計畫的反覆次數，接著馬上換右手，完成相同的次數。

擁抱外旋運動吧

外旋運動顧名思義，就是將上臂向外旋轉，也就是舉起手臂，像是要擊掌一般。有注意到上臂向外旋轉嗎？那就是外旋。這個運動很重要，因為它能鍛練三條肩旋轉肌，分別是棘上肌、棘下肌和小圓肌，這些肌肉連接著上臂外側，提供連接上臂內側的胸肌和背闊肌平衡的力量。如果胸肌和背闊肌力量大於肩旋轉肌，手臂就會永遠向內轉，身形就會像山頂洞人一樣。外旋運動就是要避免這種情況。

變化
側臥外旋

A

· 右手握住啞鈴，身體左側臥在調成上斜的啞鈴椅上。
· 身體右側放上一條褶好的毛巾，右手肘放在毛巾上，手臂彎曲呈90度。
· 前臂垂放於腹部。

B

· 盡可能將前臂向上方外轉，手肘不離毛巾。
· 停頓一下，接著將啞鈴放下回到起始位置。
· 右手完成計畫的反覆次數，接著馬上換右側臥，以左手完成同樣的次數。

啞鈴斜舉

A

· 右手將啞鈴握於左臂外側旁，掌心朝臀部。
· 手肘微微彎曲。

B

· 手肘角度不變，啞鈴越過身體舉起，手舉高過頭，掌心朝前。
· 動作回復到起始動作。
· 右手完成計畫的反覆次數，接著馬上換左手，完成相同的次數。

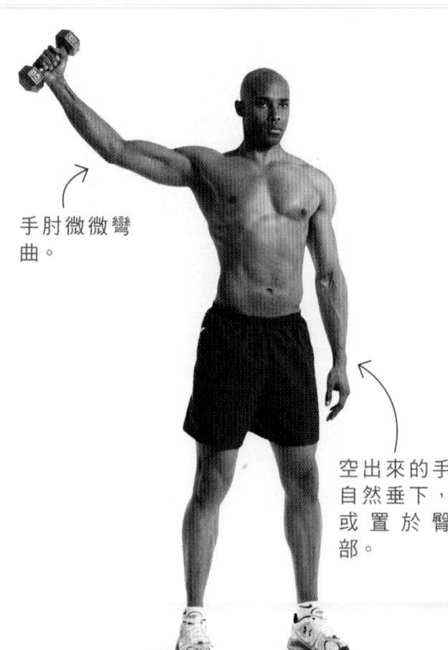

滑輪斜舉

A

- 將滑輪機低滑輪裝上握把。
- 身體左側朝向磅片，右手握住握把，手放在左臀前方，手肘微微彎曲。

B

- 手肘角度不變，握把越過身體舉起，手高舉過頭。
- 放下握把回到起始姿勢。
- 右手完成計畫的反覆次數，接著馬上換左手，完成相同的次數。

肩膀在未來有沒有可能受傷？

以下的測試可以檢驗肩膀未來受傷的可能性：手臂舉起彎曲呈直角，上臂和地面平行，像是要和人擊掌。上臂位置不變，肩膀不動，前臂盡可能向前並向下方旋轉，接著再反方向回到原來的姿勢。手臂應該要能旋轉180度。如果你無法旋轉180度，請做「睡姿伸展」（139頁）改善你的柔軟度。

主要動作
滑輪外旋

A

- 將滑輪機低滑輪裝上握把，右手握住握把，身體左側朝向磅片。
- 手肘彎曲90度，上臂垂放在身側和地面垂直。

B

- 前臂向外旋轉，如門打開一般，上臂有點像是門軸。
- 停頓一下，接著慢慢回到起始姿勢。
- 右手完成計畫的反覆次數，接著馬上換左手，完成相同的次數。

變化1

45度滑輪外旋

A

- 身體斜對磅片
- 上臂和身體呈45度。

B

- 上臂位置不變，前臂盡可能向後上方旋轉。

變化2

90度滑輪外旋

A

- 身體正對磅片。
- 上臂和身體呈90度。

B

- 上臂位置不變，前臂盡可能向後上方旋轉。

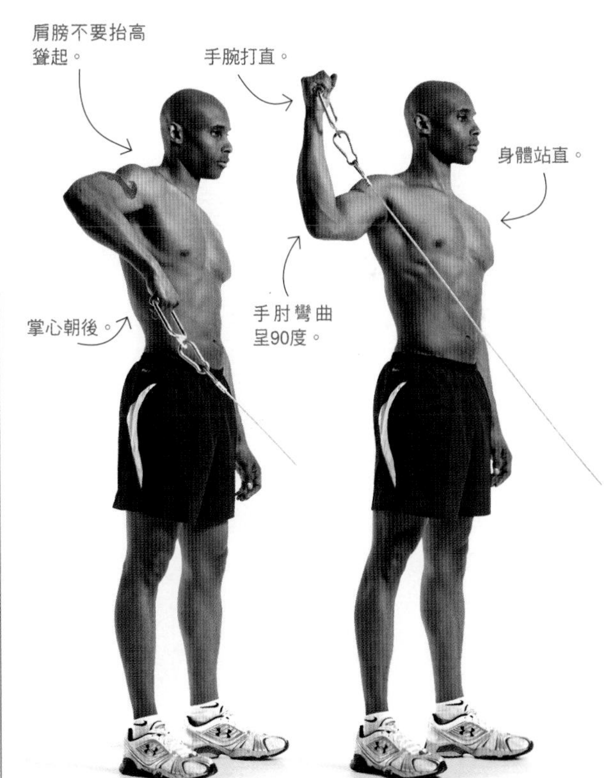

肩膀

史上最佳肩膀訓練動作
30度肩膀平舉和聳肩

這項訓練的好處實在數不完！因為舉起啞鈴做30度肩膀平舉時，主要能鍛練到前三角肌、肩旋轉袖肌肉和前鋸肌。接著來看聳肩：此處練習聳肩的方式，就像過頭聳肩一樣，能強化上斜方肌和提肩胛肌。因此，這個動作能訓練到旋轉肩胛骨的肌肉，使肌肉平衡發展。最後的成果：健康的肩膀和正確的姿勢。

A
- 握住一對啞鈴自然垂於身側，掌心相對，手肘微微彎曲。

B
- 手肘角度不變，舉起手臂，手臂角度和身體呈30度（呈Y字形），抬高至與肩同高。

C
- 手臂抬起後，肩膀向上抬起。
- 停頓一下，接著放下啞鈴回到起始位置。

史上最佳肩膀伸展運動
睡姿伸展

為什麼那麼好？
這個動作能放鬆肩旋轉袖肌肉。肩旋轉袖肌肉僵硬的話，可能會導致肩膀拉傷。

盡全力去做：
保持伸展30秒鐘，反覆做3次。一天做2到3次，改善自己的柔軟度；或一週做3次，以便維持一定柔軟度。

A
- 身體左躺在地上，左手臂靠在地上，手肘彎曲呈90度。
- 調整身體，右肩稍位於左肩後，而不是在正上方。
- 左手手指朝天花板。

B
- 溫柔地將左手推向地面，直至感覺左肩後方舒服地伸展。
- 保持此姿勢撐過預定的時間，接著翻身完成右肩的伸展。

肩膀

打造完美肩膀

這個4週的上半身重訓計畫，是由巴爾的摩「全面表現（Performance University）」健身機構所有人尼克．塗米涅羅（Nick Tumminello）設計的，重點在於強化肩膀，改善姿勢，讓你就算穿著「吊嘎」，也會因為身材實在太好，而變得很有型。

該怎麼做：一週做2次，每一次重訓之間休息3到4天。依次做雙動作（1A、1B）或三動作（2A、2B、2C）循環訓練。也就是說，動作各做一組，中間不休息。連續完成後休息一下，重頭開始循環，完成所有計畫的組數。完成二或三組後（自己規劃），就可以做下一組循環訓練。

如果需要鍛鍊全身的重訓計畫，將「打造完美肩膀」上半身訓練和268頁「打造完美臀部」下半身訓練結合。連續在不同天交互進行兩個訓練計畫就可以了。

訓練	組數	反覆次數
1A. 反手引體向上（92頁）	2–3	越多越好
1B. 倒立肩膀推舉（119頁）	2–3	越多越好
2A. 槓啞或啞鈴仰臥推舉（42或48頁）	2–3	8
2B. 坐姿啞鈴外旋（132頁）	2–3	8
2C. 反手懸垂划船（70頁）	2–3	越多越好
3A. 槓鈴推舉（114頁）	2–3	6–8
3B. 槓鈴過頭聳肩（128頁）	2–3	8–12
3C. 鋸肌聳肩（130頁）	2–3	8–12
4A. 增強版伏地挺身（60頁）	2–3	15–25
4B. 槌握啞鈴彎推舉（157頁）	2–3	8–12

第七章：手臂

引人注目的肌肉

手臂

你在健身房中努力做了這麼多動作，最後都需要手臂這個「健身公關」來替你宣傳。因為手臂是唯一幾乎隨時隨地都能展露的主要肌肉。如果你手臂上的的肱二頭肌和肱三頭肌線條分明，一般人就會認為你其他肌肉也經過雕鑿淬鍊。

最棒的是，要練出肌肉條條分明的手臂，真的比你想像中容易。原因在於，幾乎所有上半身的訓練（不論是胸、背、肩膀動作）都會用到手臂，這些訓練都需要手臂來移動重物。所以努力鍛練上半身其他肌肉，你的手臂就算躺著也會變粗。然後你再運用一些本章為肱二頭肌、肱三頭肌和前臂肌量身打造的訓練，給肌肉多一點愛就行了。

練手臂好處實在多

生活更輕鬆！強壯的肱二頭肌可使你輕鬆舉起重物。不管你是滿手雜貨，還是要抱小孩，你一定會發現自己不一樣了！

降低傷害！肱三頭肌能保護手肘，吸收衝擊力道，減輕手肘忽然被迫收縮的壓力，如打橄欖球跌倒撐地時，或騎越野單車要穩住身體姿勢的時候。

更多肌肉，全面啟動！手臂肌肉協助所有上半身肌肉運動。所以如果手臂較小的肌肉力竭，胸、背和肩膀肌肉自然大不起來。確保手臂強壯，全身都會受益。

看看你的肌肉

肱二頭肌群

上臂前面的部分肌群為二：肱二頭肌和肱肌。

肱二頭肌[1]自肩膀連接到前臂，負責彎曲手肘和旋轉前臂。旋轉前臂的動作又稱為「旋後動作」。所有彎舉運動都會動到這塊肌肉，也包括引體向上和划船運動。

肱肌[2]起自上臂骨中間，也連接到前臂。協助肱二頭肌彎曲手肘。

肱橈肌[3]自上臂骨接近手肘的地方開始，連接到靠近手腕的地方。因此這塊肌肉負責協助肱二頭肌彎曲手肘和旋轉前臂，但無法影響肱二頭肌部位的尺寸。

肱二頭肌是由兩個部分，也就是兩條肌腱組成，連接到前臂橈骨之前合而為一。肱肌連接尺骨，也就是兩前臂骨中較長的骨頭。

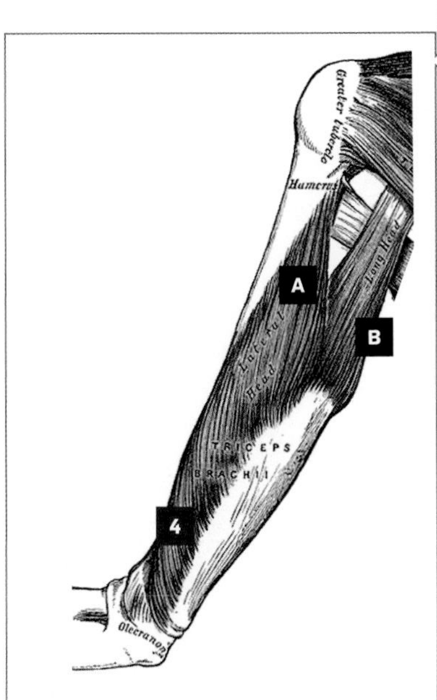

肱三頭肌群

上臂後面的肌肉稱為肱三頭肌。肱三頭肌發達的話，形狀會如馬蹄鐵一般。顧名思義，肱三頭肌無疑是由三個部分，也就是三條肌腱所組成。此三條肌腱是由上臂或是肩胛骨後方開始，接著三條肌腱合為一條，一起連接到你的前臂。因此，肱三頭肌主要是負責伸直手臂。所以這塊肌肉和所有伸直手臂，抵抗阻力的運動相關：三頭肌伸展、三頭肌下拉，當然還有胸部推舉和肩上推舉。

肱三頭肌外側的部分稱為肱三頭肌外側頭[A]。

肱三頭肌中間的部分稱為肱三頭肌內側頭。（圖片中看不出來，但它的位置在外側頭的下方）

肱三頭肌內側的部分稱為肱三頭肌長頭[B]。

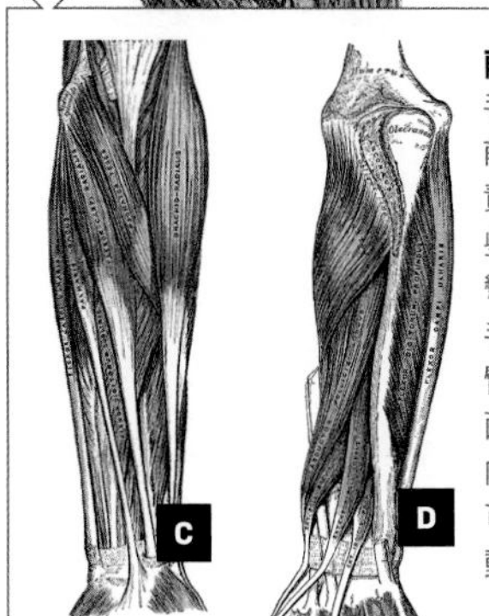

前臂肌群

手腕和手指屈肌群[C]位於前臂的內側。這些肌肉負責使手腕前彎，要鍛練這些肌肉可以進行像是手腕彎舉等的動作。

手腕的伸肌群[D]位於前臂的外側，或說前臂的上面。這些肌肉負責使手腕向後彎，要鍛練這些肌肉可以進行像是手腕伸展等動作。

肱二頭肌 | 手臂彎舉

本章中，共有74種專門鍛鍊手臂肌肉的訓練。這些訓練分為三個主要的單元：肱二頭肌群、肱三頭肌群和前臂肌群。每個單元中，都有幾種「主要動作」，只要熟習這些基本動作，就能以完美的姿勢做所有變化。

想像自己盡可能在耳朵和肩膀之間製造更多空間。

放下肩膀，保持挺胸。

雙腳張開與肩同寬。

手臂彎舉

這些訓練目的是鍛鍊肱二頭肌、肱肌和肱橈肌，也會鍛鍊到上背和後肩膀的肌肉，因為在身前彎舉重物時，這些肌肉負責穩定肩膀。

主要動作
曲桿槓鈴彎舉

A

- 反手握住曲桿槓鈴，雙手距離與肩同寬。
- 手掌角度略朝內。
- 槓鈴自然垂置於腰前。

2.5

**喬治華盛頓大學研究顯示，
訓練者進行每一次動作時，
應該快速舉起重量，然後慢慢放下。
這樣的效果，會比
「使用同樣慢速舉起並放下重量」
足足增加2.5倍的力量。**

保持挺胸。

動作過程中，盡量站直。

B

- 上臂不動，手肘彎曲，將槓鈴舉起盡可能靠近肩膀。
- 停頓一下，接著慢慢將槓鈴放下回到起始位置。
- 每次回到起始位置時，完全打直手臂。

如何測量？

測量臂圍是檢驗手臂重訓成效的好方法。要求得最精確的成果，每一次測量都必須在同一個時間如早餐前進行，肌肉在重訓或飯後會稍微大一些，因為血液都衝到了肌肉中。測量時，手臂向前方伸直，將皮尺圈在上臂最大的部位。記錄下臂圍，接著再測量另一隻手臂。

肱二頭肌 | 手臂彎舉

變化1

近握曲桿槓鈴彎舉

· 反手握住槓鈴，雙手距離約15公分。

變化2

寬握曲桿槓鈴彎舉

· 反手握住槓鈴，雙手距離約肩膀的1.5倍。

變化3

瑞士球祈禱式彎舉

A

· 跪臥在瑞士球上，上臂置於球上。
· 正手近握槓鈴，手肘彎曲呈15度。

B

· 上臂不離開球面，將槓鈴朝肩膀舉起。

變化4

曲桿槓鈴祈禱式彎舉

- 將上臂放在屈臂練習凳的斜墊上，將槓鈴握在身前，手肘彎曲約呈5度。
- 上臂不動，手肘彎曲，將槓鈴朝肩膀舉起。

變化5

正手曲桿彎舉

- 正手握住槓鈴，雙手距離與肩同寬。

變化6

弓身彎舉

A

- 反手握住曲桿槓鈴，雙手距離與肩同寬，槓鈴自然垂置於腰前。

B

- 上臂不動，手肘彎曲，將槓鈴舉起盡可能靠近肩膀。

C

- 身體前傾，前臂和地面平行。

D

- 身體回到直立位置，前臂維持和地面平行。

主要動作
槓鈴彎舉

A

- 反手握住槓鈴，雙手距離與肩同寬，槓鈴自然垂置於臀部前方。
- 身體站直，雙腳與肩同寬。

B

- 上臂不動，手肘彎曲，盡可能舉高槓鈴。
- 停頓一下，接著慢慢放下槓鈴回到起始位置。
- 每一次回到起始位置時，手臂完全打直。

變化
寬握槓鈴彎舉

錯誤的肌肉訓練
彎舉時背部前後擺動

彎舉時，稍微前後晃動一下背部，有人認為這樣子是「作弊」。當然，這個方法可以使你舉起更重的重量，不過卻對於鍛練肱二頭肌完全沒用。科羅拉多大學研究者發現，做槓鈴彎舉時前後搖擺的話，重量只會移轉到肩膀，增加肩膀負擔。而且，擺幅過大的話會傷害背部肌肉、關節和韌帶。所以記得保持正確姿勢。

肱二頭肌 ｜ 手臂彎舉

主要動作
立姿啞鈴彎舉

A

- 握住一對啞鈴自然垂於身側。
- 手臂前轉，掌心朝前。

B

- 上臂不動，手肘彎曲，將啞鈴舉起盡可能靠近肩膀。
- 停頓一下，接著慢慢放下啞鈴回到起始位置。
- 每一次回到起始位置時，手臂完全打直。

變化1

旋手啞鈴彎舉

旋手的技巧除了立姿之外，也可以和下一頁列出的任何姿勢配合。

A

· 槌握住啞鈴，掌心朝大腿（槌握，也就是有如握住鐵鎚的姿勢，拇指扣住食指）。

B

· 彎舉啞鈴時，掌心旋轉，啞鈴提起時，呈標準握法（參見下一頁的說明）。

更多彎舉的方式！

除了雙手同時彎舉啞鈴外，也可以一次舉一邊，左右交互進行。你可以先舉起一邊啞鈴，放下，再換另一隻手。以此方式，你可能就能做更多下，因為一隻手在彎舉時，另一隻手就在休息。如此一來，肱二頭肌也不會那麼快感到疲倦。還有另一種變化：一手舉起啞鈴的同時，另一隻手放下啞鈴。你可以用下一頁中任何身體姿勢和握法配合此技巧，也可以搭配任何彎舉動作。

肱二頭肌 | 手臂彎舉

變化2-25

只要把以下5種身體姿勢和握法加以組合並搭配使用，就能創造出25種肱二頭肌彎舉動作。以下先舉出5種握法和身體姿勢搭配的例子。記得經常更換動作的組合，才會有最佳成果。

身體姿勢1：上斜式

上斜式偏拇指握啞鈴彎舉

- 面朝上躺在可調式啞鈴椅上，角度調成上斜45度。
- 躺在上斜椅上，手臂會垂放於身後，加強鍛練肱二頭肌長頭肌腱。

身體姿勢2：下斜式

下斜式槌握啞鈴彎舉

- 俯臥在可調式啞鈴椅上，角度調成上斜45度，胸部貼著椅背。
- 此姿勢使手臂垂在身體前方，增加肱肌的壓力。

身體姿勢3：坐姿

坐姿正握啞鈴彎舉

- 身體坐直，坐在重訓椅或瑞士球上都可以。
- 坐姿彎舉會減少身體前後搖擺的機會，這樣比較沒有機會「作弊」。

身體姿勢4：立姿

立姿啞鈴彎舉

- 雙腳張開與肩同寬（完整的指示請參考152頁的標準啞鈴彎舉）。
- 只要是立姿，核心肌都比坐姿時緊繃。

身體姿勢5：
高低腳站姿

高低腳長握啞鈴彎舉

- 一腳置於椅子或台階上，高度稍微高於膝蓋。
- 一腳放在椅子上會迫使臀肌和核心肌出力，以維持身體平衡。

標準握法

掌心朝前，手握握把中間。

這是標準的啞鈴彎舉握法。

偏小指握法

掌心朝前，小指靠著啞鈴鈴頭。

這種握法改變了啞鈴的重量分配，提供更多變化。

偏姆指握法

掌心朝前，姆指靠著啞鈴鈴頭。

此握法迫使肱二頭肌出更多力，彎舉時保持前臂外轉。

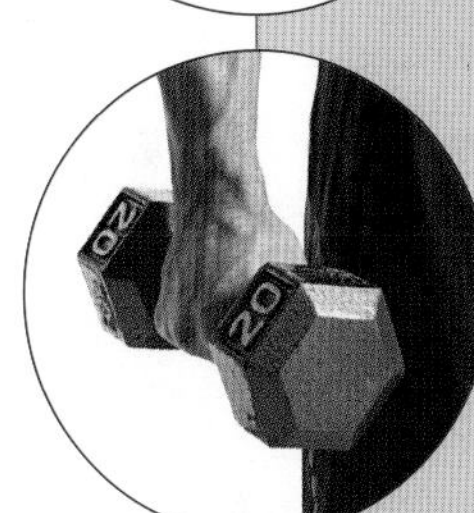

槌握法

掌心相對。

此握法在動作中迫使肱肌出更多力。

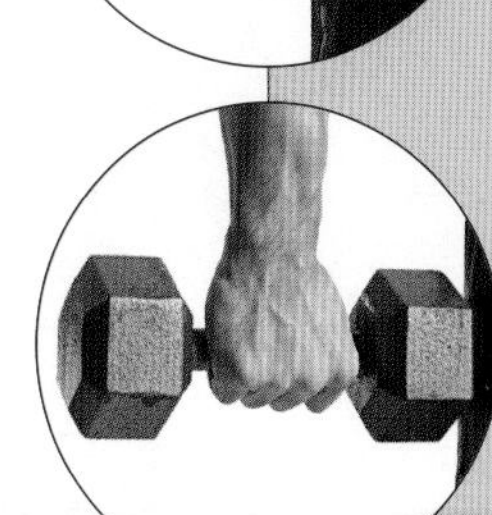

正握法

掌心朝後。

此動作目的是鍛練肱橈肌，但會減少肱二頭肌的活動。前臂會感受到重量的不同。

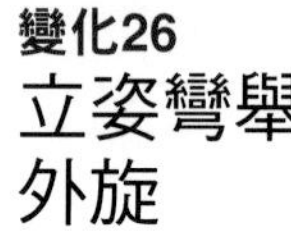

變化26
立姿彎舉外旋

A
· 立姿，並以標準握法握住啞鈴。

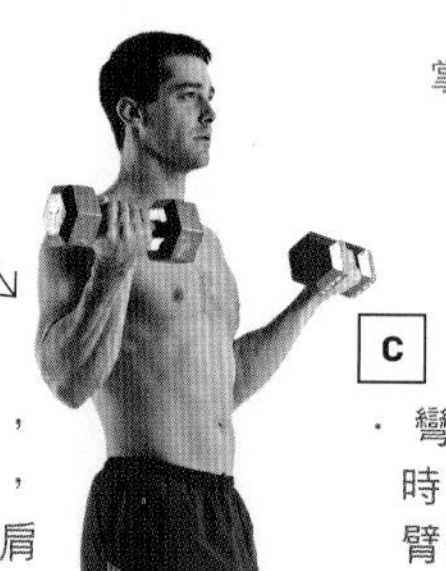

B
· 上臂不動，手肘彎曲，將啞鈴朝肩膀舉起。

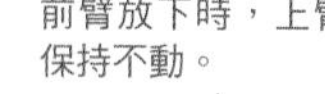

C
· 彎舉到底時，旋轉手臂使掌心朝前。慢慢以此姿勢放下。

D
· 慢慢放下啞鈴。
· 手腕旋轉，將啞鈴回復起始位置，重複動作。

變化27
靜臂彎舉

· 右手握住啞鈴，站在調高的上斜式啞鈴椅後方。
· 上臂放在椅背上方。
· 放下啞鈴，手臂彎曲呈20度。
· 保持此姿勢40秒鐘，這樣可以增加肌肉；或保持6到8秒鐘，這樣可以鍛練肌力。接著換左手重複同樣動作。如此為一組動作。

選擇正確重量：先依照你設定的目標，決定做動作的時間，然後選擇身體能負荷最重的重量。假設你的目標是增加肌力（動作的時間比較短），則此時選擇的重量，會大於目標是增加肌肉（動作的時間長）的重量。

變化28
啞鈴彎舉靜臂

A
· 握住一對啞鈴，自然垂於身側，掌心朝前。
· 左手前臂抬起，手肘彎曲90度，保持不動。

B
· 右手做一組啞鈴彎舉。完成所有反覆次數後換手，右手做靜臂，左手做彎舉。

變化29

槌握啞鈴彎推舉

A

- 啞鈴垂於身側，掌心相對。

B

- 將啞鈴朝肩膀舉起。

上臂保持不動。

C

- 啞鈴推舉過頭，手臂打直。

變化30

高低腳槌握啞鈴彎推舉

A

- 身體站直，一腳站在椅子或台階上，高度稍微高於膝蓋。
- 握住啞鈴，手臂自然垂放，掌心相對。

B

- 啞鈴朝肩膀舉起。

C

- 將啞鈴推舉過頭，手臂打直。

肱二頭肌 | 手臂彎舉

滑輪交互彎臂

手肘微微彎曲。

A

- 站在交叉滑輪機磅片中間，雙手各握住一邊高滑輪握把。
- 手臂向兩側張開和地面平行，微微彎曲。

上臂從頭到尾位置保持不動。

身體站直。

膝蓋微微彎曲。

雙腳張開與肩同寬。

B

- 右臂不動，左臂朝頭彎曲。
- 左臂慢慢伸直，接著換右臂做同樣的動作。

滑輪彎舉

A

- 將滑輪機低滑輪裝上拉桿。
- 反手握住拉桿，雙手距離與肩同寬，手臂自然垂放。

B

- 上臂不動，將拉桿盡可能拉向胸部。
- 停頓一下，接著慢慢回到起始姿勢。

滑輪槌握彎舉

A

- 將低滑輪裝上繩把，站立的位置，應距離磅片約30到60公分。
- 雙手抓住繩把兩端，手心相對。

B

- 手肘夾於身側，慢慢將拳頭拉向肩膀。
- 停頓一下，接著慢慢回到起始姿勢。

肱三頭肌 | 手臂伸展

手臂伸展

這些動作旨在鍛鍊肱三頭肌，也會鍛鍊到上背和後肩肌群，因為這些肌肉在各式動作中，協助肩膀保持穩定。

主要動作
曲桿槓鈴仰臥三頭肌伸展

A

- 正手握住曲桿槓鈴，雙手距離稍微比肩膀窄。
- 面朝上躺在扁平椅上，手臂微微向上傾斜，槓鈴握在額頭正上方。

19

根據《應用生理學雜誌》研究指出，重訓後做心肺訓練，比起重訓前做，會增加19%的肌力。

B

- 上臂不動，手肘彎曲放下槓鈴，直到前臂低於地面平行線。
- 停頓一下，接著將槓鈴舉起回到起始姿勢，手臂打直。

別忘了這塊肌肉！
上臂肌中，肱三頭肌約占了60%。所以，肱三頭肌和肱二頭肌一樣不能忽視，不可專注鍛鍊前方的肌肉，應該前後兼顧，這樣肌肉成長將會更迅速。

變化1
上斜式曲桿槓鈴仰臥三頭肌伸展

・平常會在扁平椅上做這個動作，但現在躺在上斜椅上做動作。靠背調成向上傾斜30度。

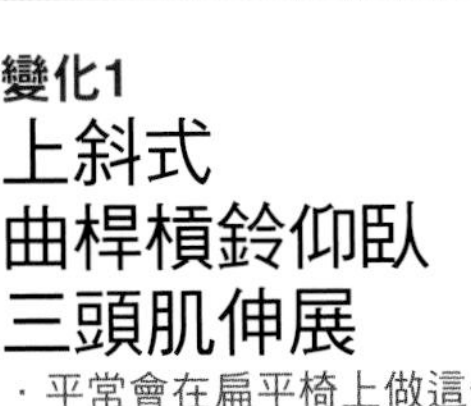

變化2
瑞士球曲桿槓鈴仰臥三頭肌伸展

・平常會在扁平椅上，現在上中背穩穩躺在瑞士球上動作。臀部抬高，身體從肩膀至膝蓋呈一直線。

變化3
靜臂曲桿槓鈴仰臥三頭肌伸展

・放下槓鈴，手肘彎曲呈90度。
・維持此姿勢40秒，以便增加肌肉；或維持6到8秒，以便鍛練肌力。如此為一組動作。

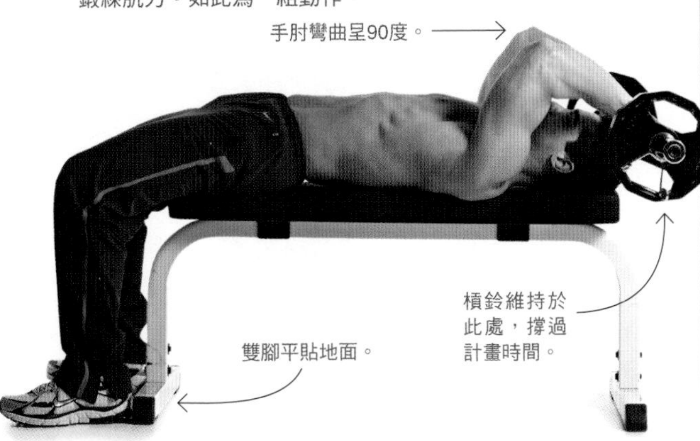

變化4
曲桿槓鈴仰臥三頭肌伸展和近握仰臥推舉

・一開始先做曲桿槓鈴仰臥三頭肌伸展，盡可能多做一點，直到感到吃力。接著改變手的位置，馬上換成仰臥推舉。以正確姿勢盡可能多做幾下。

肱三頭肌 | 手臂伸展

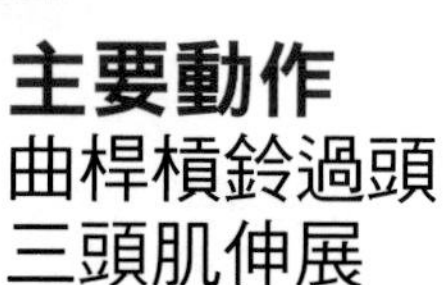

主要動作
曲桿槓鈴過頭
三頭肌伸展

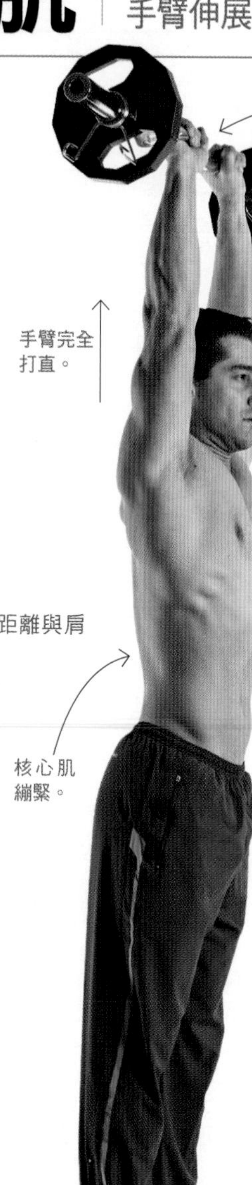

A

- 正手握住曲桿槓鈴，雙手距離與肩同寬。
- 手臂打直，槓鈴高舉過頭。

B

- 上臂不動，手肘彎曲過頭，直到前臂至少和地面平行。
- 停頓一下，接著將槓鈴回到起始位置，手臂打直。

槓鈴後舉時上
臂保持不動。

變化1

坐姿曲桿槓鈴過頭三頭肌伸展

A

· 平常會以站姿做這個動作，但現在坐在扁平椅上，身體打直。

B

· 上臂不動，手肘彎曲放下槓鈴。

變化2

瑞士球曲桿槓鈴過頭三頭肌伸展

A

· 平常會以站姿做這個動作，現在坐在瑞士球上，身體打直。

B

· 上臂保持不動，手肘彎曲，放下槓鈴，前臂至少和地面平行。

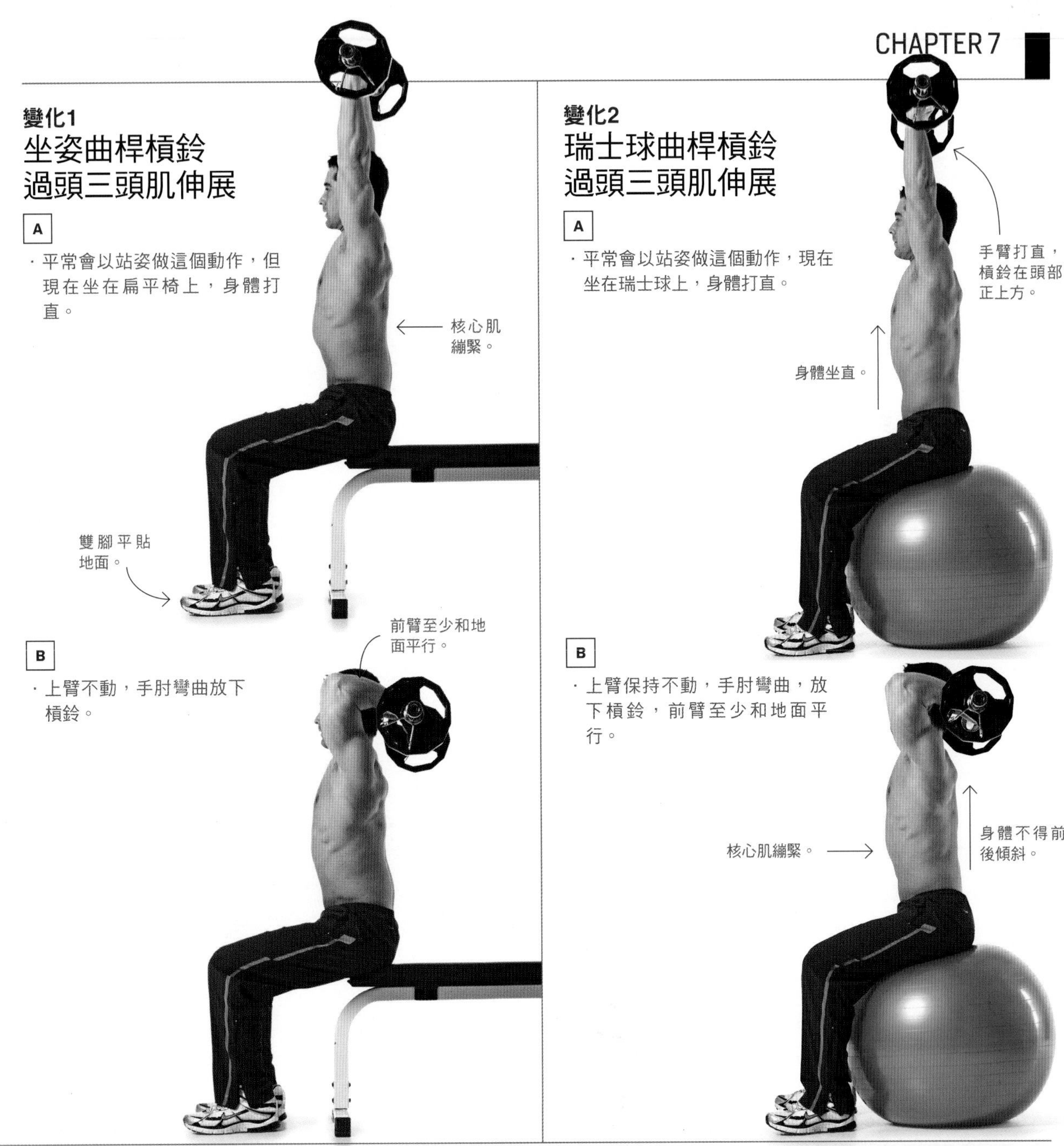

肱三頭肌 | 手臂伸展

主要動作
啞鈴仰臥三頭肌伸展

手臂角度向後稍微傾斜。

手臂完全打直。

A

- 握住啞鈴，面朝上躺在扁平椅上。
- 手臂打直，啞鈴位於頭正上方，掌心相對。

B

- 上臂不動，手肘彎曲，放下槓鈴，直到前臂低於地面平行線。
- 停頓一下，接著將啞鈴舉回起始位置，手臂打直。

變化1

交互啞鈴仰臥三頭肌伸展

- 握住一對啞鈴，平躺在扁平椅上，掌心相對，手臂打直。
- 平常會同時放下雙手啞鈴，但現在一次放下一邊，左右交互。

變化2

瑞士球啞鈴仰臥三頭肌伸展

- 平常會躺在扁平椅，現在上中背穩穩躺在瑞士球上動作，臀部抬高，和身體呈一直線。
- 上臂不動，手肘彎曲，放下啞鈴，直至前臂低於地面平行線。

上臂保持不動。

變化3

啞鈴仰臥三頭肌過頭伸展

A

- 握住一對啞鈴，面朝上躺在扁平椅上。
- 啞鈴握於肩膀正上方。
- 掌心相對。

手臂打直。

雙腳平貼地面。

B

- 上臂不動，手肘彎曲，朝頭部逐漸放下啞鈴，直至前臂和地面平行。

C

- 手肘彎曲角度不變，放下啞鈴，盡可能向後過頭，勿過度勉強。
- 停頓一下，接著反向重複每一階段動作，回到起始姿勢。

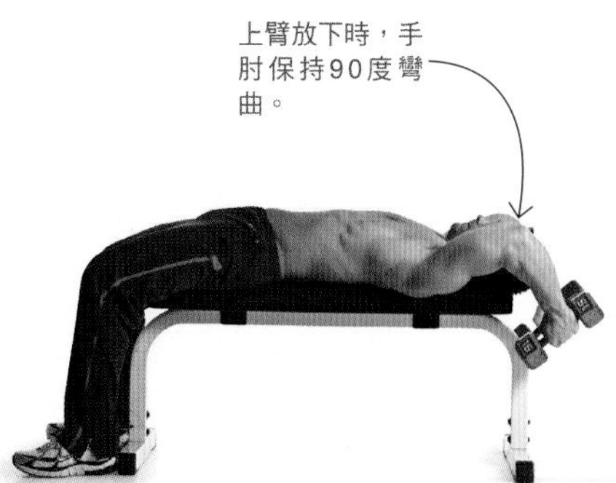

肱三頭肌 | 手臂伸展

主要動作
啞鈴過頭
三頭肌伸展

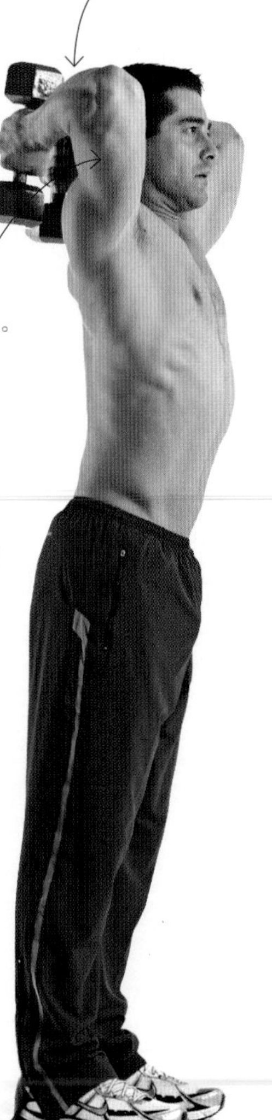

A

- 手握一對啞鈴，身體站直，雙腳張開與肩同寬。
- 手臂打直，啞鈴舉於頭正上方，掌心相對。

B

- 上臂不動，啞鈴放下至頭後方。
- 停頓一下，手臂打直，啞鈴回到起始位置。

根據俄亥俄州立大學研究指出，重訓時聽音樂的人，比起安靜重訓的人，在感知能力測驗表現好2倍。

變化1

坐姿啞鈴過頭三頭肌伸展

A

・本來以站姿做這個動作，但現在坐在扁平椅上，身體打直。

B

・上臂不動，朝後放下啞鈴，直至前臂至少和地面平行。

變化2

瑞士球啞鈴過頭三頭肌伸展

A

・平常會以站姿做這個動作，現在坐在瑞士球上，身體打直。

B

・上臂不動，朝後放下啞鈴直至前臂至少和地面平行。

肱三頭肌 | 手臂伸展

滑輪過頭三頭肌伸展

A

- 將滑輪機低滑輪裝上繩把。
- 握住繩把，背對磅片。
- 雙腳錯開站立，一腳在前，一腳在後。
- 身體前傾，幾乎和地面平行。
- 雙手於頭後方握住繩把，手肘彎曲呈90度。

B

- 上臂不動，前臂向前，直至手肘打直。
- 停頓一下，接著回到起始姿勢。

主要動作
三頭肌下拉

訓練小秘訣
如果三頭肌下拉的重量太重，背部和肩部肌肉會很自然加入協助，這樣會降低動作的效用。減少此類錯誤的策略：動作中，想像有一組吊帶將肩膀向下拉。肩膀放不下來嗎？那就採用輕一點的重量。

A

- 將滑輪機高滑輪裝上拉桿。
- 手臂彎曲，正手握住拉桿，雙手距離與肩同寬。
- 上臂夾於身側。

B

- 上臂不動，將拉桿下拉，直至手肘打直。
- 慢慢回到起始姿勢。

肱三頭肌 | 手臂伸展

變化1
反手三頭肌下拉
・反手握住拉桿。

變化2
繩把三頭肌下拉
・雙手握住繩把兩端。

變化3
單手繩把三頭肌下拉

A
・右手抓住繩把一端，掌心朝內。

B
・右手完成計畫的反覆次數，接著馬上換左手，完成相同的次數。

啞鈴後方伸展

A

- 左手和左膝置於扁平椅上。
- 下背自然前拱，身體和地面平行。
- 右上臂維持不動，和地面平行，手肘彎曲。

B

- 右手上臂不動，前臂上提，直至手臂完全打直。
- 動作回復到起始姿勢。

前臂 手腕和手部

這些動作旨在鍛練手腕伸屈肌和負責握力的前臂肌群。也會鍛練到其他手、手指和姆指肌肉，這些肌肉和強而有力的抓握息息相關。

手腕彎舉

A

- 反手握住槓鈴，雙手距離與肩同寬。
- 跪在重訓椅前方。
- 上臂置於椅上，掌心向上，雙手懸空。
- 手腕因重量自然向後垂下。

B

- 手腕向上彎舉，掌心朝身體。
- 動作回復到起始姿勢。

手腕伸展

A

· 正手握住槓鈴，雙手距離與肩同寬。
· 跪在重訓椅前。
· 前臂置於椅上，掌心朝下，雙手懸空。
· 手腕因重量自然下垂。

B

· 向上伸展手腕，手背舉起朝向身體。
· 動作回復到起始姿勢。

槓鈴靜握

· 將槓鈴放在和臀部同高的架上，裝上重量較重的槓片。
· 正手握住槓鈴，雙手距離比肩寬。（距離越寬，越難撐握住槓鈴，更有益訓練。）
· 膝蓋彎曲將槓鈴撐起從架上提起，打直膝蓋，然後按照你設定的目標，握住槓鈴適當的時間：要增加肌力的話，選擇能撐過約20秒鐘最重的重量；要增加肌肉的話，選擇能撐過約60秒鐘最重的重量。

握柄越粗，前臂練得越粗
為了鍛練前臂和手部肌肉，可以用毛巾包住槓鈴或啞鈴手握的部分。如此能增加握把直徑，迫使肌肉更用力握緊。幾乎任何前臂訓練都可以採用這項策略，例如手腕伸展、槓鈴靜握、提鈴行走等。其他你能想到的動作也都可以採用，如槓鈴划船或啞鈴彎舉皆可。

六角啞鈴靜握

A

· 雙手各抓住一個啞鈴的鈴頭（也可以雙手輪流），依訓練目標，握住啞鈴適當的時間。

· 要增加肌力的話，選擇能撐過約20秒鐘最重的重量；要增加肌肉的話，選擇能撐過約60秒鐘最重的重量。

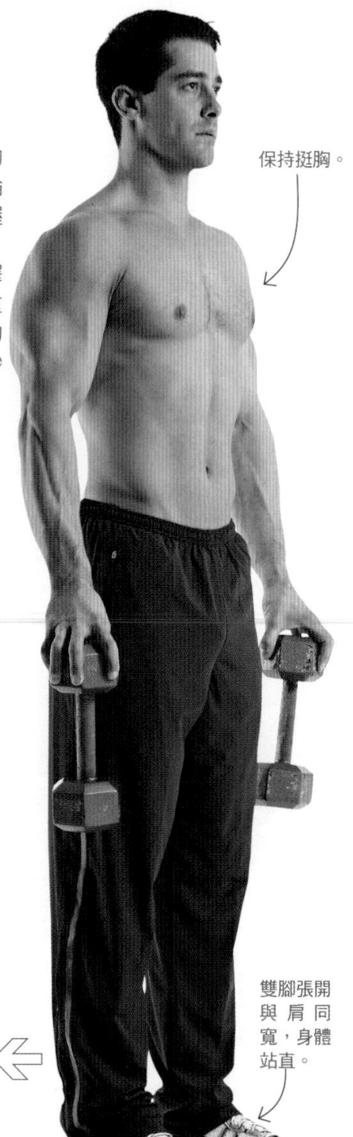

保持挺胸。

雙腳張開與肩同寬，身體站直。

六角啞鈴靜握如果要再進階的話，可以試試看用這種握法做手臂彎舉。

用力握出肌肉！
根據奧本大學研究指出，光是握住啞鈴或槓鈴，12個星期之內，手腕就能增加25%的力量，前臂也能增加16%的力量。

提重行走（農夫行走）

A

· 握住兩個比較重的啞鈴，手臂自然垂於身體兩側。

· 握住啞鈴，向前走，走越遠越好。

· 如果你可以走超過60秒，則改採更重的重量。

啞鈴自然垂於身側。

槓片彎舉

A

- 右手握住兩片較輕的槓片。
- 將槓片握在一起，以姆指和其他指頭夾緊。（如果可以的話，夾緊平滑的那一面。）
- 手臂自然垂下，槓片垂於身側。

將槓片握在一起。

B

- 上臂不動，手肘彎曲，盡可能將槓片朝肩膀舉起。
- 慢慢放下槓片回到起始位置。

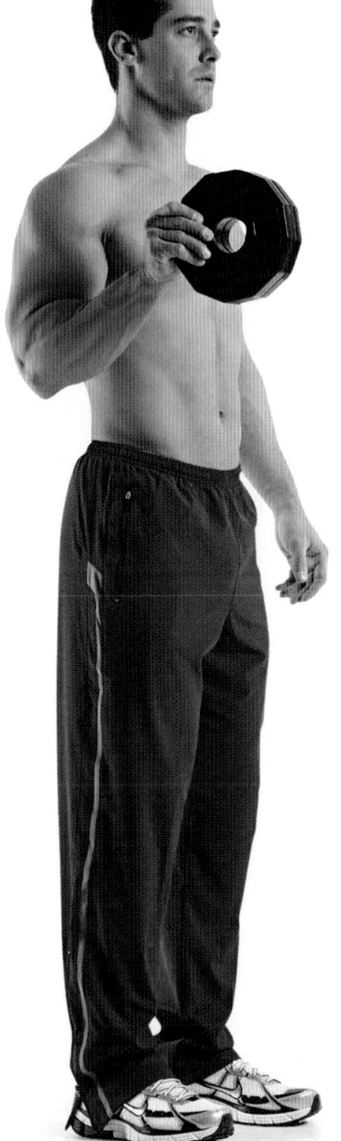

上臂保持不動。

19

根據歐洲《應用生理學》雜誌研究指出，做了8週握力訓練的人，平均能降低心縮壓19單位。心舒壓則降低5單位。

史上最佳手臂訓練動作

三停曲桿槓鈴彎舉

為什麼這些動作如此特別？做這些動作時，必須在三個地方各停頓10秒鐘。每個點短暫停頓，能加強關節在該角度和上下10度的力量。因此，這個動作能幫助增強任何肌肉較為無力的地方，並能增加肌肉緊繃時間超過30秒，促進肌肉生長。此技巧可應用在幾乎所有手臂彎舉和伸展的動作。

A
- 做曲桿槓鈴彎舉，但放下槓鈴時，在以下三點各停留10秒鐘。完成一次就為一組動作。

B
- 第一點：槓鈴放下約5公分。

C
- 第二點：手肘彎曲呈90度。

D
- 第三點：手臂打直前5到10公分處。

三停啞鈴仰臥三頭肌伸展

A

· 做啞鈴仰臥三頭肌伸展，但在以下三點各停留10秒鐘。完成一次就為一組動作。

B

· 第一點：啞鈴放下約10公分。

C

· 第二點：手肘彎曲呈90度。

D

· 第三點：啞鈴到動作底部的位置。

手臂

最佳肱二頭肌伸展運動
肱二頭肌伸展

為什麼那麼好？
這個伸展動作能放鬆肱二頭肌。肱二頭肌僵硬時，手臂看起來永遠是彎的。肱二頭肌僵硬也會影響肩膀活動的幅度。

盡全力去做：
雙手各維持此伸展動作30秒鐘，接著再重複兩次，總共做三組。每天規律進行。

· 右臂伸直，反手向後握住低於肩膀的單槓，掌心朝上。
· 重心向前，直到你感覺肱二頭肌舒服地伸展。保持在那裡，接著換左手重複同樣的動作。

最佳肱三頭肌伸展運動
過頭三頭肌伸展

為什麼那麼好？

這個伸展動作能放鬆肱三頭肌。肱三頭肌僵硬時，則很難把手伸到頭部後方，因為肱三頭肌僵硬會限制肩膀活動幅度。

盡全力去做：

雙手各維持此伸展動作30秒鐘，接著再重複兩次，總共做三組。每天規律進行。

A

- 右手臂伸到頭上方，接著手肘彎曲，手垂放在腦後。
- 以左手抓住右手肘，輕輕將右手臂更拉近頭後方。當感覺到上臂後方有所伸展，停留在那個位置，撐過計畫的時間。接著換手重複相同動作。

手臂

打造完美手臂

優良的手臂重訓，關鍵在於「盡量維持簡單」。其實最好的方式，是把鍛鍊手臂的動作，留到重訓的最後才做。畢竟，所有上半身的動作都有訓練到手臂，所以如果手臂很早就沒力的話，胸、背、肩膀肌肉的重訓可能無法達到最好的效果。以下這個全手臂重訓計畫，是由《累積強度訓練》（Escalating Density Training）一書作者薩萊（Charles Saley）設計，目標在於讓手臂肌肉生長，且不必一直增加訓練時間。換句話說，是在更短時間內做更多的訓練量——這就是少有人知、快速打造肌肉小秘訣。

該怎麼做：從本章中肱二頭肌和肱三頭肌單元各選一種動作。兩種動作各選能完成10次反覆次數、且身體能負荷最重的重量（大略估計即可）。接著按下碼錶，做5下二頭肌訓練，然後做5下三頭肌訓練。休息時間可長可短，自己決定，接著再重複同樣動作。繼續以此方式交互動作10分鐘。可以隨時降低次數，例如疲倦時，一組動作做2下或3下就好，看自己的感覺。但是，要確實計算10分鐘之內完成的總次數。接著，下一次重訓時，試著超越上一次的所做的總次數。此計畫每4天做一次。

額外的重訓計畫：肱二頭肌激爆計畫

肱二頭肌是同時由快縮肌和慢縮肌纖維組成。所以手臂尺寸達到極致的關鍵就是要確實鍛練到所有的肌纖維。試試看此三種動作重訓計畫，每週做2次，為期4週。此計畫以較重的重量、低反覆次數刺激快縮肌纖維，中等重量和反覆次數刺激兩種肌纖維，又以較輕的重量、高反覆次數刺激慢縮肌纖維。第一類的動作手臂會位於身體前方，第二類動作手臂會和身體平行，第三類動作手臂會在身後，如此一來，就能鍛練到二頭肌所有組成肌纖維。

該怎麼做：以循環的方式進行此重訓計畫，連續各做一組動作，中間不休息。動作各完成一組後，休息2分鐘，接著重複同樣的動作2到3次。選擇清單中任何的動作，但要記得，在這三種動作中不要使用相同的握法（標準握法、槌握法、偏小指握法、偏姆指握法）。為了使肌肉繼續生長，每4週選擇新的動作。為求更多變化，你也能調換動作順序。所以，訓練三的動作可以為重訓的第一組動作，訓練一則為第二組，訓練二則為第三組，依此類推。

訓練一
選擇以下任何一種動作，反覆次數為6下。

上斜式啞鈴彎舉（154頁）
上斜式槌握彎舉（154頁）
上斜式偏小指握彎舉（154頁）
上斜式偏姆指握彎舉（154頁）

訓練二
選擇以下任何一種動作，反覆次數為12下。

立姿啞鈴彎舉（152頁）
立姿槌握彎舉（155頁）
立姿偏小指握彎舉（155頁）
立姿偏姆指握彎舉（155頁）

訓練三
選擇以下任何一種動作，反覆次數為25下。

下斜式啞鈴彎舉（154頁）
下斜式槌握彎舉（154頁）
下斜式偏小指握舉（154頁）
下斜式偏姆指握彎舉（154頁）

第八章：股四頭肌和小腿肌

腿強，身體自然強

股四頭肌和小腿肌

大家最怕的動作就是股四頭肌的訓練，因為訓練這些肌肉的動作，例如深蹲和分腿前蹲，真的很費力。不過，就是因為很苦，所以這些動作才值得我們付出心力。以深蹲為例，除了能鍛練股四頭肌之外，也能鍛練到下半身所有的肌肉，包括臀肌、腿肌和小腿肌。

沒錯，深蹲和分腿前蹲很辛苦。但只要練好本章的股四頭肌運動，就會得到強壯、健美的雙腿和精實的腰腹部。對於那些想多訓練一下小腿的人，本章也包括專門鍛練小腿的動作。

練腿好處實在多！

好腹肌！深蹲除了能幫助你燃燒腹部肥肉之外，且比任何腹部運動都更能鍛練核心肌。

強壯的背肌！挪威科學家研究上下半身皆有重訓的人，發現加強下半身訓練動作，像是深蹲和分腿前蹲，更能提升上半身肌力。

平衡大提升！訓練股四頭肌也能強化腿部的韌帶和肌腱，使膝蓋更穩定，並更不容易受傷。

看看你的肌肉

股四頭肌

大腿前方主要的肌肉就是股四頭肌[1]。這個肌群清楚分為四個部分：股直肌[A]、股外側肌[B]、股內側肌[C]和股中間肌（圖片中看不見股中間肌，但它位在股直肌後方）。所有的肌肉聚集到股四頭肌腱，連接膝關節下方。整體來說，股四頭肌主要功能是伸直膝蓋。因此深蹲和分腿前蹲是鍛練股四頭肌最好的動作：動作中包含伸直雙腿的阻力訓練，即使只是身體的重量也十分有效。

髖內收肌

髖內收肌是在大腿內側的肌肉，特別稱為鼠蹊部。腿向外側張開時，髖內收肌負責將腿拉回身體，此動作稱為「髖腿內收運動」（實在是太有創意的名稱了！）。這些肌肉在深蹲和分腿前蹲時也會大量鍛練到。

腓腸肌

小腿肌分為兩部分肌肉，都位於小腿後方。靠近皮膚表面的肌肉稱為腓腸肌[2]。此肌肉分為兩個部分，一部分在內側，一部分在外側。這些肌肉從膝蓋上方開始，聚集到阿基里斯腱[4]，連接到腳踝後方。

比目魚肌

小腿肌的另一塊肌肉稱為比目魚肌[5]，在腓腸肌的下方。比目魚肌從膝蓋下方開始，和腓腸肌結合連接到阿基里斯腱。小腿肌主要負責伸展腳踝。就好比從地面抬起腳跟的動作。所以除了小腿上舉，所有和腳踝有某種程度相關的運動都能鍛練到小腿肌，如深蹲和跳躍動作等。

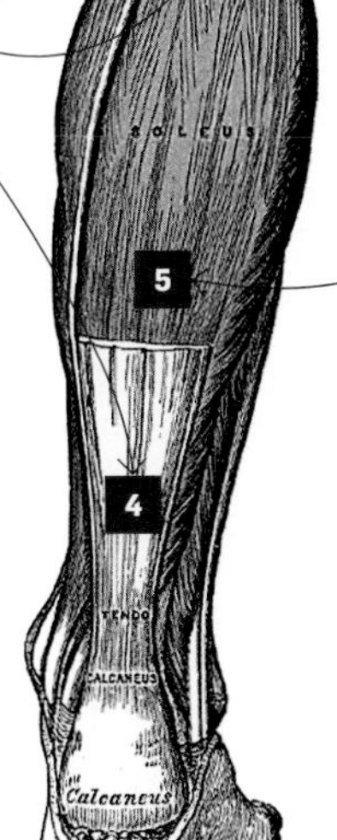

股四頭肌和小腿肌 | 深蹲

本章裡有99種專門鍛練前大腿和小腿肌肉的訓練。有幾種訓練歸類為主要動作，只要熟習這類的基本動作，就能以完美的姿勢做所有變化。

這些動作旨在是鍛練股四頭肌，也會鍛練到核心肌和所有其他下半身的肌肉，包括臀肌、大腿後側肌和小腿肌。因此深蹲是所有訓練中最佳全方位動作之一。

主要動作
自體重量深蹲

A

・身體站直，雙腳張開與肩同寬。

1,250

目前史上最重的深蹲比賽記錄為1,250磅。

腳落何處
連續跳3下，跳越高越好。接著向下看你的腳落在哪裡。最後一次的落腳地點，就是你練深蹲時雙腳最適合放置的位置。

手臂從頭到尾保持在同一位置。

身體盡可能打直。

核心肌保持繃緊。

下背不得彎曲。

大腿上部和地面平行，或至更低的位置。

整個動作中，重量都維持在腳跟，而非腳趾。測試方式：如果重量分配正確的話，深蹲時應該可以隨時扭動腳趾。

B

· 盡可能放低身體，屁股向後，膝蓋彎曲。
· 停頓一下，接著慢慢將身體站起，回到起始姿勢。

完美深蹲的小秘密

以肌肉記憶的妙招來使深蹲動作精益求精。席夫博士（Mel Siff）著有《超級訓練》一書，也是運動科學領域的權威，他設計出以下簡單的方法，幫助身體和大腦記憶深蹲正確的動作。

該怎麼做：在第一組深蹲動作前，先坐在一張椅子上，背打直，自然前拱，肩膀向後，小腿和地面垂直，雙腳張開與肩同寬。手臂前伸，與肩同高，打直和地面平行。身體前傾，但背部保持挺直，腳微微向身體方向移動，到剛好可以使你慢慢站起身的地方，而且站起時不得猛向前傾或後傾，或改變身體姿勢。注意：此姿勢就是深蹲時該有的姿勢。一旦站起來之後，再回復動作，慢慢放低身體回到坐姿。反覆做幾次。

股四頭肌和小腿肌 | 深蹲

變化1

抱頭深蹲

- 手指放在頭後方（彷彿被逮捕一樣）。

變化2

自體重量推膝深蹲

- 雙腿伸入20吋的迷你彈力帶中，把帶子調到膝蓋下方。
- 深蹲時，注意將膝蓋向外推。

變化3

自體重量靠牆深蹲

停頓才有力
在深蹲的動作過程中，停頓的技巧能幫助你消除肌肉弱點。

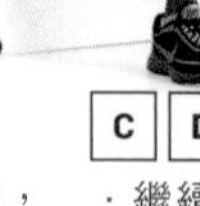

A
- 背靠牆，雙腳離牆約60公分，張開與肩同寬。

B
- 背靠著牆，稍微彎曲膝蓋，身體下沉幾吋。然後保持此姿勢5到10秒鐘。

C D
- 繼續每次將身體下沉幾吋，重複4次。

E
- 五個位置都停留過後，站起身休息。如此為一組動作。

變化4

自體重量瑞士球靠牆深蹲

A

· 靠在瑞士球上站著，球卡在牆和背之間。

· 腳約放在身前60公分處。

B

· 背不離球，身體下沉，直到大腿上部至少和地面平行。

初學者的深蹲

如果正常的深蹲對你來說太困難，不妨試試瑞士球版深蹲。這個深蹲動作比較不需要用到核心肌的力量，所以動作更容易，又能協助學習正確的姿勢。

股四頭肌和小腿肌 | 深蹲

變化5
自體重量跳躍深蹲

A

· 手指放在頭後方，手肘向後和身體在同一平面。

深蹲減肥
這裡的跳躍深蹲變化，對於增進運動表現相當有效。但要用這個動作減肥的話，則需採用深蹲。而且，必須使身體下沉至大腿上部和地面平行（如下方變化6的圖中所示）。

B

· 膝蓋下蹲準備躍起。

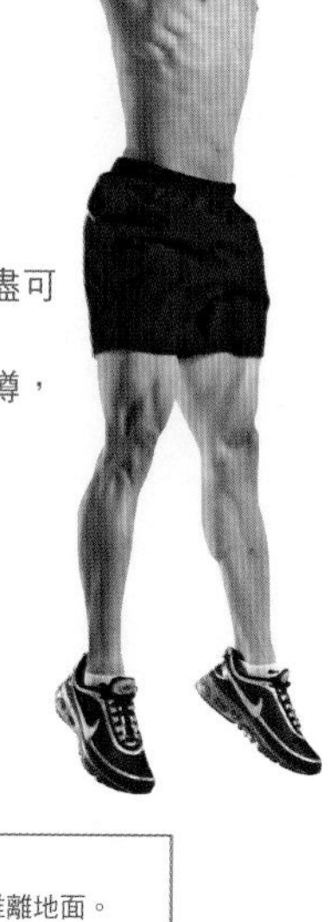

C

· 以爆發力跳躍，盡可能跳高。
· 落地時，馬上下蹲，再次跳起。

跳更高
想像跳躍時是將自己推離地面。

變化6
自體重量靜體爆發力跳躍深蹲

· 手指放在頭後方，手肘向後和身體在同一平面。
· 臀部向後，膝蓋彎曲，身體下沉直至大腿上部和地面平行。
· 在底部位置停頓5秒鐘。
· 停頓之後，盡可能跳高。
· 落地休息。

隨處都能練腿
動作中暫停5秒能消除肌肉的彈性，因此在將身體推離地面時，便能活化最多快縮肌纖維。無負重時，此動作是相當適合的訓練。

變化7
撐重深蹲

· 雙手於胸前舉起槓片，手臂完全打直。

同時鍛練二頭肌！
做撐重深蹲時，可以在每一下站起時進行彎舉，鍛練手臂肌肉。一開始先將手臂向前伸直，上臂不動，將手臂彎曲，槓片向肩膀移動。身體下沉時再將手臂伸直。

撐重深蹲可以加強核心肌，幫助提升穩定度、肌耐力和運動表現。這個動作被歸類在「身體重量訓練」，原因是把槓片舉在胸前，會讓肩膀會疲倦，所以能選擇的重量就有所限制。

高箱跳躍

A

· 站在穩固、安全的箱台前方。這個箱台的高度為「你必須用力跳，才能站到上面」的高度。
· 雙腳張開與肩同寬。
· 膝蓋下沉。

B **C**

· 跳上箱台，平穩落在箱台上的平面。
· 走下箱台，重新調整雙腳。

如果你無法穩穩站在箱上，那就是箱台太高了。

雙腳張開與肩同寬。

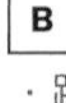

深跳

A

· 站在十二吋的箱台邊緣（離地約30公分）。

B

· 踏出箱台，雙腳同時落地。腳前緣先著地，接著才是腳跟。

C

· 和地面接觸時，盡可能向上跳。如此為一次反覆次數。

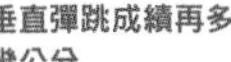

垂直彈跳成績再多幾公分
深跳是增強垂直跳躍力最好的訓練之一，每週2次，重訓一開始做4到5組，每組做3下。各組間休息60到90秒鐘。

股四頭肌和小腿肌 | 深蹲

主要動作
單腳深蹲

A

- 左腳站在高度約和膝蓋同高的椅子或箱台上。
- 手臂伸直於身前。

腳尖提起，腳趾比腳跟高。

身體盡可能打直。

B

- 以左腳平衡身體，左膝彎曲，身體下沉直至右腳跟輕觸地面。
- 停頓一下，接著站起身。
- 左腳完成計畫的反覆次數，接著馬上以右腳做相同的次數。
- 如果覺得這個訓練太難，試試看變化2的「簡易版單腳深蹲」或變化1的「坐姿單腳站起」。

變化1
坐姿單腳站起

A

- 坐在椅上，背打直並自然前拱。
- 手臂前伸和地面平行，與肩同高。
- 左腳抬離地面。

下背自然前拱。

B

- 身體不前傾，站起身。如果你無法做到，試試看在起始動作時將腳微微朝身體靠近一些。
- 坐回椅上。

變化2

簡易版 單腳深蹲

A

· 左腳站在高度約和膝蓋同高的椅子或箱台上。
· 手臂伸直於身前。

B

· 身體下沉至極限點上方（請參考右側欄「找出自己的極限點」）。
· 停頓2秒鐘，接著站起身回到起始位置。

變化3

單腳蹲站

A

· 站著向前伸出手臂，與肩同高和地面平行。
· 右腳抬離地面，在該處保持不動。

B

· 臀部向後，身體盡可能下沉。
· 停頓一下，接著站起身回到起始位置。

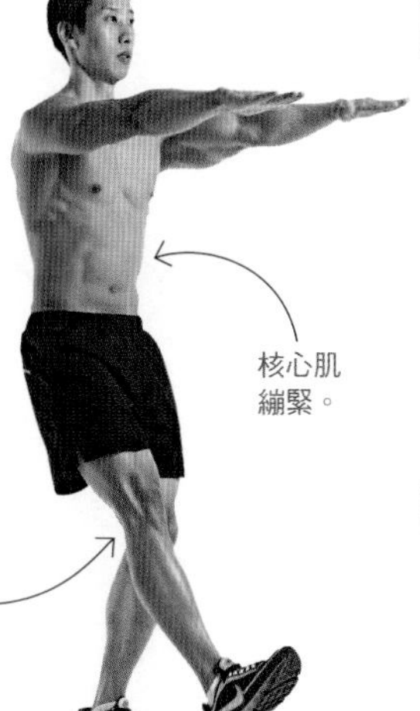

找出自己的極限點

如果你無法做到3下的「單腳蹲站」，試試看簡易版單腳深蹲。首先你必須試出自己的極限點。極限點就是身體下沉時，你無法再控制自己下降速度的位置。可能是下沉5公分之後，也可能是下沉幾十公分之後，因人而異。決定極限點位置後，遵照簡易版單腳深蹲動作指示訓練。隨著肌力增強，極限點會向下移動。因此記得定時重新測試。

股四頭肌和小腿肌 | 深蹲

迅速反覆，成果迅速

有一種槓鈴深蹲稱為「快速深蹲」，專門鍛練快縮肌纖維，加強肌力和爆發力。操作時，先測出個人單次所能負荷的極限重量，然後選擇50%到70%左右的極限重量。接著從頭到尾以最快的速度做深蹲。你的目標：一秒一下

主要動作
槓鈴深蹲

A

· 正手握住槓鈴，將槓鈴扛在上背部。

B

· 下背保持前拱，身體盡可能下沉。
· 動作一開始先將臀部向後推，接著彎曲膝蓋。
· 停頓一下，接著回覆動作到起始位置。

變化1

開腿槓鈴深蹲

A

· 做深蹲時，雙腳張開為肩兩倍寬。

如果在做標準槓鈴深蹲時腳跟抬離地面，就表示臀部太緊。但開腿版本的動作能有所幫助。開腿深蹲身體就算沉到極限，腳跟也可以不用抬起。停留2秒鐘。每一次重訓試著再向下一些。柔軟度改善時，可以將雙腳距離縮短，腳趾角度也可以變小。

腳尖角度微微朝外。

為什麼腳要張那麼開？
腿張開迫使髖收縮肌出更多力，強化大腿內側肌肉。

身體下沉時，要確定膝蓋和腳趾方向一致。

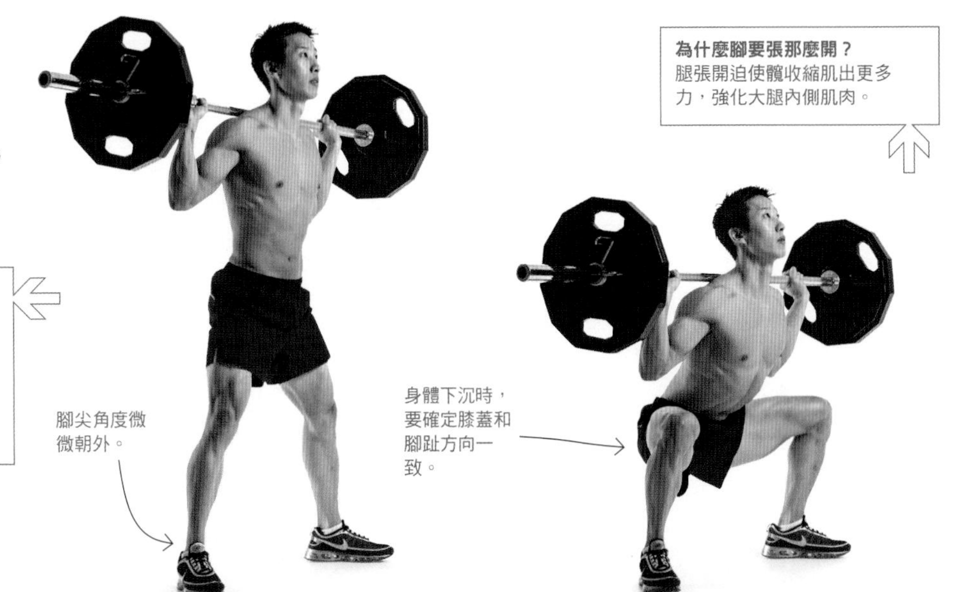

變化2

槓鈴前深蹲

A

· 正手握住槓鈴，雙手距離微比肩寬。
· 抬起上臂和地面平行。
· 讓槓鈴向後滾，自然放在肩膀前方。

雙腳張開與肩同寬。

B

· 身體慢慢下沉直到大腿上部至少和地面平行。
· 停頓一下，接著將身體推起回到起始姿勢。

整個動作中，上臂保持和地面平行。如此能防止槓鈴向前滾，也能幫助保持身體正直。

吊帶
如果你的手腕柔軟度不足，沒辦法做標準的槓鈴前深蹲，採用此技巧：用兩條手腕吊帶綁住槓鈴，距離與肩同寬，將帶子繫緊。接著抓住吊帶，如此就不需向後彎曲手腕，以手指卡住槓鈴。

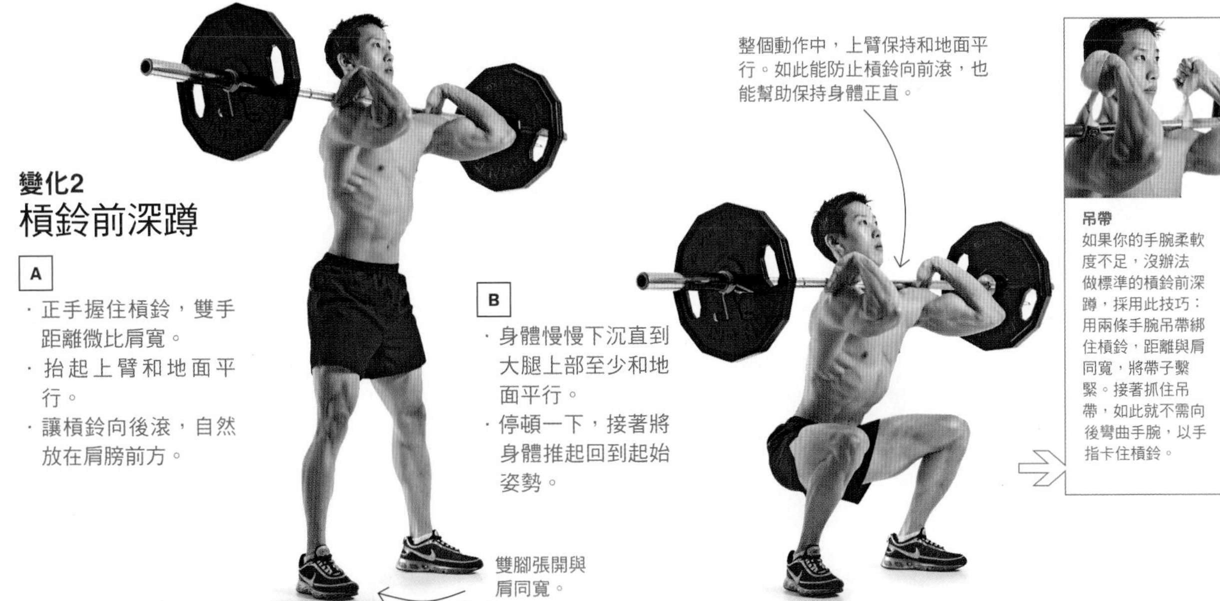

股四頭肌和小腿肌 | 深蹲

變化3

交叉手臂槓鈴前深蹲

- 將槓鈴放在深蹲架上，手臂交叉在前，此時雙手都放在槓鈴的槓上。
- 站到槓鈴下，槓鈴置於肩膀上，雙臂抬起以避免槓鈴滑下。
- 向後退，並進行深蹲，整個動作中，手臂姿勢保持不變。
- 站起身，回到起始姿勢。

手臂不得落下。

變化4

曲臂深蹲

- 槓鈴放在彎曲的手臂中，緊緊靠著胸口，而不是在背後。
- 站起身回到起始姿勢。

可以用槓鈴墊或毛巾墊著槓鈴。

身體盡可能打直。

曲臂深蹲不只強化下半身，也訓練到肱二頭肌和前三角肌：這些肌肉必須保持收縮以撐住槓鈴。

變化5

槓鈴踮腳深蹲

- 深蹲前，盡可能踮高腳跟，保持如此進行完整動作。

腳跟抬起迫使小腿肌出更多力。

變化6

槓鈴四分之一深蹲

- 身體下沉，直至膝蓋彎曲約60度。

變化7
墊高腳跟槓鈴深蹲

A
・腳跟放在25磅槓片上。

B
・臀部向後，膝蓋彎曲，身體盡可能下沉。

變化8
槓鈴坐姿深蹲

A
・於身後正手握住槓鈴，手臂自然下垂。雙腳腳跟下放置25磅槓片。

B
・身體盡可能下沉。

深蹲時可以舉更重，立刻見效！

練習本章各種深蹲時，大概都會平衡用到肌肉，可是四分之一深蹲能讓你比平常多舉20％的重量。四分之一深蹲減少臀肌和腿後肌的力量，幫助你加強鍛鍊股四頭肌。不過最好每4週才使用四分之一深蹲一次，免得肌肉發展不平衡，造成股四頭肌力量大過腿後肌。

股四頭肌和小腿肌 | 深蹲

變化9
槓鈴跳躍深蹲

37磅
根據紐澤西大學研究指出，進行下半身重訓時，如果把「槓鈴跳躍深蹲」這個動作連續練習5週之後，則比起其他有下半身重訓但沒有做此動作的人，平均能多舉起37磅的重量。

A
・握住啞鈴，
緊緊靠於背上。

雙腳張開與肩同寬。

B
・膝蓋下沉，準備跳起。

C
・立即向上跳躍，且從小腿出力，撐直身體，原地發揮爆發力，讓腳部離地跳起。
・盡可能輕輕以腳尖著地，接著迅速將重心放到腳跟，重複動作。

變化10
槓鈴過頭深蹲

雕塑腹肌
高舉槓鈴增加核心肌的挑戰性，也同時測試肩膀和臂部柔軟度。

A
・正手握住啞鈴，高舉過頭，雙手距離約為兩倍肩寬。

核心肌繃緊。

手臂完全打直。

雙腳張開與肩同寬。

B
・身體下沉時，槓鈴不得向前。

下背自然前拱。

手臂在整個深蹲動作中維持和地面垂直。

大腿上部和地面平行，或至更低的位置。

主要動作
啞鈴深蹲

A

· 握住一對啞鈴，自然垂於身體側邊，掌心相對。

B

· 腹肌繃緊，臀部向後，膝蓋彎曲，盡可能下沉身體。
· 停頓一下，接著慢慢將自己推回起始位置。

保持抬頭
俄亥俄州邁阿密大學科學家指出，深蹲時低頭會增加受傷的危險。研究者發現動作中向下看，會使身體前傾4到5度，因此增加下背的壓力。看著鏡子中的自己可能也會造成身體前傾。最好的方法：身體下沉之前，找到一個穩定、比眼睛稍為高一些的點，整個動作中都注視著那個地方。

股四頭肌和小腿肌 | 深蹲

變化1
高腳杯深蹲

- 在胸前直握啞鈴，雙手拱住啞鈴鈴頭（想像那是很重的高腳杯）。
- 停頓一下，接著將身體推回起始位置。

手肘擦過膝蓋內側；如果膝蓋因此向前也是可以的。

手肘朝地。

不要害怕盡可能下沉身體的動作。研究者指出，深蹲時膝蓋最不穩定的時候是彎曲90度時，約為大腿上部和地面平行之前幾公分處。

變化2
張腿高腳杯深蹲

- 雙手直直握住啞鈴於胸前。

身體盡可能打直。

雙腳張開為肩膀兩倍寬，腳尖角度朝外。

變化3
相撲深蹲

- 雙手握住重量較重的啞鈴兩端鈴頭，手臂自然垂於腰前。

動作中，下背自然前拱。

雙腳張開為肩膀兩倍寬，腳尖角度朝外。

變化4
啞鈴前深蹲

- 握住一對啞鈴，掌心相對，啞鈴其中一邊鈴頭置於肩膀肉最多的位置。
- 身體盡可能隨時打直。
- 深蹲時手肘不得垂下。

上臂保持和地面平行，身體就不會過度前傾。

變化5
啞鈴跳躍深蹲

A

‧握住一對啞鈴，自然垂於身側，掌心相對。
‧膝蓋下沉，準備跳躍。

B

‧以爆發力盡可能跳高。
‧落地時，迅速重新調整姿勢，接著再跳下一次。

盡可能以腳尖輕輕落地，接著將腳跟放回地面。

跳得越高，跑得越快
根據《肌力與體能訓練研究期刊》（Journal of Strength and Conditioning）8週的研究指出，規律採用跳躍深蹲，能加強垂直爆發力和奔跑速度。研究中，受試者所持的重量，是他們單次深蹲最大值30%的重量。自己試試看：2週做一次，一次5組，每組6下，每一組中間休息3分鐘。

變化6
啞鈴過頭深蹲

A

‧握住一對啞鈴，高舉至肩膀正上方，手臂完全打直。

B

‧身體下沉直至大腿上部至少都平行。

43

根據塔夫斯大學研究指出，做下半身運動4個月，如深蹲等，能有效減少43%的膝痛。

錯誤的肌肉訓練 你認為史密斯機深蹲超棒嗎？

史密斯機是槓鈴在滑軌上移動的深蹲架，看起來使用非常方便容易，但它有一個缺點：槓鈴必須直直向上或向下，而不是一般槓鈴深蹲時的弧線。因此下背會承受更多的壓力。而且，加拿大科學家發現，自由負重深蹲比史密斯機深蹲，更能活化股四頭肌，多出50%的成效。

股四頭肌和小腿肌 | 深蹲

主要動作
槓鈴分腿深蹲

A

- 正手握住槓鈴，將槓鈴扛在上背部。
- 雙腳錯開，左腳在前，右腳在後。

167

根據猶他州立大學研究指出，深蹲時記得繃緊腹部的人，則核心肌的活動，增加了167%。科學家說，如果有人指點，就能提醒自己察看核心肌夠不夠用力。而且，如果能在潛意識中提醒自己，則訓練效果會更好。

B

- 身體慢慢盡可能下沉到最低。
- 停頓一下，接著用最快的速度站起身，回到起始位置。
- 左腳在前完成計畫的反覆次數，接著換右腳在前，完成相同的次數。

股四頭肌和小腿肌 ｜ 深蹲

變化1

抬高前腳槓鈴分腿深蹲

・前腳置於6吋的台階或箱台上（約15公分）。

變化2

抬高後腳槓鈴分腿深蹲

・後腳置於6吋的台階或箱台上。

變化3

槓鈴分腿深蹲

・正手握住槓鈴，雙手距離微比肩寬。
・上臂抬高，和地面平行。

變化4

槓鈴保加利亞式分腿深蹲

・後腳腳背置於椅上。

分腿前蹲

做任何分腿深蹲的變化動作時，手上不一定要負擔任何重量。雙手可以交叉在胸前，或置於耳旁或腰際。分腿前蹲是理想的暖身動作——尤其是如果負重深蹲變化太困難，或身旁沒有任何器材時。

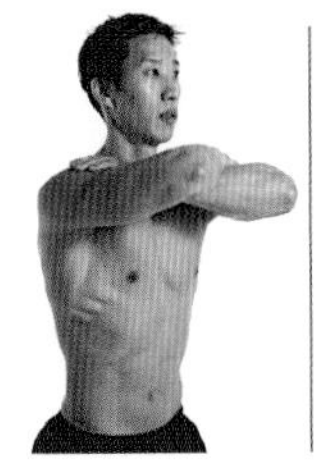
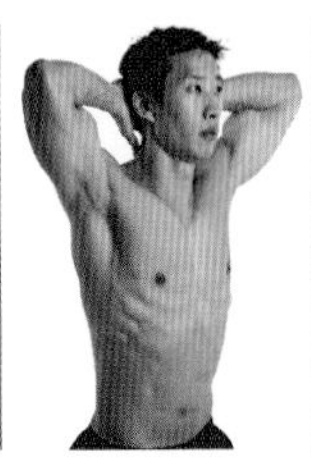
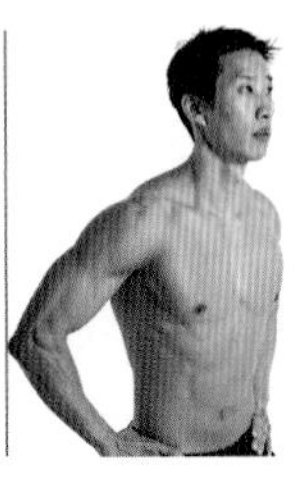

主要動作
啞鈴分腿深蹲

A

- 握住一對啞鈴，自然垂於身體兩側，掌心相對。
- 雙腳錯開，左腳在前，右腳在後。

雙腳距離60到90公分。

訓練小秘訣
就像一般深蹲一樣，做此動作時，記得繃緊核心肌。

B

- 身體慢慢盡可能下沉到底。
- 停頓一下，接著用最快速度站起身，回到起始位置。
- 左腳在前，等到完成計畫的反覆次數之後，接著換右腳在前，完成相同的次數。

整個動作中，身體打直。

後膝幾乎著地。

股四頭肌和小腿肌 | 深蹲

變化1

抬高前腳啞鈴分腿深蹲

・前腳置於6吋的台階或箱台上（約15公分）。

變化2

抬高後腳啞鈴分腿深蹲

・後腳置於6吋的台階或箱台上。

變化3

啞鈴分腿過頭深蹲

・雙手握住槓鈴，高舉至肩膀正上方，手臂完全打直。

變化4

啞鈴保加利亞式分腿深蹲

・後腳腳背置於椅上。

變化5
啞鈴分腿交互蹲跳

A
・從站姿開始，身體下沉至分腿深蹲。

B
・迅速向上，用力雙腳離地跳起。

C
・重複動作，每一次跳躍腳來回互換。

錯誤的肌肉訓練 你還在用腿部伸展機啊？

外表看起來，腿部伸展機似乎是安全的替代動作，可以取代深蹲或者甚至是弓步前蹲。其實根本不是這樣。梅約醫學中心生理學家發現，腿部伸展機比起深蹲會在膝蓋上造成更大量的壓力。為什麼？因為阻力是在腳踝，每一次放下重量時，會導致膝關節承受極大的扭力。

股四頭肌和小腿肌 | 弓步

以下這些動作旨在鍛鍊股四頭肌。而且，也會鍛鍊到幾乎所有下半身的肌肉，包括臀肌、腿後肌和小腿肌。

主要動作
槓鈴弓步

A

· 正手握住槓鈴，將槓鈴扛在上背部。

1

根據波爾州立大學研究指出，為了加速燃脂荷爾蒙分泌，每組只做一下的重訓動作是必要的。

訓練小秘訣
做槓鈴弓步時，想像自己身體直直下沉，而非朝前面的下方。

B

- 左腳前踏，身體慢慢下沉，直到前膝彎曲至少呈90度。
- 停頓一下，接著用最快速度站起身回到起始位置。
- 左腳在前完成計畫的反覆次數，接著換右腳在前，完成相同的次數。

變化1
交互槓鈴弓步

- 平常會先做完一腳的反覆次數，再進行另一腳，現在則交互進行。左腳做一下，接著右腳做一下。

變化2
行走槓鈴弓步

- 平常會站起身回到起始位置，現在起身時將後腳帶向前（如走路一般），每一下會向前一步。每一次換另一隻腳向前踏。

變化3
槓鈴反弓步

- 向後踏出右腳（而不是以左腳向前踏）。接著身體下沉呈弓步，看起來就如槓鈴弓步的姿勢一模一樣。做完單腳反覆次數，再換另一隻腳完成。也可以交互進行，每一次以不同腳向後踏。

變化4
槓鈴箱上弓步

・將6吋（約15公分）高台階或箱台置於前方約60公分處。
・左腳向前踏上箱台，接著身體下沉呈弓步。

變化5
槓鈴箱上反弓步

・站在6吋的台階或箱台上。
・左腳向後踏，呈弓步。

變化6
槓鈴弓步跨箱

A
・將6吋高台階或箱台置於前方約60公分處，雙腳張開與臀同寬。

B
・左腳向前踏到台階上，身體下沉呈弓步。

C
・站起身，將右腳帶過台階，踏向前方地面。

D
・身體下沉呈弓步。
・動作回復至起始位置。

變化7
槓鈴交叉弓步

A

- 身體打直，將槓鈴扛在上背部。
- 平常弓步前蹲時會直接向前踏，現在前腳在後腳前方交叉。

B

- 身體下沉，直至後膝幾乎著地。
- 這個動作顧名思義，也叫「屈膝禮弓步」（curtsy lunge）或「保齡球手弓步」（bowler's lunge）。

變化8
反向槓鈴交叉弓步

- 平常會向前踏，現在向後踏，後腳在前腳後方交叉。開始和結束的動作和槓鈴交叉弓步深蹲的圖一模一樣。此動作另外也稱作向下弓箭步（drop lunge）。

變化9
槓鈴側弓步

A

- 正手握住槓鈴，將槓鈴扛在上背部。

核心肌保持緊繃。

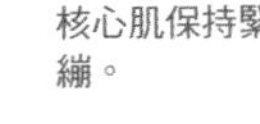

身體站直，雙腳張開與臀同寬，腳尖直直向前。

B

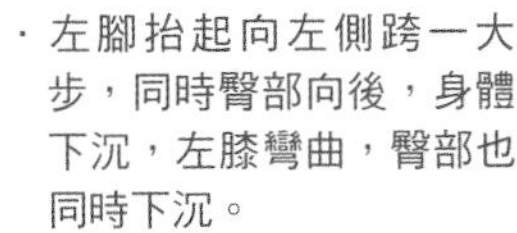

- 左腳抬起向左側跨一大步，同時臀部向後，身體下沉，左膝彎曲，臀部也同時下沉。
- 用最快速度站起回到起始位置。以左腳完成計畫反覆次數，接著換右腳，完成相同的次數。

身體前傾，但上身盡可能保持直立。

下背自然前拱。

右腳維持平貼於地。

股四頭肌和小腿肌 | 弓步

主要動作
啞鈴弓步

A

· 握住一對啞鈴，自然垂於身體兩側，掌心相對。

50

德國研究指出，從40多歲開始重訓的一般人，和那些屁股老是窩在沙發上的人相比，死於心臟病的機率足足低了50%。

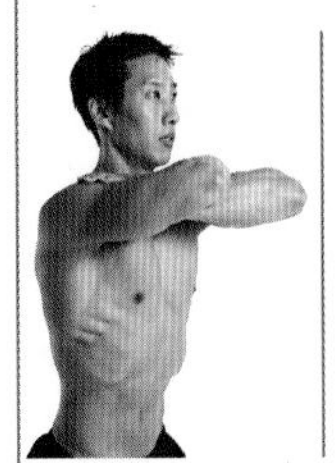
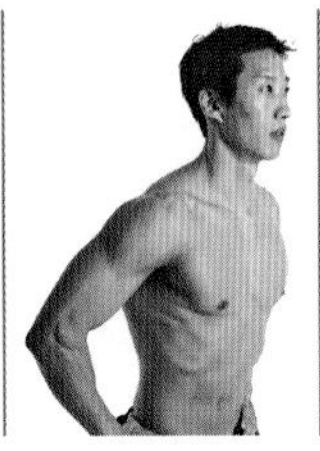
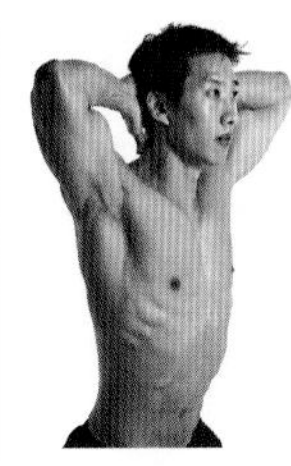

自體重量弓步前蹲

進行所有弓步的變化動作時，手上不一定需要負擔任何重量。雙手可以交叉在胸前，或置於耳旁或腰際。這些動作是理想的暖身動作，也是負重變化很好的替代動作。

B

- 左腳前踏，身體慢慢下沉，直到前膝彎曲至少呈90度。
- 停頓一下，接著用最快速度站起身回到起始位置。
- 左腳完成計畫的反覆次數，接著換右腳，完成相同的次數。

整個動作中，身體打直。

前小腿幾乎垂直於地面。

後膝幾乎著地。

變化1

交互啞鈴弓步

- 平常會先做完單腳的反覆次數，再進行另一腳，但現在則交互進行。左腳做一下，接著右腳做一下。

變化2

行走啞鈴弓步

- 平常會站起身回復起始位置，但現在起身時將後腳帶向前（如走路一般），每一下會向前一步。每一次換另一隻腳向前踏。

變化3

啞鈴反弓步

- 向後踏出右腳（而不是以左腳向前踏）。接著身體下沉呈弓步，看起來就如槓鈴弓步的姿勢一模一樣。做完單腳反覆次數，再換另一隻腳完成。也可以交互進行，每一次以不同腳向後踏。

股四頭肌和小腿肌 | 弓步

變化4
啞鈴箱上弓步

・將6吋（約15公分）高台階或箱台置於前方約60公分處。
・左腳向前踏上箱台，接著身體下沉呈弓步。

變化5
啞鈴箱上反弓步

・站在6吋的台階或箱台上，左腳向後踏，呈弓步。

變化6
啞鈴弓步跨箱

A

・將6吋高台階或箱台置於前方約60公分處。

B

・左腳向前踏到台階上，身體下沉呈弓步。

C

・站起身，將右腳帶過台階，踏向前方地面。

D

・身體下沉呈弓步。
・動作回復至起始位置。

變化7

反向啞鈴箱上弓步前伸

- 站在6吋（約15公分）的台階或箱台上，握住一對啞鈴在身側。
- 左腳向後踏呈弓步，同時身體前傾，手伸向前腳。動作回復至起始位置。

變化8

啞鈴交叉弓步

- 平常弓步前蹲時會直接向前踏，現在前腳在後腳前方交叉，如同在做屈膝禮一般。

變化9

啞鈴交叉反弓步

- 平常會向前踏，現在向後踏，後腳在前腳後方交叉。

變化10

啞鈴弓步旋轉

- 握住一啞鈴兩端於下巴下方。
- 前踏呈弓步。呈弓步同時，上身朝前腳方向旋轉。

變化11

啞鈴過頭弓步

- 將啞鈴舉在肩膀正上方，手臂完全打直。
- 左腳向前踏，呈弓步。

變化12

反向啞鈴過頭弓步

- 此時，右腳向後踏呈弓步。

變化13
單邊啞鈴弓步

· 右手將啞鈴舉在肩膀旁，手臂彎曲。
· 右腳向前踏，呈弓步。
· 右腳完成計畫反覆次數，接著換左手，並以左腳完成相同的次數。

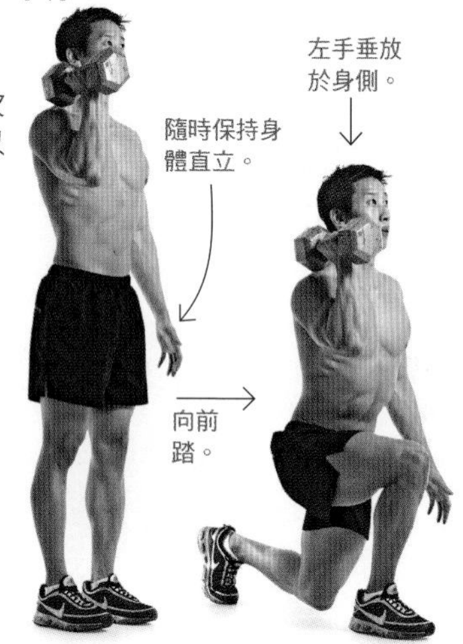

鍛練核心肌
只用一隻手拿啞鈴，另一隻手不拿，這樣能增加核心肌出力，以穩定身體。

變化14
反向單邊啞鈴弓步

· 左手將啞鈴舉在肩膀旁，手臂彎曲。
· 右腳向後踏，呈弓步。
· 完成計畫的反覆次數，接著換右手，並以左腳完成相同的次數。

變化15
啞鈴轉身弓步

A
· 握住一對啞鈴，自然垂於身側，掌心相對。
· 抬起左腳，踏向左後方，腳尖朝向身體的八點鐘方向。

B
· 重心移至左腳，右腳為軸，身體下沉呈弓步，同時將身體和啞鈴旋轉至左側，越過前腳。
· 動作回復，站起身回到起始位置。
· 左腳完成計畫的反覆次數，接著換右腳，完成相同的次數。（右腳尖指向4點鐘方向。）

變化16

啞鈴側弓步

- 握住一對啞鈴，自然垂於身側，掌心相對。
- 左腳抬起向左側跨一大步，同時臀部向後，身體下沉，左膝彎曲，臀部也同時下沉。
- 停頓一下，接著迅速站起回到起始位置。

右腳保持平貼地面。

雙腳腳尖直直朝前，動作前後方向都不變。

變化17

啞鈴斜弓步

- 平常會向前方踏出，這裡是朝45度角進行弓步動作。
- 完成所有反覆次數，接著換腳重複動作。

變化18

反向啞鈴斜弓步

- 向後45度方向踏出，並進行弓步動作。

變化19

啞鈴側弓步碰地

A

- 握住一對啞鈴，自然垂於身側。

B

- 身體下沉至側弓步，身體前傾，啞鈴碰觸地面。

以下這些動作目的是鍛練髖內收肌，是位於大腿上部內側的肌肉。

主要動作
立姿滑輪髖內收

A

· 將滑輪機低滑輪裝上腳踝吊帶，接著將帶子綁在右腳踝。
· 身體右側朝向磅片。
· 向磅片反方向踏一大步，右腳擺向磅片時，滑輪仍保持緊繃。
· 右腳直直伸向外側，朝向磅片。

B

· 膝蓋不彎曲，右腳向側面拉，在左腿前方交叉。
· 停頓一下，接著慢慢回到起始姿勢。右腳完成計畫的反覆次數，接著換左腳，完成相同的次數。

變化1

Valslide滑墊腿內收

A

· 跪在地上，雙膝底下墊著Valslide滑墊。

B

· 將膝蓋盡可能朝身體左右的方向外推。
· 停頓一下，接著將膝蓋再次向內拉回。

這些動作目的是鍛鍊腓腸肌和比目魚肌。

主要動作
立姿槓鈴小腿蹬提

A

- 正手握住槓鈴，將槓鈴舒服地扛於上背。
- 雙腳腳尖各放在20磅的槓片上。

B

- 盡可能以腳趾將自己抬高。
- 停頓一下，接著慢慢放下自己回到起始姿勢。

身體打直。

盡可能站直。

腳跟盡可能抬高。

變化1

單腳立姿啞鈴小腿蹬提

A

- 右手握住啞鈴，然後腳尖放在台階、墊木或25磅槓片上。
- 左腳交叉於右腳腳踝，以右腳腳趾平衡，腳跟可以在地面上，或在台階懸空。

B

- 盡可能抬高腳跟。停頓一下，接著放下並重複動作。
- 右腳完成計畫的反覆次數，接著以左腳完成相同的次數（以左手握住啞鈴）。

變化2

單腳曲膝小腿蹬提

- 彎曲膝蓋，並於動作中保持如此。

變化3

單腳騎馬小腿蹬提

- 背自然前拱，身體前傾彎下，直至上半身幾乎和地面平行。
- 右腳完成計畫的反覆次數，接著以左腳完成相同的次數。

膝蓋彎呀彎，就會長出更多肌肉

組成小腿肌的兩塊肌肉中，比目魚肌主要是在膝蓋彎曲的情況下，負責伸展腳踝。另一塊腓腸肌，則在膝蓋打直時負擔的運動量比較多。因此，彎腿蹬提是為了訓練比目魚肌，而立姿蹬提，也就是膝蓋打直時，則專門用來鍛練腓腸肌。當你的小腿肌肉好像沒有練得很漂亮時，很多專家會建議做彎腿蹬提與立姿蹬提這兩種動作。

股四頭肌和小腿肌

史上最佳股四頭肌訓練動作

寬握槓鈴過頭分腿深蹲

這個動作能同時練到許多部位的肌肉，所以也稱「大爆炸訓練」。分腿深蹲的部分專門加強腿部肌肉，而槓鈴高舉過頭則鍛練肩膀、手臂、上背和核心肌肉。所以這個動作是增加肌力和培養健美身材的好方法，而且也會燃燒不少卡路里。如果「把槓鈴這麼重的東西高舉過頭」這件事會讓你怕怕的，那一開始可以先用掃把或棍子代替。

A

- 將槓鈴握在頭的正上方，雙手距離約為肩膀的兩倍寬。
- 雙腳錯開，距離約60到90公分。

B

- 身體盡可能下沉。
- 停頓一下，接著用最快速度站起身回到起始位置。
- 左腳在前完成計畫的反覆次數，接著右腳在前完成相同的次數。

史上最佳小腿訓練動作
提重踮腳行走（農夫踮腳行走）

這個動作不只能鍛練小腿肌，更增進心血管功能。做這個動作時，手上的啞鈴必須是「能舉起達60秒、能負荷最重的啞鈴」。如果你覺得可以撐更久，下一組動作時拿更重的啞鈴。

A

· 握住一對啞鈴，自然垂於身側。

B

· 抬起腳跟向前走（或繞圈子），維持60秒鐘。

股四頭肌和小腿肌

股四頭肌最佳伸展運動

跪姿臀部屈肌伸展

為什麼那麼好？

這個伸展運動能放鬆大腿上部的肌肉。這些肌肉僵硬時，會將骨盆向前拉，增加下背壓力，減少臀部活動範圍。

盡全力去做：

兩邊各維持此伸展動作30秒鐘，接著再重複2次，總共做3組。每天規律進行，如果真的很僵硬，一天最多可以做3次。

A

・左腳跪地，右腳踏在地面上，右膝彎曲呈90度。

B

・身體向右側彎曲伸展。

C

・身體向右轉，以右手盡可能向身後伸展。維持此姿勢撐過計畫的時間。
・換跪在右膝，換手並重複動作。

10

根據《運動科學與醫學雜誌》發表的研究指出，每增加臀部的靈活度一分，就能減少10%大腿內側肌肉受傷的危險。

小腿肌最佳伸展運動

直腿小腿伸展

為什麼那麼好？
因為這個動作專門伸展腓腸肌。

盡全力去做：
維持此伸展動作30秒鐘，接著再重複2次，總共做3組。每天規律進行，如果真的很僵硬，一天最多可以做3次。

A

- 找一堵牆，站在牆前方60公分處，雙腳前後錯開。
- 雙手靠在牆上。
- 將重心放到後腳，直到感覺小腿肌有所伸展。維持一段時間（例如30秒）。
- 雙腳位置交換，並重複動作。

曲腿小腿伸展

為什麼那麼好？
因為這個動作專門伸展比目魚肌。

盡全力去做：
維持此伸展動作30秒鐘，接著再重複2次，總共做3組。每天規律進行，如果真的很僵硬，一天最多可以做3次。

A

- 姿勢和直腿小腿伸展一樣，但後腳向前，腳尖和前腳腳跟平行。
- 雙膝彎曲，直到後腿腳踝上方感到舒服地伸展。

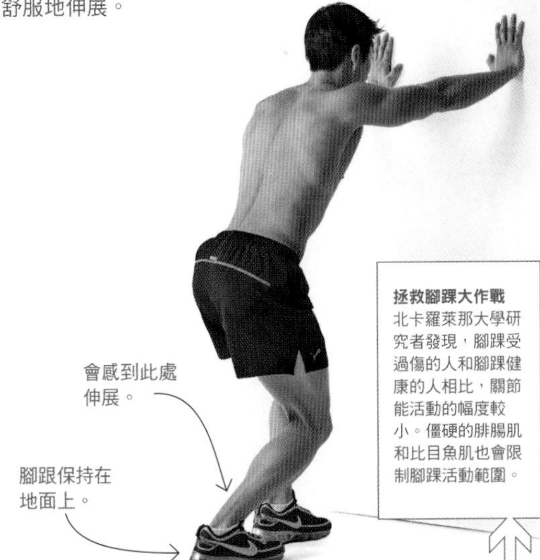

拯救腳踝大作戰
北卡羅萊那大學研究者發現，腳踝受過傷的人和腳踝健康的人相比，關節能活動的幅度較小。僵硬的腓腸肌和比目魚肌也會限制腳踝活動範圍。

股四頭肌和小腿肌

打造完美股四頭肌和小腿肌肉

試試看密蘇里春田市著名健護教練貝吉特（Kelly Baggett）設計的重訓計畫。這個股四頭肌計畫專門用來增加大腿尺寸和肌力，可以供你自行調整內容。小腿重訓計畫則是貝吉特個人的最愛，因為他說：「這個動作何時何地都能做。」連客廳裡都行。

股四頭肌重訓計畫

該怎麼做：從A、B兩類動作中各選出一種動作。訓練A的部分，反覆次數為6到8下，總共做4組，每組中間休息3分鐘。訓練B的部分，雙腳反覆次數各為10到12下，每一組中間休息2分鐘。每週進行此重訓計畫一次或二次。

訓練A

啞鈴深蹲（199頁）
高腳杯深蹲（200頁）
啞鈴前深蹲（200頁）
槓鈴深蹲（194頁）
墊高腳跟槓鈴深蹲（197　頁）
槓鈴前深蹲（195頁）

訓練B

啞鈴反弓步（213頁）
槓鈴反弓步（209頁）
啞鈴保加利亞式分腿深蹲（206頁）
槓鈴保加利亞式分腿深蹲（204頁）
單腳深蹲（192頁）
單腳蹲站（193頁）

小腿肌重訓計畫

該怎麼做：每一種訓練各做一組，照以下順序，中間不休息。每一種訓練中，盡可能做越多下越好。小提醒：按照本章的敘述來做以下這些動作，不過不要使用啞鈴，因為這個訓練的目的，在於以身體重量進行訓練。此重訓計畫每週做2次。

訓練

單腳立姿小腿蹬提（221頁）
單腳曲膝小腿蹬提（221頁）
單腳騎馬小腿蹬提（221頁）

第九章：臀肌和腿後肌

不容忽視的肌肉

臀肌和腿後肌

只要你站著，臀肌和腿後肌就在出力。麻煩的是，我們大部份的人經常坐著：坐在電腦前面，或是坐在46吋電漿電視前。長時間坐在椅子上之後，我們的臀部肌肉不只變得無力，而且也忘了如何收縮。臀肌更是如此。真是可惜，因為臀肌是身體最大，而且也許是最有力的肌群。

然而，當臀肌和腿後肌無力的話，會擾亂身體肌肉的平衡，可能會造成膝蓋、臀部和下背的疼痛和傷害。解決辦法是什麼呢？鍛練臀肌和腿後肌，並採用本章所提出的訓練動作。

練臀肌和腿後肌，好處實在多

卡路里燃燒更多！臀肌是身體最大的肌群，所以也是燃燒最多卡路里的部位。

姿勢更好！無力的臀肌會使臀部向前傾。對脊椎造成更多壓力。也會使下腹部挺出，肚子外凸。

健康的膝蓋！前十字韌帶必須仰賴腿後肌協助穩定膝蓋。強壯的腿後肌能幫助前十字韌帶，並能降低受傷的危險。

看看你的肌肉

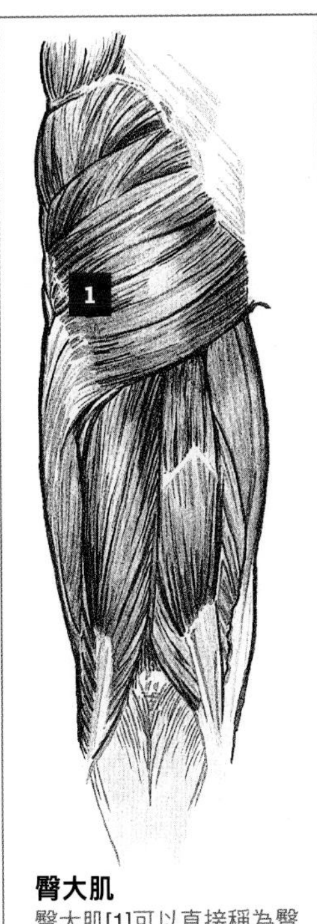

臀大肌
臀大肌[1]可以直接稱為臀肌。因為此肌肉塑造出臀的形狀。當大腿從身側伸開，或腿向外轉，腳尖朝外時，或是臀部向前推的時候，臀大肌都在運動。所以如果坐著或蹲著時，臀大肌會將臀部打直，協助站起身。因此，多數下半身運動臀大肌都有參與，尤其是硬舉、抬臀和反向抬臀等動作更是如此。

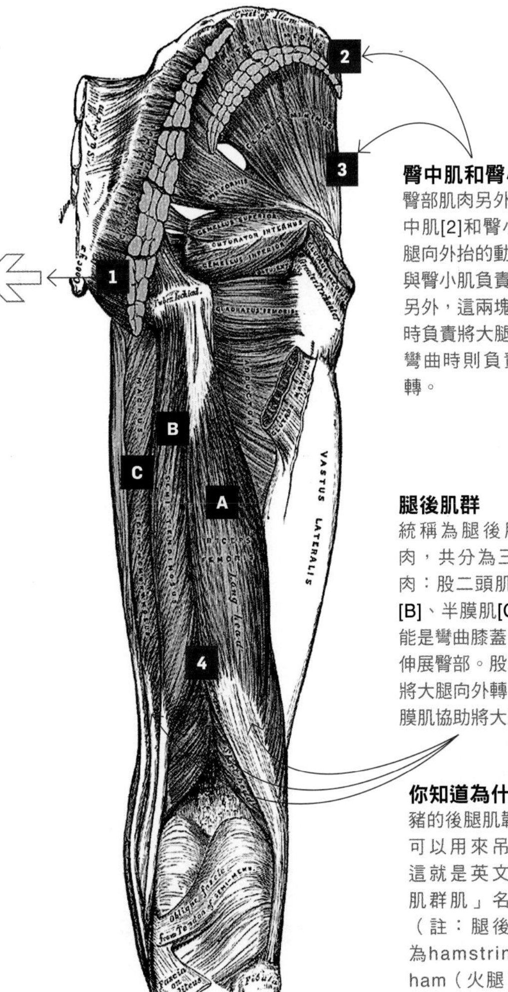

臀中肌和臀小肌
臀部肌肉另外還有兩塊：臀中肌[2]和臀小肌[3]。在大腿向外抬的動作中，臀中肌與臀小肌負責協助臀大肌。另外，這兩塊肌肉在腿打直時負責將大腿向外轉，臀部彎曲時則負責將大腿向內轉。

腿後肌群
統稱為腿後肌群[4]的肌肉，共分為三條不同的肌肉：股二頭肌[A]、半腱肌[B]、半膜肌[C]。主要的功能是彎曲膝蓋，協助臀大肌伸展臀部。股二頭肌也協助將大腿向外轉；半腱肌和半膜肌協助將大腿內轉。

你知道為什麼嗎？
豬的後腿肌韌帶風乾時可以用來吊火腿肉，這就是英文裡「腿後肌群肌」名稱的來源（註：腿後肌群英文為hamstrings，即為ham（火腿）和string（繩）二字的結合）。

錯誤的肌肉訓練 股四頭肌練得比腿後肌群更勤

《美國運動醫學雜誌》發現，有些運動員腿後肌群受傷不斷復發，在這些人當中，有70％的人呈現了股四頭肌和腿後肌群不平衡發展。如果加強腿後側肌群，並矯正肌肉不平衡，之後整整12個月間，參與研究的受試者肌肉傷害都未再復發。真是一帖一勞永逸的妙方。

臀肌和腿後肌

在本章中，有62種專門鍛練臀肌和腿後肌群的訓練。有幾種訓練屬於主要動作，只要熟習這些基本動作，就能以完美的姿勢做所有變化。

抬臀動作

這些動作旨在鍛練臀肌和腿後肌群。多數動作也會需要腹肌和下背肌收縮，以保持身體穩定，因此也是絕佳的核心肌訓練。

主要動作
抬臀

A

・面朝上躺在地上，膝蓋彎曲，雙腳平貼在地面。

確定自己是以腳跟撐地。要讓這個動作更容易做的話，調整腳的位置，讓腳指離開地面。

手臂向兩側45度張開，掌心向上。

屁股動起來
如果抬臀時腿後肌抽筋的話，通常代表臀部肌肉十分無力。因為腿後肌必須格外出力，才能保持臀部抬高。為了避免抽筋，抬起臀部後，每一次只要保持3到5秒。一週做2次，每次做3組，反覆次數為10到12下。

B

· 臀部抬起，身體從肩膀到膝蓋呈一直線。
· 停頓達5秒鐘，接著放下身體回到起始姿勢。

以腳跟抵住地面，而非腳指。

抬起臀部時繃緊臀肌。

15

根據《運動與訓練心理雜誌》研究指出，十五分鐘的訓練就能使心情愉快。

臀肌和腿後肌 抬臀

變化1
加重抬臀

・臀部上方置上槓片，並進行訓練。

變化2
推膝抬臀

・將20吋的迷你彈力帶調到膝蓋上方，動作中膝蓋保持不相碰。

膝蓋向外反抗彈力帶的力量能增加臀大肌和臀中肌的活動。

變化3
夾膝抬臀

A

・在雙膝間放一條捲好的毛巾或一塊Airex軟墊，動作中夾緊。

B

・抬臀時墊子不得滑掉，身體從肩膀到膝蓋呈一直線。

訓練小秘訣
抬臀時注意：如果做此訓練時，膝蓋容易向外彎，可能是髖內收肌或大腿內側肌肉相當無力。訓練時，努力夾住毛巾或墊片不落地，就能加強這些大腿內側的肌肉。

變化4

踏步抬臀

・抬起臀部，並保持此姿勢。

・將一邊膝蓋抬向胸部，放下回到起始位置，接著將另一邊膝蓋抬向胸部。反覆交互進行。

變化5

腳墊瑞士球抬臀

・小腿放在瑞士球上進行這個動作。

變化6

腳踏瑞士球抬臀

A

・雙腳平貼在瑞士球上。

B

・單膝抬向胸部，放下回到起始位置，接著將另一邊膝蓋抬向胸部。反覆交互進行。

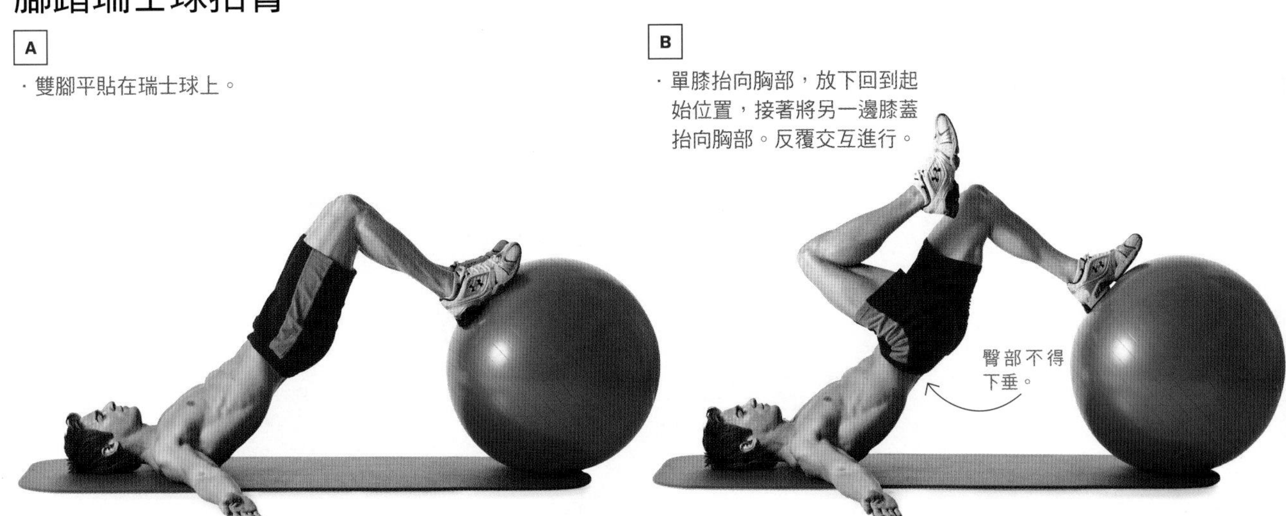

臀肌和腿後肌 | 抬臀

主要動作
單腳抬臀

A

- 面朝上躺在地板上，左膝彎曲，右腳打直。
- 右腳抬高，和左腳大腿平行。

B

- 抬起臀部，右腳保持抬高。
- 停頓一下，接著慢慢放下身體和腳，回到起始姿勢。
- 以左腳完成計畫的反覆次數，接著換腳，以右腳完成相同的次數。

變化1

抱膝單腳抬臀

- 將一隻腳膝蓋彎向胸部，動作中以手維持住。

訓練小秘訣
握住膝蓋幫助確保是以臀肌抬起臀部，而不是你的下背肌。

變化2

腳踏博蘇球單腳抬臀

- 左腳放在博蘇球上。
- 抬起臀部，放下，接著重複動作。

變化3

腳踏台階單腳抬臀

- 臀部靠著6吋（約15公分）的台階。
- 左腳置於台階上。
- 抬起臀部，放下，接著重複動作。

變化4

腳靠椅上單腳抬臀

- 將左腳腳跟置於椅上，屁股貼於地面上。
- 抬起臀部，放下，接著重複動作。

變化5

腳踏泡棉筒單腳抬臀

- 左腳放在泡棉筒上。
- 抬起臀部，放下，接著重複動作。

變化6

腳踏藥球單腳抬臀

- 左腳置於藥球上。
- 抬起臀部，放下，接著重複動作。

臀肌和腿後肌 抬臀

變化7

頭枕博蘇球抬臀

・將頭和上背靠在博蘇球上。

變化8

頭枕博蘇球單腳抬臀

・將頭和上背靠在博蘇球上，右腳懸空，和左腳平行。

變化9

頭枕瑞士球抬臀

・將頭和上背靠在瑞士球上。

變化10

頭枕瑞士球單腳抬臀

・將頭和上背靠在瑞士球上，右腳懸空，和左腳平行。

主要動作
瑞士球抬臀彎腿

肌肉動作

做標準瑞士球抬臀彎腿，腳尖必須向上。但腳尖朝內或朝外時，能改變腿後肌群訓練到的部分。

變化1

腳尖向外瑞士球抬臀彎腿

雙腳腳跟置於球上，腳尖向外。

腳尖轉向外，加強訓練腿外側的腿後肌。

變化2

腳尖向內瑞士球抬臀彎腿

雙腳小腿置於球上，約與肩膀同寬，腳尖向內相對。

腳尖轉向外，加強訓練腿內側的腿後肌。

變化3
單腳瑞士球抬臀彎腿

A

・右腿懸空，離球約幾吋，幾乎和左大腿平行。

B

・臀部抬起，身體從肩膀到膝蓋呈一直線。

C

・動作不停頓，將左腳跟拉向身體，盡可能將球靠近屁股。

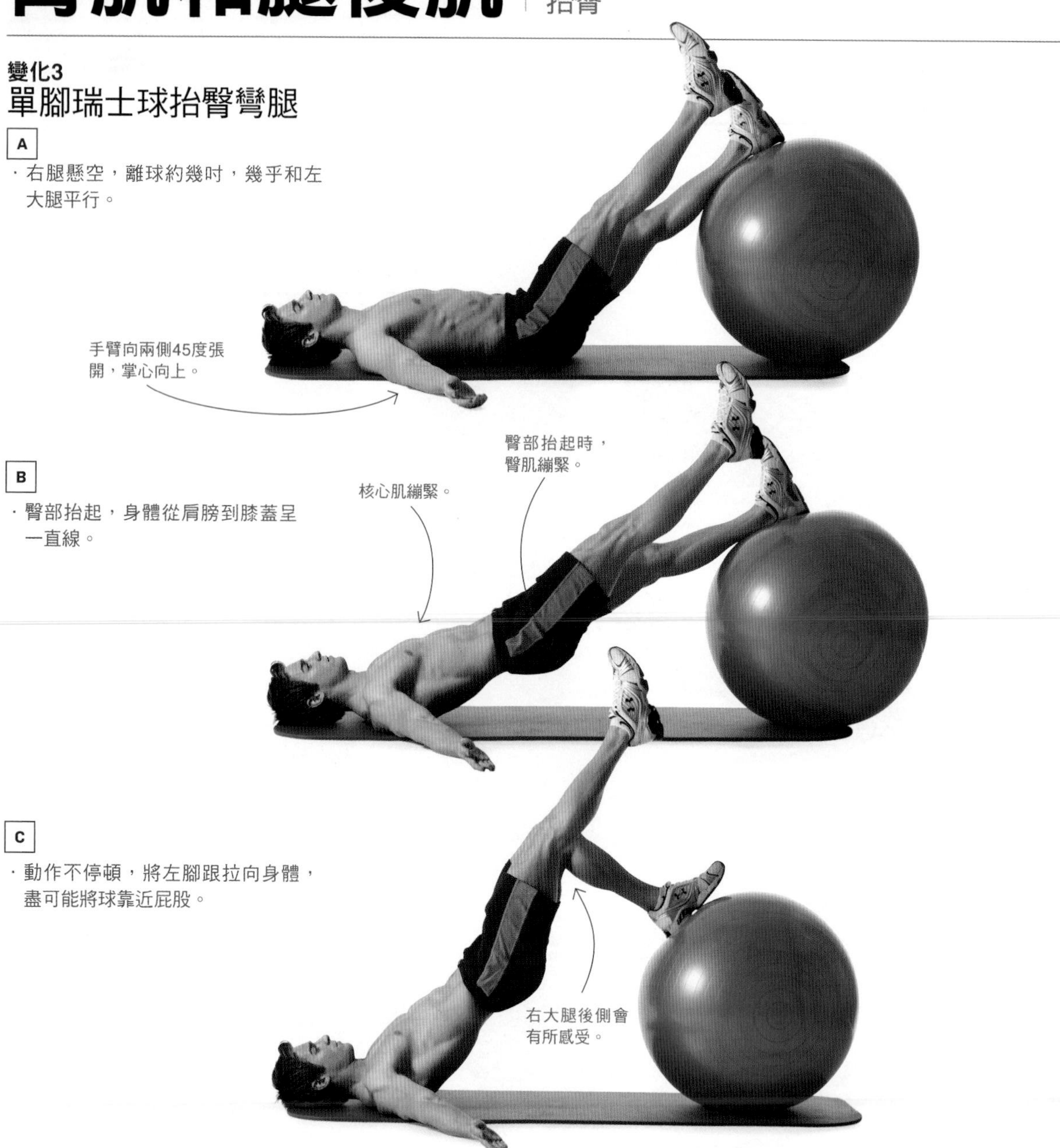

主要動作
滑腳彎曲

A

・面朝上躺在地上，腳跟放在Valslide滑墊上，雙膝彎曲，腳跟靠近臀部。

B

・臀部和身體呈一直線，腳踝向外滑，直到雙腿打直。
・動作反覆回到起始位置。

變化
單腳滑腳彎曲

A

・左腳懸空，和右腳大腿平行，動作中保持此姿勢。

B

・臀部維持和身體呈一直線，腳跟向外直到腿打直。

錯誤的肌肉訓練 只做屈腿機嗎？

屈腿機可以讓你彎曲膝蓋，而彎曲膝蓋則是腿後肌負責的功能之一。但是，腿後肌最主要的功能是讓臀部伸展，或將臀部向前推，例如在直膝硬舉和抬臀時的動作。而且，其他的腿彎曲方式，如瑞士球抬臀彎腿，同時能鍛練到膝蓋彎曲和臀部伸展，因此也比傳統屈腿機更好。

臀肌和腿後肌 | 抬臀動作

主要動作
反向抬臀

A

・俯臥在重訓椅或羅馬凳的一端，身體在椅上，但臀部懸空。

B

・抬起雙腳，直到大腿和身體平行。
・停頓一下，接著身體放下回到起始位置。

25

《腦、行為和免疫》學術期刊指出，打流感疫苗之前先做25分鐘的重訓，能增進疫苗效力。你已經預約要去打針了嗎？在6到12小時之前先去重訓一趟。

變化1

曲膝反向抬臀

・一開始膝蓋先彎曲呈90度，接著抬起臀部時將腿伸直。

變化2

瑞士球反向抬臀

・平常會俯臥在椅上，現在俯臥在瑞士球上，雙手平貼地面。

變化3

曲膝瑞士球反向抬臀

A

・平常會俯臥在椅上，現在俯臥在瑞士球上，雙手平貼地面。

B

・抬起臀部時將腿伸直。

屈膝硬舉

這些動作旨在鍛練臀肌和腿後肌，也同時鍛練到其他肌肉。其實，硬舉也會徹底鍛練到股四頭肌、核心肌、背肌和肩膀肌肉。硬舉是數一數二的全身重訓動作之一。

主要動作
槓鈴硬舉

A

· 裝好槓鈴，靠在腿脛。
· 身體前傾，膝蓋彎曲，正手握住槓鈴，雙手距離微比肩寬。

B

· 下背不彎曲，將身體向後上拉起，屁股向前，手握住槓鈴站起。
· 動作時，臀肌繃緊。
· 槓鈴放回地面，讓它盡可能靠近身體。

訓練小秘訣
硬舉和寬握硬舉時，也可以雙腳踏在25磅槓片上。如此能增加舉重的距離，更進一步挑戰肌肉能力。

變化1
寬握槓鈴硬舉

A
· 正手握住槓鈴，雙手距離約為肩膀兩倍。

B
· 站起身後，慢慢將槓鈴放回地面。

終極硬舉？
寬手握法會有三項額外的好處：一、增加上背肌運動；二、迫使前臂和手部肌肉出更多力；三、增大動作幅度。

此動作也稱為抓舉硬舉，因為手握槓鈴的方式和奧林匹克舉重選手進行抓舉時一模一樣。

變化2
單腳槓鈴硬舉

· 將一腳腳背置於身體後方高度約60公分的椅子上。
· 右腳置於椅上完成計畫的反覆次數，接著換左腳完成相同的次數。

變化3
相撲硬舉

· 雙腳張開為肩膀的兩倍寬，腳趾角度微微向外。
· 握住槓鈴中間，雙手距離約30公分，掌心朝內。

臀肌和腿後肌 | 屈膝硬舉

主要動作
啞鈴硬舉

A

・身體前方的地面上放一對啞鈴。
・彎曲膝蓋和髖關節，正手握住啞鈴。

B

・下背不得彎曲，握著啞鈴站起身。
・將啞鈴放回地面（如果你放下啞鈴過程中，無法保持下背挺直，則在「下背開始彎曲」的那一刻就停止這個練習）。

1,008

目前史上硬舉比賽中所舉起最重的記錄為1,008磅。

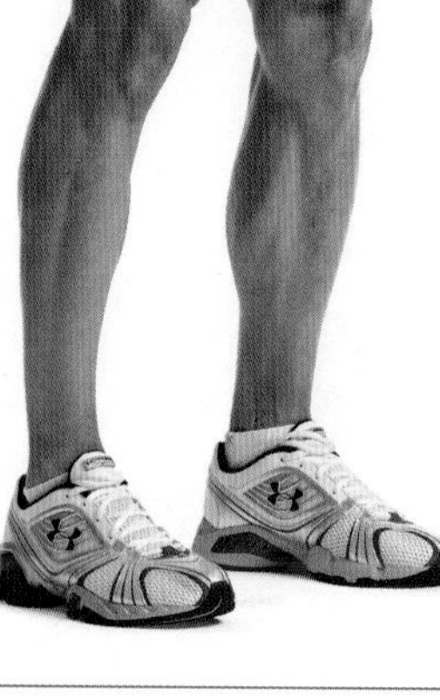

起身時，身體向後上方拉起。

臀部向前。

保持挺胸。

手臂打直，下背微微前拱，但不得彎曲。

變化1
單手硬舉

A

- 這個訓練只用一個啞鈴。將啞鈴放在右腳踝旁的地面上。如果你拿起啞鈴時無法保持下背挺直，就從下背開始彎曲的位置上方開始進行動作（如圖所示）。

B

- 右手舉啞鈴完成計畫的反覆次數，接著換左手完成相同的次數。

此動作也稱作行李箱硬舉，因為和提起行李箱的動作類似。

變化2
單腳啞鈴硬舉

A

- 握住一對重量較輕的啞鈴，以左腳站立。
- 右腳於身後抬起，膝蓋彎曲，小腿和地面平行。

B

- 身體前傾，慢慢盡可能下沉，或直到右小腿幾乎著地。
- 停頓一下，接著站起身回到起始位置。
- 左腳站立完成計畫的反覆次數，接著換右腳完成相同的次數。

直膝硬舉

這些動作旨在鍛鍊臀肌和腿後肌，也同時鍛鍊核心肌。尤其是下背肌肉。還有另一項好處：直膝硬舉可以改善腿後肌的彈性，因為每次放下槓鈴或啞鈴時都能伸展到該處肌肉。

主要動作
槓鈴直膝硬舉

A

- 正手握住槓鈴，雙手距離微比肩寬，槓鈴自然垂於臀部前方。

訓練小秘訣
抬起身體回到起始姿勢時，臀肌要繃緊，屁股往後。這樣才能確保你是用臀肌在出力，而不是靠下背的力量。

B

· 膝蓋彎曲角度不變，身體前傾下沉，幾乎和地面平行。
· 停頓一下，接著將身體抬起回到起始姿勢。

下背不得彎曲。和下半身一樣保持自然前拱。

整個動作中，保持核心肌緊繃。

變化1

單腳槓鈴直膝硬舉

- 以單腳平衡取代雙腳，進行槓鈴直膝硬舉。
- 一腳完成計畫的反覆次數後，換腳完成相同次數。

變化2

槓鈴早安式硬舉

- 平常會將槓鈴自然垂於身前，現在正手握住槓鈴，將槓鈴扛在上背部。

變化3

分腿槓鈴早安式硬舉

A

- 正手握住槓鈴，將槓鈴扛在上背部。
- 站在六吋（約15公分）高的台階前方約30公分處，左腳腳跟放在上面。

B

- 下背保持自然前拱，身體盡可能舒服地前傾。
- 停頓一下，接著抬起身體回到起始姿勢。

變化4

單腳槓鈴早安式硬舉

・正手握住槓鈴，將槓鈴扛在上背部。
・動作中以一腳平衡，而非雙腳著地。

變化5

曲臂早安式硬舉

・槓鈴放在彎曲的手臂中，進行動作時，緊緊靠著身體。

變化6

坐姿槓鈴早安式硬舉

A

・直直坐在重訓椅上，槓鈴扛在上背部。

B

・下背自然前拱，身體前傾，盡可能舒服地下沉。
・停頓一下，接著抬起你的身體回到起始位置。

臀肌和腿後肌 | 直膝硬舉

主要動作
啞鈴直膝硬舉

A

· 正手握住一對啞鈴，自然垂於大腿前方。
· 雙腳張開與臀同寬，膝蓋微微彎曲。

B

· 膝蓋彎曲角度不變，身體前傾，身體下沉直至幾乎和地面平行。
· 停頓一下，接著抬起身體回到起始位置。

核心肌繃緊。

整個動作中，背保持自然前拱。

放下啞鈴時，啞鈴盡可能靠近身體。

2

俄亥俄州立大學研究指出，重訓時聽音樂的人，比起安安靜靜做完重訓的人，在感知能力測驗表現好兩倍。

變化1
單腳啞鈴直膝硬舉

A

· 做啞鈴直膝硬舉，但以單腳保持平衡，而非兩腳著地。

B

· 以同一隻腳完成計畫的反覆次數，接著換另一隻腳完成相同的次數。

變化2
轉身啞鈴直膝硬舉

A

· 右手握住較輕的啞鈴，以左腳單腳站立，膝蓋微微彎曲。
· 右腳離地，膝蓋微微彎曲。

B

· 膝蓋彎曲角度不變，身體前傾下沉，向左方旋轉，啞鈴碰觸左腳。
· 停頓一下，接著身體抬起回到起始位置。
· 以左腳站立，右手執啞鈴完成計畫的反覆次數。接著換右腳站立，左手執啞鈴完成相同的次數。

主要動作
背部伸展

A

・身體在背部伸展機上就位，腳抵住腳把。
・背部自然前拱，上半身盡可能舒服地下沉。

B

・臀肌繃緊，抬起身體直到和下半身平行。
・停頓一下，接著慢慢將身體下沉回到起始位置。

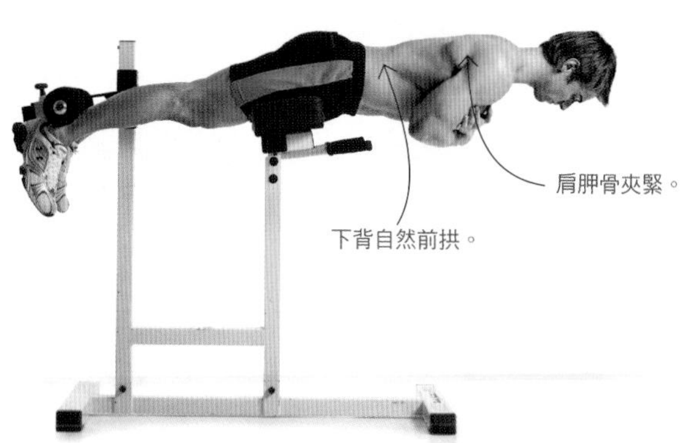

變化
單腳背部伸展

A

・身體在背部伸展機上就位，單腳抵住腳把。

B

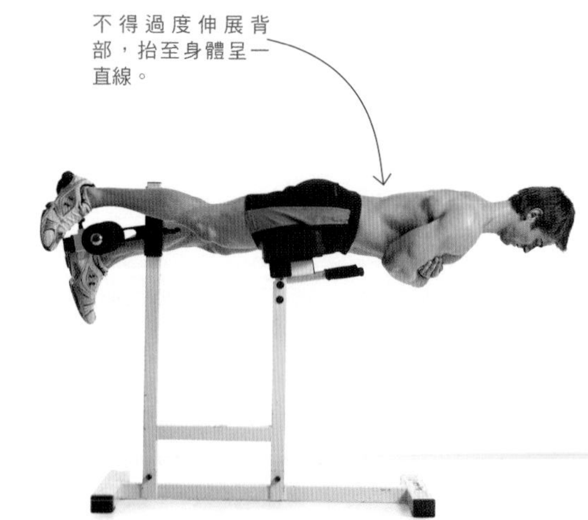

主要動作
滑輪上拉

A

- 將滑輪機低滑輪裝上繩把。
- 雙手握住繩把兩端，背對磅片。
- 身體前傾，膝蓋彎曲，身體下沉直至和地面呈45度。

B

- 屁股向前，抬起身體回到起始姿勢。

登階

這些動作旨在鍛練臀肌和腿後肌，因為動作時必須將臀部向前推。登階也能訓練到股四頭肌，因為登階時膝蓋會承受阻力伸直。

主要動作

槓鈴登階

A

- 站在椅子或台階前，左腳穩穩踏在上面。

B

- 左腳腳跟施力踏在台階上，將身體上提直至左腳打直。
- 接著身體移動向下，直到右腳著地，然後重複動作。
- 左腳完成計畫的反覆次數，接著換右腳完成相同的次數。

變化
槓鈴側登階

A

・站在台階右方，左腳踏在台階上。

B

・將身體提起，如標準槓鈴登階一樣。接著身體移動向下。左腳完成計畫的反覆次數，接著換右腳完成相同的次數。

主要動作
啞鈴登階

A

- 握住一對啞鈴，自然垂於身體兩側。站在重訓椅或台階前，左腳穩穩踏在上面。
- 台階要夠高，讓膝蓋彎曲至少呈90度。

B

- 左腳腳跟施力踏向台階，將身體上提直至左腳打直，單腳站在椅上，右腳保持抬高。
- 接著身體移動向下，直到右腳著地。如此為一次反覆次數。
- 左腳完成計畫的反覆次數，接著換右腳完成相同的次數。

變化1
啞鈴側登階

A

· 握住一對啞鈴，站在台階右側。
· 左腳踏在台階上。

B

· 左腳施力踏在台階上，將身體上提直至雙腳打直。
· 身體向下移動到起始位置。
· 左腳完成計畫的反覆次數，接著換右腳完成相同的次數。

變化2
交叉啞鈴登階

A

· 握住一對啞鈴，站在台階右側。
· 右腳踏在台階上。

B

· 右腳施力踏向台階，將身體上提直至雙腳打直。
· 身體向下移動到起始位置。
· 右腳完成計畫的反覆次數，接著用左腳完成相同的次數。

髖外展運動

這些動作旨在鍛練髖外展肌肉，不過主要針對稱為臀中肌的臀部肌肉。

主要動作
立姿滑輪髖外展

A

- 將滑輪機低滑輪裝上腳踝吊帶，接著將帶子綁住左腳踝。
- 身體右側朝向磅片。
- 左腿交叉在右腳前方（離機器要有一定距離，讓滑輪繩保有拉力）。

B

- 膝蓋彎曲角度不變，左腿盡可能朝外側抬高。
- 停頓一下，接著慢慢回到起始姿勢。
- 左腳完成計畫的反覆次數，接著轉身換腳，完成相同的次數。

5

英國雪菲爾大學研究發現，要養成重訓的習慣需要五週的時間。

立姿滑輪髖外展變化

立姿彈力帶髖外展運動

A

・不要使用滑輪機，而是將迷你彈力帶綁在穩固的物體上，接著繞在腳踝上。

B

・盡可能向外側直直抬高腿。

彈力帶側抬腿

- 身體左側躺在地面上。
- 雙腳腳踝圈上迷你彈力帶。
- 頭枕在左手臂上。
- 右臂撐在胸前的地上。
- 身體其他部位不動，盡可能抬高右腿。
- 停頓一下，接著回到起始位置。

腿打直，右腿在上，但微微置於後方。

蚌殼運動

- 身體左側躺在地面上。
- 右腳放在左腳上方，腳趾靠在一起。
- 兩隻腳不要分開，右膝盡量舉高，不要移動骨盆。
- 停頓一下，接著回到起始位置。
- 動作時，左腳不要離開地板。

就像這個動作的名字一樣，作動作時把自己想像成一個蚌殼 。

彈力帶側走

A

- 雙腳套入迷你彈力帶中，將帶子調到膝蓋下方。

B

- 向右小步走6公尺。接著再向左走6公尺。如此為一組動作。

訓練小秘訣

進行任何下半身運動之前，最適合用彈力帶側走這個動作來暖身。做任何運動之前（尤其是需要側移的運動如籃球、網球和壁球等），也很適合用這套動作暖身，然後才下場打球。

臀肌和腿後肌

史上最佳重訓動作
單手啞鈴揮舉

這個動作能鍛鍊腿後肌和臀肌的爆發力，換句話說，這個動作專門訓練肌肉中相當重要的快縮肌纖維。隨著你變老，快縮肌纖維是最先萎縮的，快縮肌纖維是幾乎所有運動中最為關鍵的肌纖維，甚至連「從椅子上站起來」這麼簡單的動作，也需要快縮肌纖維。所以你可以說，做這個動作，就能保持身體年輕。揮舉同時會訓練到核心肌、股四頭肌和肩膀肌肉，是沒時間重訓的人的首選動作。

A

- 正手握住啞鈴，置於腰前，手臂自然垂下（也可以雙手一起進行此動作，以兩手握住槓鈴）。
- 身體前傾，膝蓋彎曲，身體下沉直到和地面呈45度。
- 啞鈴在雙腿間擺動。

B

- 手臂打直，屁股向前，膝蓋打直，起身至立姿時，將啞鈴揮至胸部高度。
- 啞鈴揮回雙腿間時，蹲回原位。
- 用力將啞鈴前後揮舉。

額外訓練！
壺鈴揮舉

- 以壺鈴取代啞鈴做相同的動作。

最佳腿後肌伸展運動
立姿大腿後側伸展

為什麼那麼好？
因為這個動作能伸展臀部和膝蓋部分的腿後肌。膝蓋彎曲更能增加臀部的伸展；膝蓋打直的話，則能增加膝部的伸展。

盡全力去做：
維持這個伸展達30秒鐘，接著再重複兩次。每天規律進行，如果真的很僵硬，一天最多可以做3次。

A
- 左腳置於重訓椅或穩固的椅子上。
- 左腿完全打直。
- 右腿微微彎曲。
- 身體站直，背自然前拱。
- 雙手放在腰際。

B
- 下背不得彎曲，身體前傾下沉，直至感受到肌肉舒服地伸展，保持此姿勢，達到你預設的時間。

臀肌和腿後肌

最佳臀肌伸展運動
仰臥臀肌伸展

為什麼那麼好？
因為這個動作能放鬆臀肌。臀肌僵硬時，很容易產生下背痛的情況。

盡全力去做：
雙手各伸展30秒鐘，接著再重複2次，總共做3組。每天規律進行，如果真的很僵硬，一天最多可以做3次。

A

・面朝上躺在地面，膝蓋和臀部彎曲。
・左腳跨在右腿上，左腳踝貼住右大腿。

B

・雙手抱住左膝，向胸部中間拉，直到感到臀肌舒服地伸展。

打造最完美臀部的秘密就在下一頁

臀肌和腿後肌

打造最完美臀部

這個4週重訓計畫是由印地安納波利斯市「健身與運動訓練中心」的老闆、同時也是肌力與體能訓練師羅伯森（Mike Robertson）設計的，可以雕塑你的臀肌和腿後肌群。

此計畫旨在鍛練整個下半身，包括股四頭肌以及核心肌，主要重點則放在大腿後側的肌肉，可以改善長期造成姿勢不正確的無力肌肉。肌肉一旦無力，通常會成為背痛和體態萎靡的主因。當然，鍛練下半身的主要肌肉，身體便會燃燒大量的卡路里。所以額外的好處是，此重訓計畫也能幫你瘦腹部和腰身。

如果要鍛練全身的重訓計畫，將「打造完美臀部」重訓計畫和本書第140頁「打造完美肩膀」的上半身重訓計畫結合。做完上半身重訓後隔天做下半身重訓就可以了。

該怎麼做：兩種重訓計畫一週各做一次，中間至少休息兩天。所以你可以在星期二做重訓A，星期五做重訓B。重訓前要先做熱身運動。熱身運動的設計是為了增進身體柔軟度，也為之後的重訓做準備。注意重訓計畫的反覆次數每週都會增加。確認每一週都有繼續挑戰自己的肌肉。

熱身運動

來回交互進行動作，中間不休息。每次訓練維持30秒，再換到下一組動作。總共各完成3組。

跪姿臀部屈肌伸展（224頁）
抬臀（232頁）

重訓A

訓練動作	第一週			第二週			第二週			第四週		
	組數	次數	休息	組數	次數	休息	組數	次數	休息	組數	次數	休息
槓鈴直膝硬舉（248頁）	2	8	90	3	8	90	3	10	90	3	12	90
啞鈴分腿深蹲（205頁）	2	8	90	3	8	90	3	10	90	3	12	90
單腳槓鈴直膝硬舉（250頁）	2	8	90	3	8	90	3	10	90	3	12	90
背部伸展（254頁）	2	8	60	3	8	60	3	10	60	3	12	60
槓鈴前推（288頁）	2	8	60	3	8	60	3	10	60	3	12	60

重訓B

訓練動作	第一週			第二週			第二週			第四週		
	組數	次數	休息	組數	次數	休息	組數	次數	休息	組數	次數	休息
撐重深蹲（190頁）	2	8	90	3	8	90	3	10	90	3	12	90
滑輪上拉（255頁）	2	8	90	3	8	90	3	10	90	3	12	90
啞鈴登階（258頁）	2	8	90	3	8	90	3	10	90	3	12	90
瑞士球抬臀彎腿（239頁）	2	8	60	3	8	60	3	10	60	3	12	60
前平板式（274頁）	2	8	60	3	8	60	3	10	60	3	12	60

第十章：核心肌

吸引力的中心

核心肌

如果商業廣告也可以當成依據的話，那麼很容易發現，大家花在腹肌上的錢，比花在其他肌肉上的錢還多。其實這是有道理的。你的腹肌，或更精確地說，你的核心肌（包含下背和臀部肌肉），在所有動作中都有參與施力，不是只有在重訓室裡才出力。你平常想站起來或想坐直，靠的全是核心肌。

當然，上面講了這麼多，想要秀出傲人腹肌的男人根本聽不進去。他們真正的動機十分單純：顯眼的六塊腹肌對異性來說是一大吸引。也許是因為線條分明的腹肌是健康、精壯身體的外在象徵。以下是一個讓你受用一生的真理：雕塑如岩石般堅實的核心肌，身體不只看起來更健壯，實際上也會更為健康。

勤練核心肌，好處實在多

活得更久！一項歷時13年，參與者超過8千人的加拿大研究發現，研究參與者中核心肌最無力的人，比核心肌強壯的人，死亡率高出2倍之多！

舉得更重！強壯的核心肌能支撐脊椎，全身體格更為穩固，做所有訓練都能使用更重的重量。

擺脫背痛！加州州立大學研究者發現，參與10週核心肌重訓課程的人，他們背痛的機率減少了30%。

看看你的肌肉

腹肌

最有名的腹肌首推腹直肌[1]，也就是所謂的六塊腹肌。雖然俗名響亮，腹直肌實際上是由八個部分組成，並由稱為筋膜的密集結締組織加以分隔[A]。當廣布於下背部的肌肉產生拉力時，這塊腹直肌就負責平衡這些拉力，協助穩定脊椎。腹直肌另一個主要功能，是將身體拉向腹腰部，因此仰臥起坐和捲腹運動都能鍛練到腹直肌。但是鍛練腹直肌和整體核心肌最好的方式，是脊椎穩定訓練，如前平板式或側平板式的脊椎穩定訓練。

身側的腹肌分別是腹外斜肌[2]和腹內斜肌[3]。這些肌肉協助你向側邊彎身，並協助身體左右旋轉；其實最重要的功能可能是防止身體旋轉。許多滑輪旋身的訓練如「跪姿滑輪旋轉伸展」，或者滑輪抗旋身的訓練如「跪姿滑輪穩定伸展」等動作，都能鍛練到這些腹肌。

腹白線是一長條筋膜，沿腹肌中間分出一條線，並協助防止腹肌被腹外斜肌撕開。

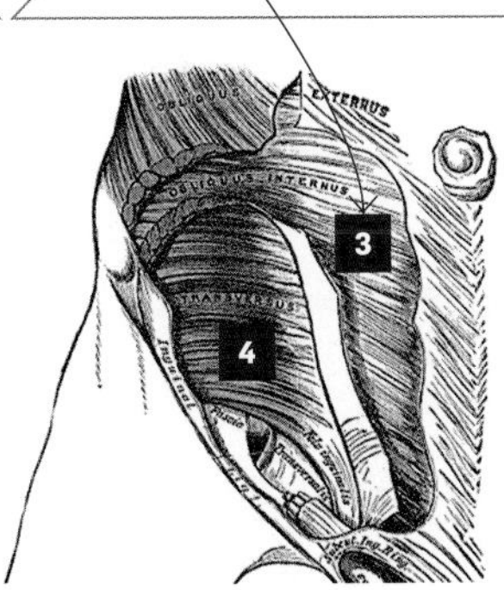

腹橫肌是最內層的腹部肌肉[4]。此肌肉在腹直肌和腹外斜肌下方，功能是將腹壁內拉（如縮小腹時的動作）。

核心肌的定義

一般人常以為「核心肌」和「腹肌」這兩個詞是一樣的，其實不對。核心肌其實指的是廿多條腹部、下背部和腰臀部的肌肉，共同負責穩定脊椎和保持身體挺直。此外，身體之所以能夠前、後、左、右彎曲和旋轉，倚靠的也是核心肌。因此，核心肌可說是身體所有動作的關鍵（睡覺除外）。

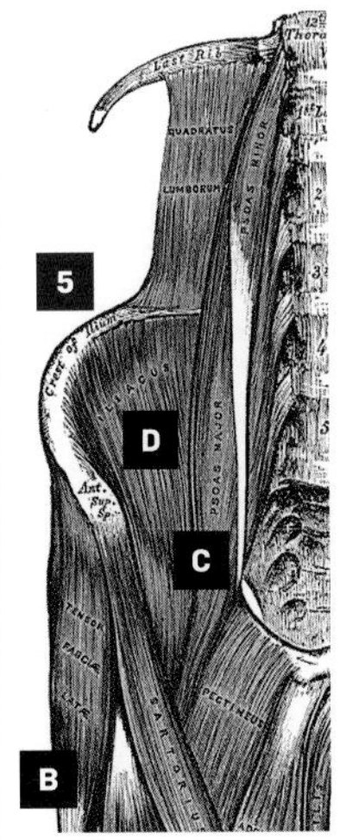

腰臀部

臀部前方的肌群稱為髖屈肌[5]，在核心肌中也占有一席之地。原因：這些肌肉連接脊椎或骨盆，而脊椎或骨盆可說是你身體核心的最基礎。髖屈肌主要包括闊筋膜張肌[B]、腰大肌[C]和髂肌[D]。顧名思義，這些肌肉功能就是協助彎曲髖部。有些訓練，包含「反向捲腹」和「懸吊抬腳」等，便是專門鍛練髖屈肌的。

下背部

許多下背肌肉對核心肌力量都有所貢獻，但簡而言之，最主要的就是豎脊肌（圖中標示薦棘肌）[6]、多裂肌[7]和腰方肌[8]。總的來說，這些肌肉協助保持脊椎穩定，同時也協助向前後左右彎曲。最好的訓練方式便是穩定度訓練如前平板式、側平板式、俯臥反弓以及其他任何需要彎曲和拉扯的動作。

雖然臀大肌嚴格來說是臀部肌肉，在第九章也已深入介紹，但值得在此一提。臀大肌也由結締組織連結著下背部，因此，臀大肌也和其他核心肌肉連結並一起活動。

核心肌 穩定度運動

本章中，共有100多種專門鍛鍊核心肌肉的運動，其中有幾種運動為主要動作。只要熟習這些基本動作，就能以完美的姿勢做所有變化。

穩定度訓練

這些運動旨在增進穩定脊椎的能力。穩定的脊椎和下背的健康以及任何運動的表現都息息相關。另外，有些腹肌往往是吸睛重點，例如六塊腹肌；而穩定度運動對於腹肌相當有效。

主要動作

前平板式

- 一開始先擺出伏地挺身姿勢，但手肘彎曲，重量放在前臂上，而非手上。
- 身體從肩膀至腳踝呈一直線。
- 核心肌支撐住，腹肌繃緊，好像肚子準備挨一拳一樣。
- 維持此姿勢30秒，或適度延長，一邊深呼吸。

如果你前平板式無法維持30秒，那就維持5到10秒，休息5秒鐘，然後反覆動作，直到累積時間總共達30秒為止。每一次進行這個動作時，試著比上一次維持得更久一點，然後漸漸就不必休息那麼多次，也能累積到30秒。還想再變多一點花樣的話，可以試試看45度前平板式、雙膝著地前平板式或四肢著地前平板式，但最終一定要把前平板式練習到好。

臀肌繃緊。

如果背上放一根掃把，頭、上背和臀部應該都碰得到。

手肘在肩膀正下方。

錯誤的肌肉訓練 你以為做捲腹會瘦？

維吉尼亞大學研究者發現，要做25萬次的捲腹才能燃燒1磅的脂肪！一天做100下捲腹，也要做7年！所以只鍛練深埋腹部的肌肉，不可能讓你練出六塊腹肌的。減去肥肉最好的策略是鍛練身體所有的肌肉，把大部分時間花在鍛練下半身和背部主要大塊肌肉。因為你鍛練越多肌肉，就能燃燒越多卡路里。

核心肌 穩定度運動

變化1

45度前平板式

・前臂放在重訓椅上，而非在地面上。

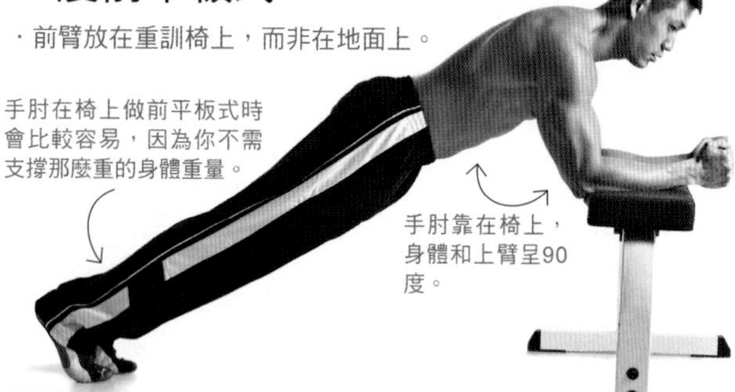

變化2
雙膝著地前平板式

・平常的平板式動作都是將雙腿打直，但現在雙膝彎曲，協助支撐身體重量。

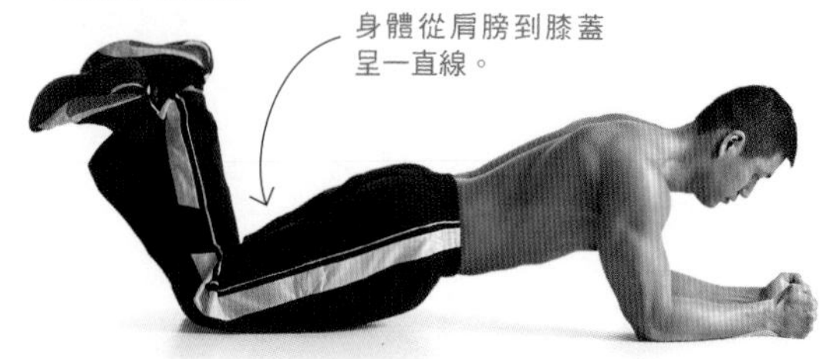

變化3
墊高腳前平板式

・雙腳置於椅上。

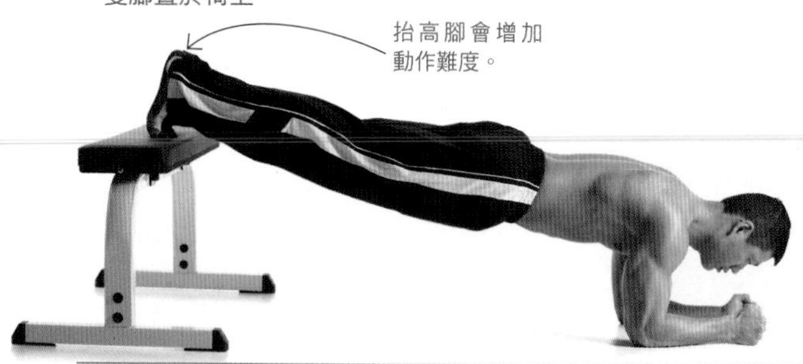

變化4
單腳抬高腳平板式

・單腳放在椅上，另一隻腳則比放在椅子上的那隻腳再抬高幾公分。每一組動作換腳。

變化5
延伸前平板式

・用手撐住身體重量（像做伏地挺身一樣），雙手位於肩膀前方地面約15公分到20公分處。

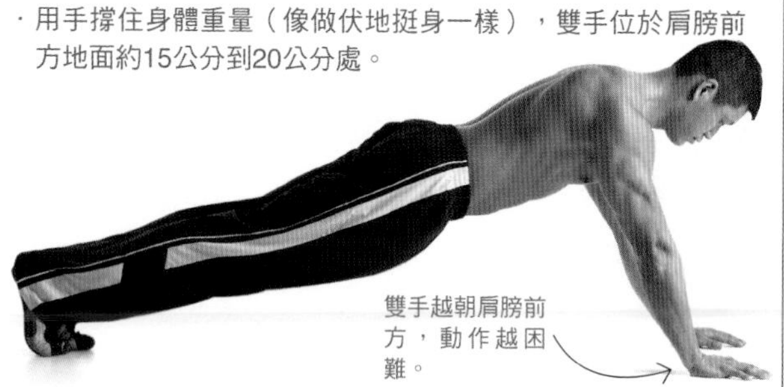

變化6
張腳抬腿前平板式

・雙腳張開寬於肩膀，一隻腳抬高幾公分。每一組動作換腳。

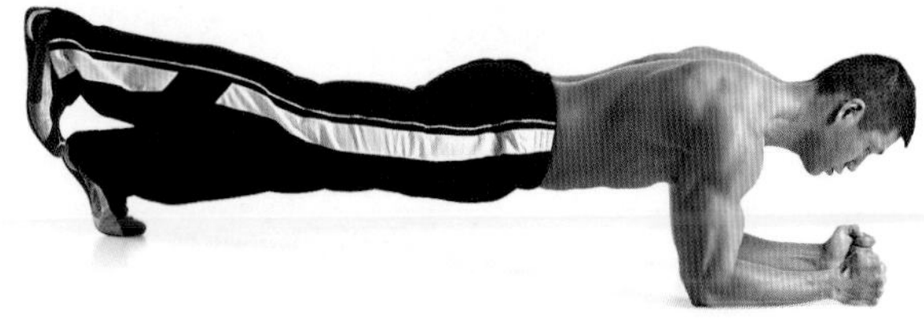

變化7

張腳斜抬手臂前平板式

- 雙腳張開寬於肩膀，不要併攏。
- 抬起單手手臂打直，姆指朝上，和身體角度一致。
- 撐5到10秒後換手。如此為反覆次數一次。

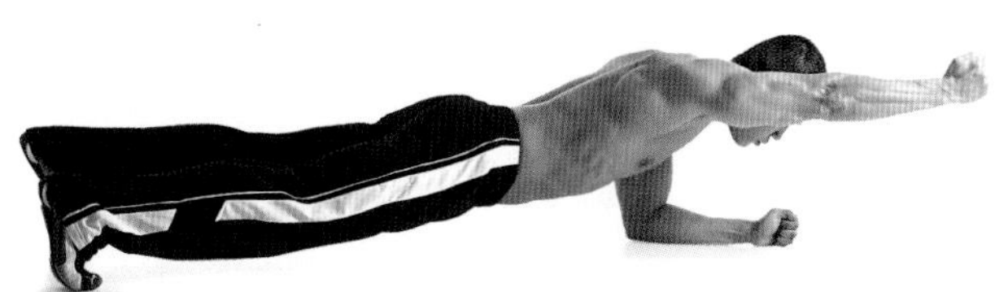

變化8

張腳相對手腳斜抬前平板式

- 雙腳張開寬於肩膀，而非雙腳併攏。
- 左腳和右手臂抬離地面5秒到10秒鐘，接著換手和腳，動作反覆。如此為反覆次數一次。

抬起手臂和腳時，集中精神維持身體位置。

變化9

瑞士球前平板式

- 上臂放在瑞士球上。

腹部重訓兩倍

加拿大研究者發現，在瑞士球上做前平板式，比在地板上做前平板式，腹肌負擔的運動量幾乎多了2倍。

變化10

腳在椅上瑞士球前平板式

- 上臂放在瑞士球上，腳於椅子上。

腳置於椅上抬高和手肘同高時，和在地面做位置一樣，但因為手放在瑞士球不穩定的表面，會較難維持位置。

主要動作
四肢著地平板式

A

- 雙手雙腳著地，手掌平貼在地，與肩同寬。
- 核心肌放鬆，下背和腹肌保持在自然的位置。

B

- 下背不抬起或弓起，腹肌繃緊，好像肚子準備挨一拳一樣。腹肌繃緊5到10秒鐘，動作中深呼吸。如此為一次反覆次數。

變化1
四肢著地內外抬腿（消防栓內外式）

A

- 下背姿勢不變，盡可能將右膝抬向胸口（膝蓋不需向前太多）。

B

- 右膝保持彎曲，臀部不動，將右大腿向外側抬起。

C

- 向後將右腳直直踢出，和身體平行。如此為反覆次數一次。

變化2

四肢著地抬腿

- 下背姿勢不變，抬起左腳打直，直到和身體平行。撐5到10秒鐘。
- 回到起始位置。右腳重複此動作。繼續如此左右交互。

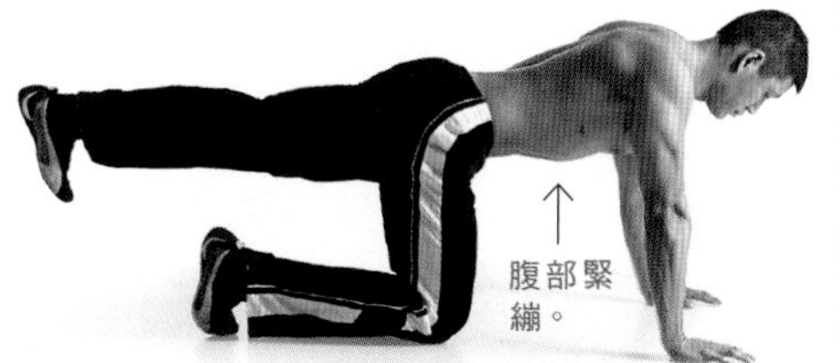

變化3

鳥狗式

- 腹肌繃緊，抬起右手臂和左腿，直到和身體平行。撐5到10秒鐘。
- 回到起始姿勢。以左手臂和右腿重複動作。繼續如此交互進行動作。

瑞士球相對手腳抬舉

- 腹部朝下俯臥在瑞士球上，肚臍在球中間。
- 身體在球上，但雙手雙腳都能著地，手掌平放在地。
- 腹肌繃緊，右手和左腳抬起和身體平行，保持此姿勢幾秒鐘。
- 回到起始位置。以左手臂和右腳重複此動作。繼續左右交互進行動作。

貓駝式

- 雙手雙膝著地。
- 下背輕輕彎曲，不需用力推，接著頭向下垂在肩膀之間，接著將上背抬向天花板，脊椎彎曲。如此為一次反覆次數。
- 慢慢前後動作，無論頭部或上背部都不可太快猛縮。

消除背痛

貓駝式可能看起來很可笑，但慢慢小幅度彎曲並伸展脊椎，可說是最佳的核心肌準備動作。而且，這個動作可以避免背痛，因為在活動中，下背部的神經會離開椎管，能預防下背神經遭到擠壓，降低如坐骨神經痛等疼痛情況發生的可能性。還能拯救已受到壓迫的神經。可以培養規律的好習慣，一組做5到6下。

核心肌 | 穩定度運動

主要動作
側平板式

A

- 向左側躺，膝蓋打直。
- 上半身支撐在左手肘和前臂上。

B

- 繃緊核心肌，腹肌收縮，好像肚子準備挨一拳一樣。
- 抬起臀部，身體從肩膀到腳踝呈一直線。
- 動作中深呼吸。
- 維持此姿勢30秒（視需要延長或縮短）。如此為一組動作。
- 轉過身，躺向右側，重複動作。

如果你前平板式無法維持30秒，那就維持5到10秒，休息5秒鐘，然後反覆動作，直到累積時間達30秒為止。每一次進行此動作時，試著維持更久一點，漸漸到後來不必休息那麼多次，就可以累積到30秒。

右手置於腰際。

頭應該和身體呈一直線。

臀部保持抬高，並向前推，。

手肘放在肩膀下方。

變化1

膝著地側平板式

・膝蓋彎曲呈60度。

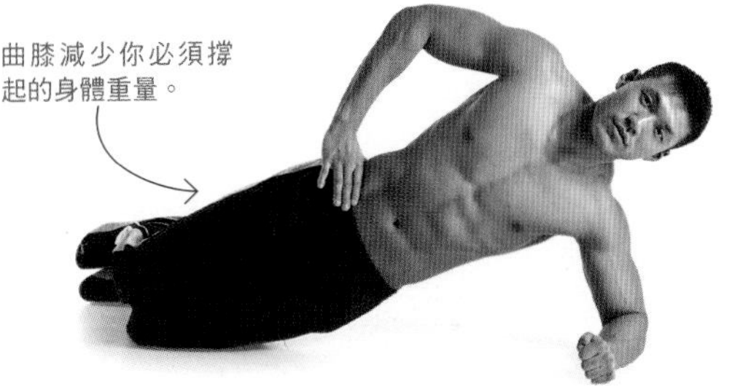

變化2

滾動側平板式

・一開始先向右側躺，進行側平板式，維持一到兩秒，接著翻身雙肘著地，進行前平板式一秒，再翻向左側，進行反方向的側平板式。保持一至兩秒。如此為反覆次數一次。每次翻動時要確保你整個身體是一起動作的。

變化3

腳在椅上側平板式

・雙腳置於椅上。

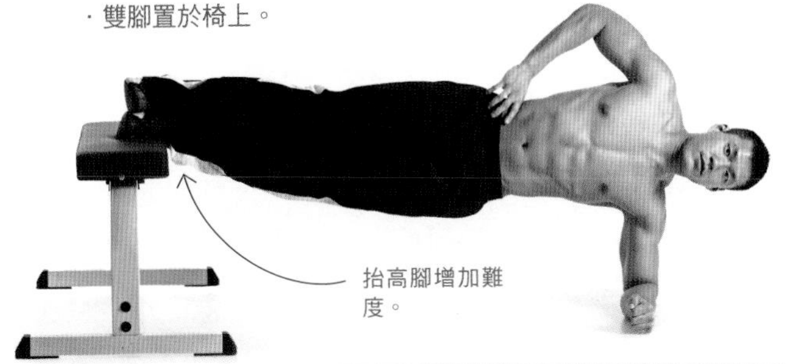

變化4

腳墊瑞士球側平板式

・雙腳置於瑞士球上。

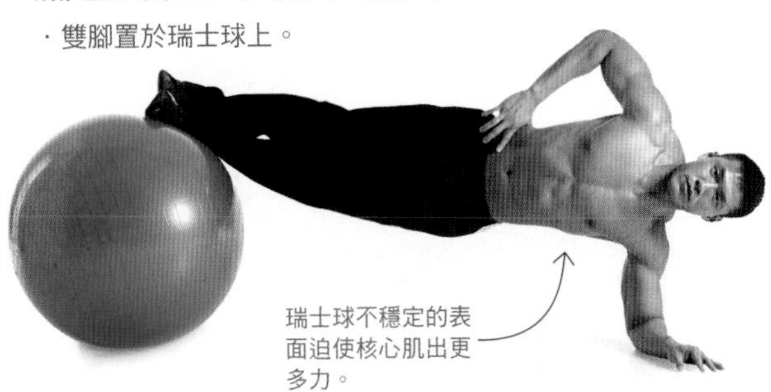

變化5

單腳側平板式

・上腳盡可能抬高，動作中保持如此。

變化6

提膝側平板式

・將小腿往胸部提，動作中保持如此。

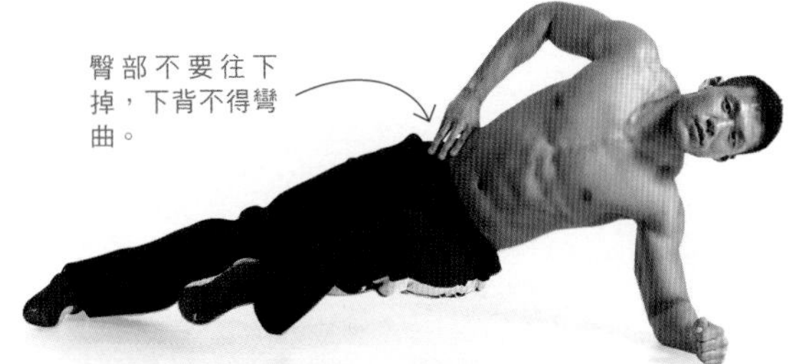

核心肌 | 穩定度運動

變化7
側平板式下伸
- 擺出側平板式姿勢，右手一開始直直高舉和地面垂直。
- 右手向下穿過身體下方，接著再將手臂抬回起始位置。如此為反覆次數一次。

變化8
增強式側平板式
- 微微抬起上腳，以穩定的速度前後移動。

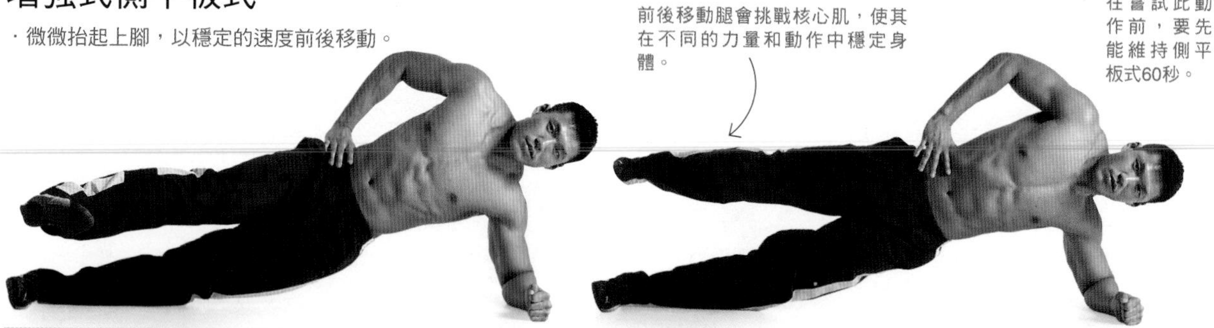

變化9
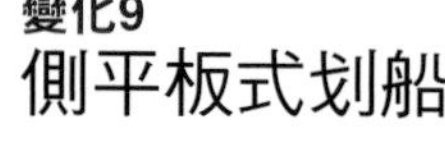

側平板式划船
- 將滑輪機低滑輪裝上握把，右手握住握把。
- 核心肌繃緊，身體就側平板式姿勢。
- 手肘彎曲，將握把拉向肋骨側邊，提起臀部保持前推。
- 慢慢打直手臂，回到身體前方。如此為反覆次數一次。

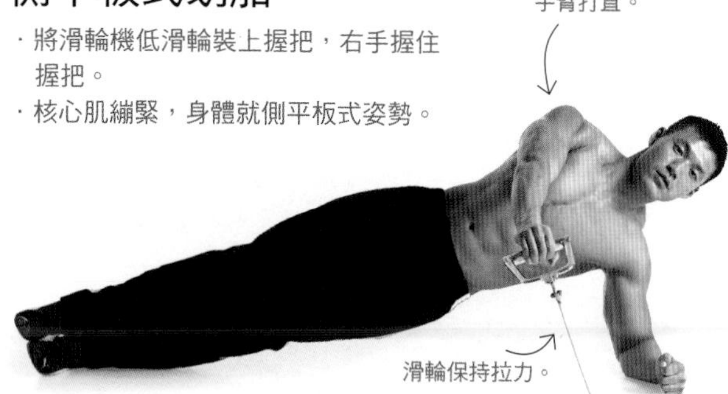

T字型穩定度運動

A

・就伏地挺身姿勢。
・身體從頭到腳踝呈一直線。

B

・手臂打直，身體繃緊，重量轉移到左臂，身體向右上旋轉，直到身體面向側邊。
・停頓3秒鐘，接著放下身體回到起始位置。
・換向左邊旋轉，如此為反覆次數一次。
・繼續左右來回重複動作。

有測過了嗎？

芬蘭研究者發現，下背肌耐力較弱的人，會比肌耐力正常或較好的人，罹患下背問題疾病的機率會多出3.4倍。另外也發現，側平板式測驗是測量肌耐力最好的方式。計算側平板式維持的時間，越久越好，臀部不得向下或向後突。標準成績：60秒。如果你沒有到達這個標準，請開始專注鍛練自己的核心肌。

主要動作
爬山式

A

・就伏地挺身姿勢，手臂完全打直。

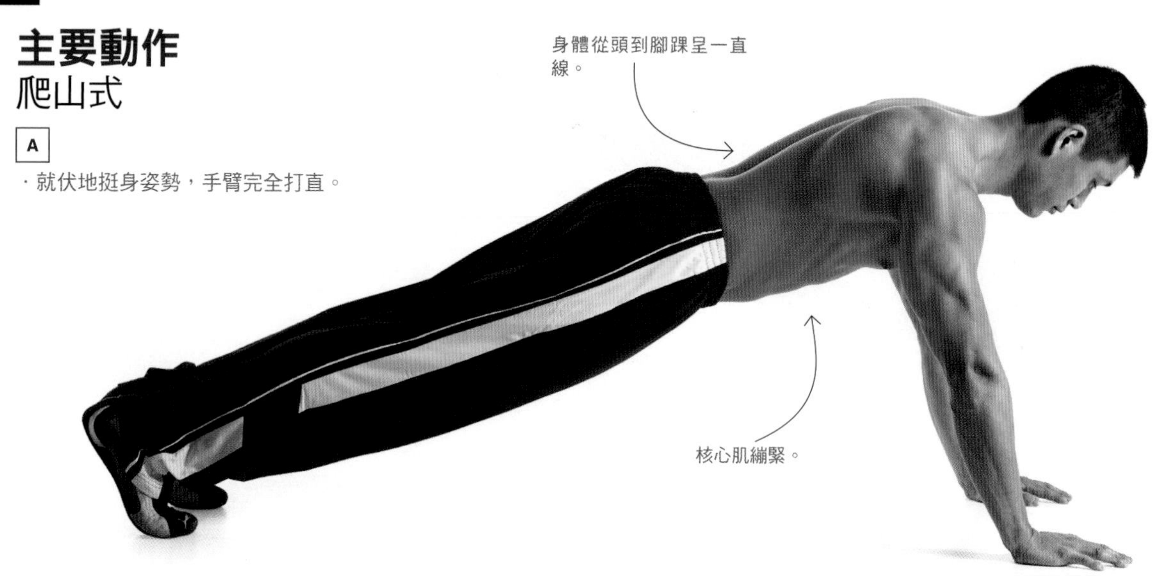

B

・右腳抬離地面，慢慢盡可能朝胸部提起膝蓋。
・右腳著地。
・回到起始姿勢。
・以左腳重複動作。左右交互進行30秒。

變化1

手在椅上爬山式

・雙手置於椅上，接著交互提膝。

變化2

手在藥球上爬山式

・手置於藥球上，接著交互提膝。

變化3

手在瑞士球上爬山式

・雙手置於瑞士球上，接著交互提膝。

變化4

腳在Valslides滑墊上爬山式

・雙腳放在Valslide滑墊上，腳向前滑，將膝蓋靠近胸部。

就像標準爬山式一般，可以在椅上、瑞士球上或藥球上進行動作。

變化5

交叉爬山式

・右膝抬向左手肘，放下腳，接著換左膝提向右手肘。

變化6

腳墊瑞士球交叉爬山式

・腳放在瑞士球上，右膝提向左手肘，腳放回球上，接著提起另一隻腳膝蓋。

主要動作
瑞士球屈腿

A

- 就伏地挺身姿勢，手臂完全打直。
- 腿脛置於瑞士球上。
- 身體從頭到腳踝呈一直線。

B

- 下背姿勢不變，以腳施力，將球朝著胸部的方向滾動。
- 停頓一下，接著臀部下沉，將球滾回起始位置。

變化1
單腳瑞士球屈腿

A

- 以單腳進行此動作，將球向前拉時，一隻腳懸空。

B

- 沒有動作的腳抬起，完成計畫的反覆次數，接著換另一隻腳抬起，完成相同的動作。

主要動作
麥吉爾式（McGill）背前彎

「麥吉爾式背前彎」這個動作，迫使整個腹肌群出力，並保持下背自然前拱。因此，脊椎所受的壓力降低，並增加肌耐力。此動作有效預防下背疼痛，值得一試。

A

- 面朝上躺在地面上，右腳打直平貼在地。左膝彎曲，左腳平貼地面。
- 手掌放在下背部自然前拱處，掌心貼地（背部不得平貼地面）。

B

- 慢慢將頭和肩膀抬離地面，下背不彎曲，維持此姿勢7或8秒。動作中深呼吸。如此為反覆次數一次。
- 完成計畫的反覆次數，接著左腳伸直，右腳彎曲完成相同的次數。

變化1
抬肘背前彎

- 背前彎時手肘抬離地面。

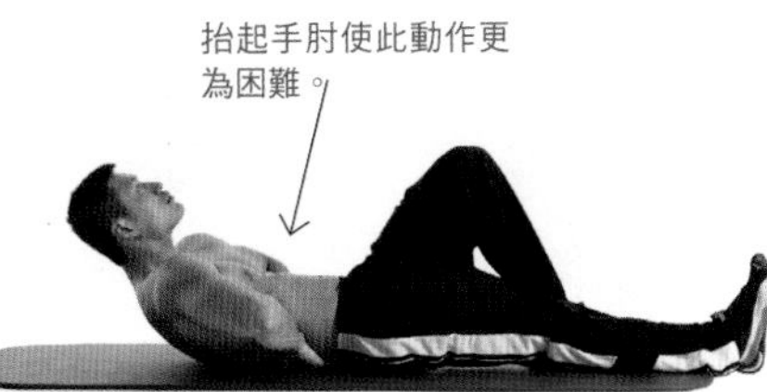

錯誤的肌肉訓練疏忽了穩定度運動

多年來，科學家都認為腹肌主要的功能是彎曲脊椎。也就是仰臥起坐時，彎曲下背的動作。

但實際上，腹肌最主要的功能是穩定脊椎，這樣才能避免脊椎側彎。事實上，這些肌肉便是身體能夠直立，而不會向前傾的主因。因此，有些穩定運動，例如本頁所示範的麥吉爾式背前彎，可能是訓練核心肌最好的動作。

瑞士球前推

A

· 跪在瑞士球前，雙拳和雙臂置於球上。

B

· 慢慢將球向前滾，伸直手臂，身體盡可能前伸，下背不得「下塌」。
· 腹肌出力將球拉回膝蓋。

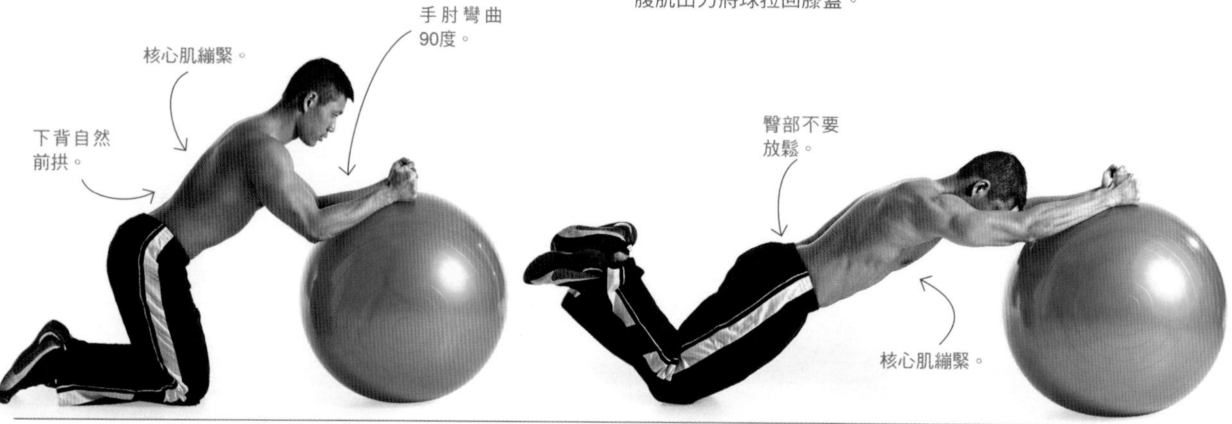

槓鈴前推

A

· 槓鈴裝上10磅槓片，兩邊裝上卡鎖。
· 跪在地上，正手握住槓鈴，與肩同寬。
· 肩膀一開始位於槓鈴正上方。

B

· 慢慢將槓鈴向前推，身體盡可能向前伸展，臀部不要放鬆。
· 腹肌出力將槓鈴拉回膝蓋。

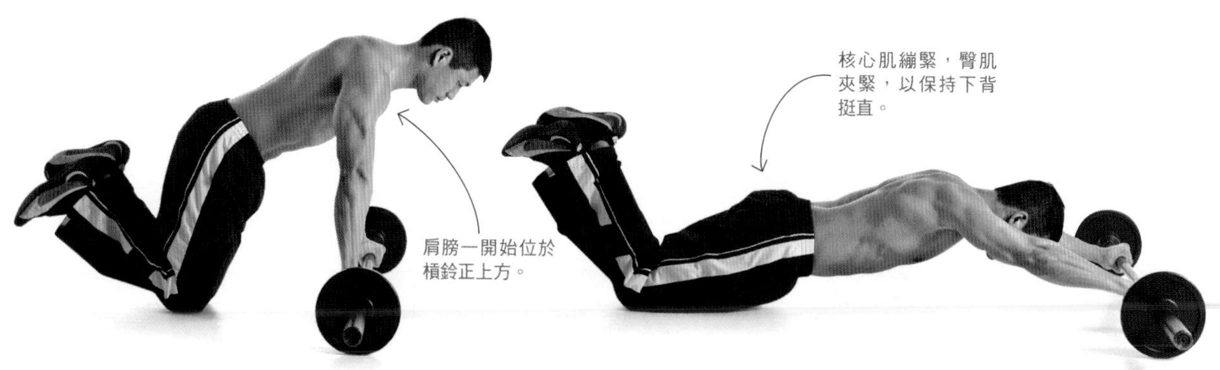

主要動作
外滑

A

・跪在地上，雙手置於Valslide滑墊上。

B

・慢慢將滑墊滑向前，身體盡可能伸展，臀部不要放鬆。
・腹肌出力將手拉回肩膀下方。

變化
單手滑墊伸展

A

・雙手置於Valslide滑墊上，就伏地挺身姿勢，手臂完全打直，雙腳伸直。

B

・右手伸出至身前，左臂彎曲身體下沉。
・慢慢將Valslide滑墊向前推，身體盡可能伸展，臀部不要放鬆。
・動作中身體保持挺直。
・左手重複此動作，每一次動作左右交互進行。

瑞士球側滾

A

・上背穩穩躺於瑞士球上。
・臀部抬起，身體從肩膀至膝蓋呈一直線。
・手握住一根棍子或掃把，手臂向身側伸直。

B

・臀部和手臂不下垂，盡可能將瑞士球滾向一邊，以小碎步移動。
・反方向盡可能滾向另一邊。

靜背伸展

A

・身體於背部伸展機就位，腳卡在腿把上。
・抬起身體和下半身平行。
・維持此姿勢60秒，或直到無法維持標準姿勢為止。

俯臥反弓

A

- 面朝下俯臥在地面，雙腿打直，手臂置於身側，掌心朝下。

B

- 臀肌和下背肌繃緊，將頭、胸、手臂和腿抬離地面。
- 同時旋轉手臂，姆指指向天花板。此時，腰腹部是唯一著地之處。維持此姿勢60秒。

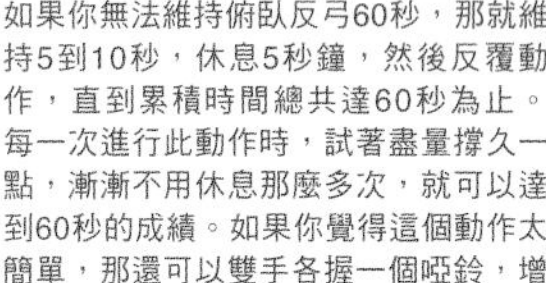

如果你無法維持俯臥反弓60秒，那就維持5到10秒，休息5秒鐘，然後反覆動作，直到累積時間總共達60秒為止。每一次進行此動作時，試著盡量撐久一點，漸漸不用休息那麼多次，就可以達到60秒的成績。如果你覺得這個動作太簡單，那還可以雙手各握一個啞鈴，增加難度。

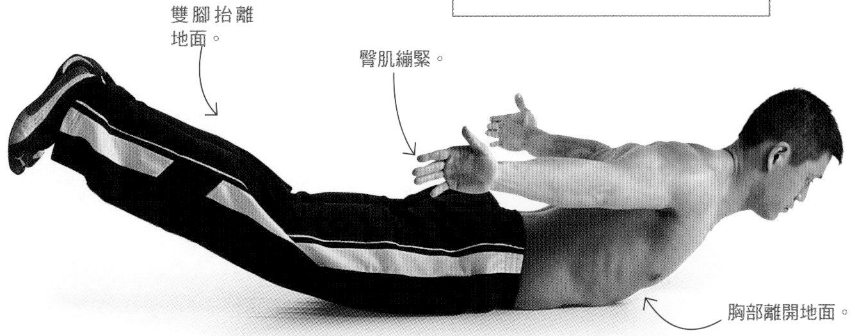

滑輪核心肌推舉

A

- 雙手交疊握住握把，握把裝在滑輪機的中滑輪上。
- 右側對著磅片，雙腳張開約與肩同寬，膝蓋微微彎曲。
- 遠離磅片，使滑輪保持緊繃。握把靠著胸部，腹肌繃緊。

B

- 慢慢將手臂推向前，直到完全打直，停頓一秒，並回到起始位置。
- 完成反覆次數，接著轉過身，進行另一邊的動作。

此動作的重點是防止身體旋轉。
因此如果你提起臀部或旋轉肩膀，就代表你用的重量太重了。腹肌繃緊、保持挺胸，肩膀向後，手臂以穩定的速度慢慢移動。

主要動作
跪姿穩定度滑輪下拉

A

- 將滑輪機高滑輪裝上繩把。跪在繩把旁，右側對著磅片。
- 雙手正手握住繩把。
- 肩膀轉向繩把，但下腹部朝前。

B

- 動作中身體打直。
- 身體不動，將繩把拉向左腰際。
- 身體回復到起始位置。
- 手拉向左側完成計畫的反覆次數，接著換邊跪下，左側朝磅片，手拉向右側完成相同的次數。

變化1

半跪姿穩定度滑輪下拉

A

・半跪在地，外膝著地，內膝彎曲呈90度，腳平貼於地。

B

・身體不動，將繩把拉向外側腰際。

變化2

立姿穩定度滑輪下拉

A

・雙腳錯開進行動作，內腳在前，外腳在後。

手臂打直。

膝蓋微微彎曲。

B

・身體不動，手臂打直，將繩把拉向外側腰際。

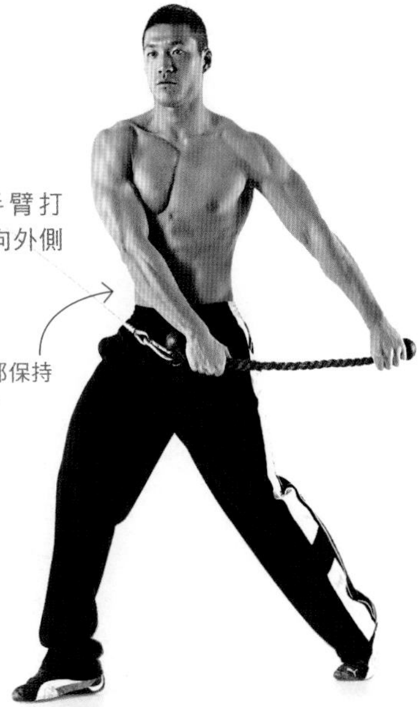

下腹部保持朝前。

主要動作
跪姿穩定度滑輪上拉

A

· 將滑輪機低滑輪裝上繩把。跪在繩把旁，右側對著磅片。
· 雙手正手握住繩把。
· 肩膀轉向繩把，但下腹部朝前。

B

· 動作中身體打直。
· 身體不動，將繩把拉向左肩膀。
· 動作回復到起始位置。
· 手拉向左側完成計畫的反覆次數，接著換邊跪下，左側朝磅片，手拉向右側完成相同的次數。

變化1

半跪姿穩定度滑輪上拉

A

- 半跪在地，內膝著地，外膝彎曲呈90度，腳平貼於地。

B

- 身體不動，將繩把拉向肩膀外側。

變化2

立姿穩定度滑輪上拉

A

- 雙腳錯開進行動作，外腳在前，內腳在後。

B

- 身體不動，手臂打直，將繩把拉向外側肩膀。

旋轉運動

這些動作旨在鍛練腹部肌肉，尤其是腹斜肌的部分。這些動作也會訓練腹肌如何與下背和臀部肌肉協調配合，使得你能加強旋轉身體的力量。這些動作非常適合打網球、壘球或高爾夫球的人，因為能訓練投擲和揮擊的爆發力。

10

根據查爾斯頓學院研究指出，一邊重訓，一邊聽著自己最喜歡的音樂的人，能額外多完成10下動作。

主要動作
俄羅斯旋轉

A

- 坐在地上膝蓋彎曲，腳平貼在地。
- 手臂在身體前方伸直，掌心合在一起。
- 身體向後傾，和地面呈45度。

B

- 核心肌繃緊，身體盡可能向右旋轉。

C

- 停頓一下，接著往反方向動作，盡可能向左旋轉。

變化1
負重俄羅斯旋轉

A

・動作中，雙手握住啞鈴兩頭，或是槓片兩端，或藥球。

B

・核心肌繃緊，身體盡可能向右旋轉

C

・身體盡可能向左旋轉

變化2
抬腳俄羅斯旋轉

A

・腳離地抬起幾吋，動作中維持此姿勢。

B

・身體向右旋轉。

C

・身體向左旋轉。

變化3
腳踏車俄羅斯旋轉

A

· 抬起雙腿和地面平行。
· 左腿伸直，身體向右旋轉時，右膝提向胸部。動作中雙腳都不得落地。

B

· 身體轉向左邊時，提起左膝，右腿伸直。

變化4
瑞士球俄羅斯旋轉

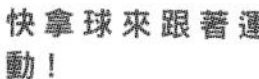

快拿球來跟著運動！
根據《肌力與體能訓練研究期刊》研究發現，進行瑞士球俄羅斯旋轉的人，比起沒有用瑞士球進行運動的人，腰腹部的穩定程度高了4倍。

A

· 中、上背穩穩躺在瑞士球上。
· 臀部抬起，身體從肩膀到膝蓋呈一直線。
· 雙手直直伸在身體前方，掌心合在一起。

B

· 核心肌繃緊。上半身盡可能向右滾動。

C

· 動作回復，旋轉回去盡可能向左。

主要動作
臀部交互伸展

A

- 面朝上躺在地面上，手臂向兩側伸直，掌心向上。
- 雙腳抬離地面，臀部和膝蓋彎曲呈90度。

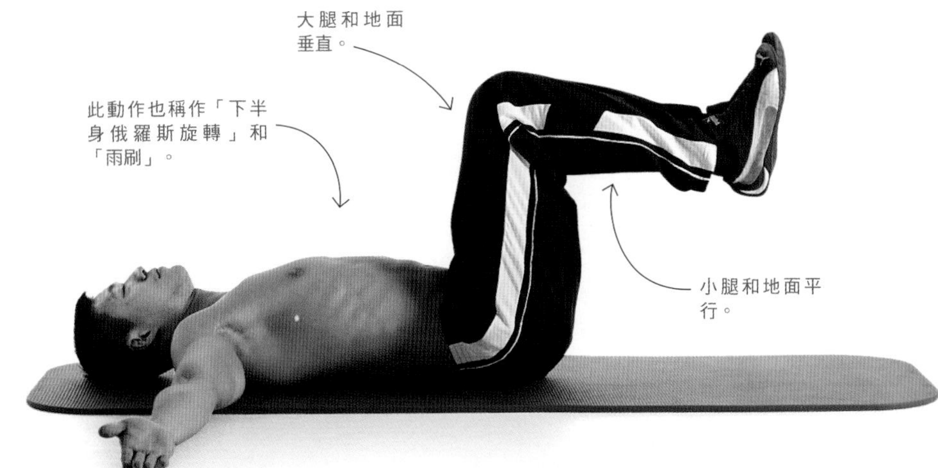

B

- 腹肌繃緊，雙腿盡可能向右舒服地伸展，肩膀不得離地。

C

- 動作回復，並向左伸展。繼續如此來回動作。

變化

瑞士球臀部交互旋轉

A

・在小腿和大腿下夾一顆瑞士球。

B

・腹肌繃緊，雙腿向右盡可能伸展。

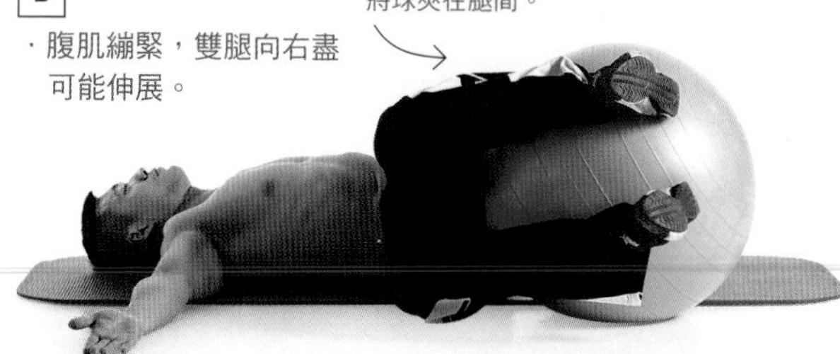

C

・動作回復，轉向左側。

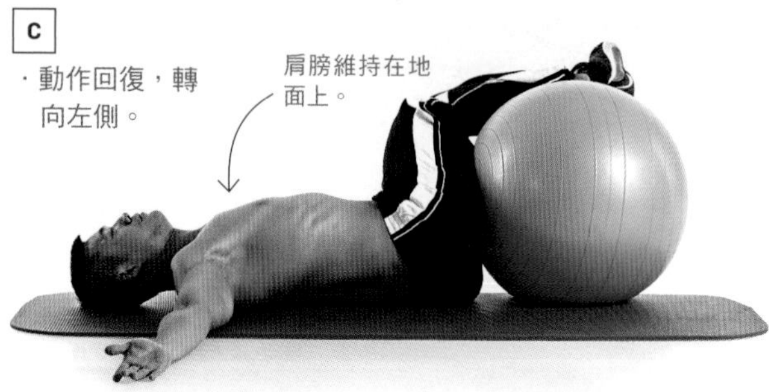

打造防彈身軀

許多核心肌訓練，如臀部交互旋轉和平板式等動作，都能幫助你維持健康身體。《運動醫學與科學雜誌》報告指出，研究者在季賽前追蹤大學籃球和田徑運動員發現，下半身受傷的人和能避免類似傷害的人相比，核心肌力量弱了32%。如果腰臀部、下背和腹部的肌肉穩固又強壯，就能提供安全的運動基礎，使運動員避免運動傷害。

啞鈴下擺

A

・雙手握住一對啞鈴，舉在右肩上方。

・身體向右旋轉。

B

・將啞鈴向下揮至左膝外側，身體向左旋轉，向下前傾。

・回復動作回到起始姿勢。

・左側完成計畫的反覆次數，接著換右側完成相同的次數，啞鈴舉在左肩上方。

藥球側擲

A

- 拿著一顆藥球，身體側面對著磚牆或水泥牆，身側距牆約90公分，左側朝牆。
- 手臂打直，球握於胸前，向右旋轉身軀。

B

- 迅速轉換方向，並用力將球擲向左側的牆。
- 球從牆彈回來時，接起並重複動作。
- 完成計畫的反覆次數，接著以身體右側面牆，向左擲球，完成相同的次數。

30

只要經過11個星期的重訓計畫後，打高爾夫球的人在果嶺上增加了30%的控制力。

主要動作
跪姿旋轉滑輪下拉

A

· 將滑輪機高滑輪裝上繩把。跪在繩把前，右側朝向磅片。
· 旋轉身體以雙手握住繩把。
· 上半身的身軀轉向滑輪機。

B

· 動作中身體保持直立。
· 連續動作，將繩把朝下拉過左側腰部，並同時將身體向左旋轉。
· 回復動作到起始姿勢。
· 左側完成計畫的反覆次數，接著身體向右轉，左側朝磅片，完成相同的次數。

變化1

立姿分腿旋轉滑輪下拉

・雙腿前後錯開，站立進行動作，內腳在前，外腳在後。

變化2

立姿旋轉滑輪下拉

・立姿進行動作，雙腳張開與肩同寬。

變化3

半跪姿旋轉滑輪下拉

A

・半跪在地，外膝著地，內膝彎曲呈90度，腳平貼於地。

B

・將繩把拉過腰部的外側。

主要動作
跪姿旋轉滑輪上拉

A

- 將滑輪機低滑輪裝上繩把。跪在繩把前，右側朝向磅片。
- 核心肌繃緊，身體旋轉以雙手握住繩把。
- 肩膀轉向滑輪機。

B

- 動作中身體保持直立。
- 連續動作，將繩把拉過左肩，並同時將身體向左旋轉。
- 回復動作到起始姿勢。
- 左側完成計畫的反覆次數，接著身體左側朝向磅片，身體向右轉，完成相同的次數。

變化1

立姿分腿旋轉滑輪上拉

・雙腿前後錯開，站立進行動作，外腳在前，內腳在後。

變化2

立姿旋轉滑輪上拉

・立姿進行動作，雙腳張開與肩同寬。

變化3

半跪姿旋轉滑輪上拉

A

・半跪在地，內膝著地，外膝彎曲呈90度，腳平貼於地。

B

・將繩把拉過肩膀外側。

軀幹彎曲運動

這些動作旨在鍛練腹直肌，也就是六塊腹肌。同時也鍛練到腹外斜肌和腹內斜肌。

主要動作
仰臥起坐

A

・仰臥躺在地上，膝蓋彎曲，腳掌平貼於地。

根據哈佛大學研究指出，
一星期只要做30分鐘的重訓，
罹患心臟疾病的危險
就能降低23%。

B

- 抬起身體呈坐姿。
- 動作要連續平順，而不是忽動忽停硬拉起身體。如果你的情況是後者，則需要先採用較簡單的動作。
- 慢慢放下身體回到起始姿勢。

錯誤的肌肉訓練仰臥起坐保護背部？

仰臥起坐可以有效鍛練腹肌，但是必須不斷彎曲下背，可能會對某些人造成下背問題，也可能加重原有的傷勢。如果你有背痛問題，則應該避開仰臥起坐。原則上，核心訓練就以穩定度訓練為主，因為穩定度訓練有助於脊椎健康。

核心肌 | 軀幹彎曲運動

變化1

反向仰臥起坐

・坐在地上，雙腳掌平貼於地，雙腿從膝蓋處彎曲，好像剛做了一下仰臥起坐，慢慢放下身體。

做反向仰臥起坐時，從頭到尾盡量以相同的速度將身體下沉至平躺姿勢。如果你無法控制速度，記下你撐不住的地方，接著每一次在快到那個點時停頓5秒。

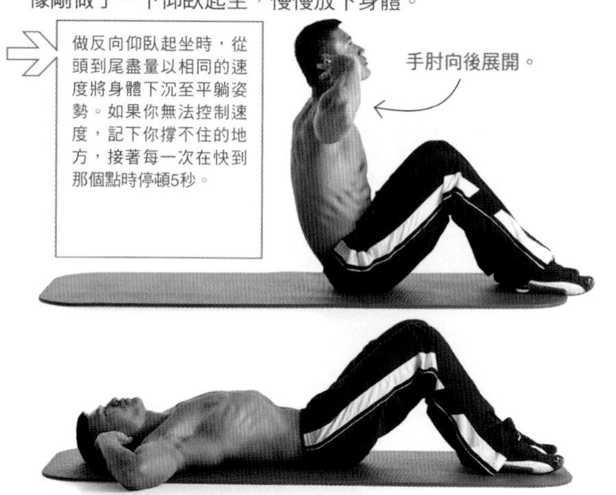

變化2

簡易式仰臥起坐

・手臂打直置於身體旁，微微抬起，和地面平行。

變化3

抱胸仰臥起坐

A

・手臂交抱於胸前，進行仰臥起坐。

B

・腹肌緊縮，身體向上彎。

變化4

負重仰臥起坐

・將槓片抱在胸前進行仰臥起坐。

變化5

交互仰臥起坐

・身體抬起時，向左旋轉，左手肘碰觸到左膝。放下身體，下次仰臥起坐時，向右旋轉，右手肘碰觸右膝。

變化6

下斜式仰臥起坐

A

・腳卡在下斜式重訓椅的腳把上，背平躺在椅上。

B

・身體抬起呈坐姿。

主要動作
捲腹

A

・坐在地上，雙膝彎曲，雙腳掌平貼於地。
・指尖置於耳後，手肘展開和身體平行。

B

・抬起頭和肩膀，肋骨朝骨盆捲曲。
・停頓一下，接著慢慢回到起始姿勢。

不得將頭向前拉。

變化1

抱胸捲腹

・雙手交抱於胸前進行捲腹動作。

變化2

負重捲腹

・雙手抱住槓片於胸，進行捲腹動作。

變化3

交叉捲腹

・仰臥躺於地上，臀部和膝蓋彎曲呈90度，小腿和地面平行。
・手指放在額頭兩端。
・將肩膀抬離地面，保持此姿勢。
・上半身向右旋轉，此時盡快提起右膝直至碰觸到左肘。同時伸直左腿。
・回到起始姿勢，向左重複動作。

變化4

抬腿捲腹

・躺在地面，臀部彎曲呈90度，雙腿打直。
・雙手手臂於胸部上方伸直。
・捲腹伸向腳趾，頭和肩膀抬離地面。
・放下頭和肩膀，回到起始姿勢。

主要動作
V字形起坐

A

- 仰臥在地面上，手腳打直。
- 手臂直伸過頭。

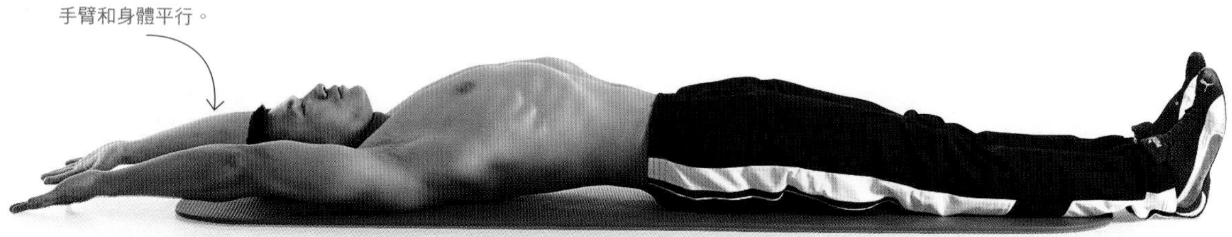

B

- 連續動作，同時抬起身體和雙腿，好像要試著碰觸腳趾一般。
- 放下身體回到起始姿勢。

變化1

藥球V字形起坐

A

・動作時手握藥球。

B

・連續動作，抬起身體和雙腿，好像要將球碰到腳一般。

變化2

簡易版V字形起坐

A

・仰臥在地面上，雙腿打直，手臂置於身側。

B

・連續動作，迅速將身體抬正，膝蓋提向胸部。
・身體放下回到起始姿勢。

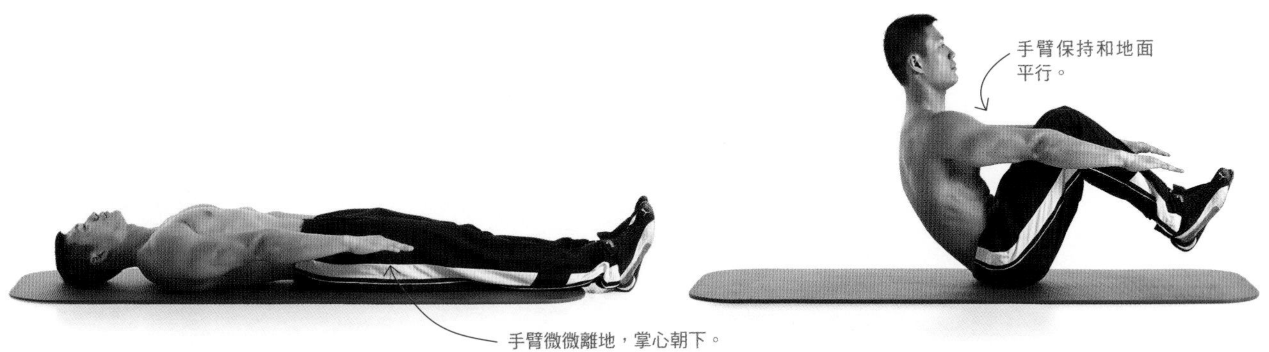

主要動作
瑞士球捲腹

A

- 躺在瑞士球上，臀部、下背和肩膀都和球面接觸。
- 指尖置於耳後，手肘向後展開和身體平行。

B

- 抬起頭和肩膀，肋骨朝骨盆捲曲。
- 停頓一下，接著慢慢回到起始姿勢。
- 捲腹時，臀部不要往下掉。

變化1

負重瑞士球捲腹

A

· 槓片抱在胸前。

B

· 將頭和肩膀抬離球面。

主要動作
藥球下擲

A

· 握住藥球，高舉過頭。

B **C**

· 盡可能向後舉，接著將球砸到身體前方的地板上。

變化1
單腳藥球下擲

· 動作時以單腳站立。

跪姿滑輪捲腹

A

- 將滑輪機高滑輪裝上繩把，背對磅片跪在地上。
- 繩把垂掛在頸部，雙手各執一端靠在胸前。

B

- 肋骨朝骨盆捲曲。
- 停頓一下，接著慢慢回到起始姿勢。

立姿滑輪捲腹

A

- 將滑輪機高滑輪裝上繩把，站著背對磅片。
- 繩把垂掛在頸部，雙手各執一端靠在胸前。
- 手肘直直朝向地板。

B

- 肋骨朝骨盆捲曲。
- 停頓一下，接著慢慢回到起始姿勢。

鍛練腹肌，動作要快！

西班牙科學家發現，以較快的速度進行腹肌訓練，比慢慢做更能活化肌肉。研究者指出，如果增加動作速率，肌肉就必須產生更多力量。他們的建議是：限時20秒內盡可能做越多下越好。如此一來能鍛練快縮肌纖維，也就是最能增加尺寸和肌力的肌纖維。

臀部伸展運動

這些動作旨在鍛練髖屈肌和腹外斜肌，同時也鍛練到其他核心肌肉，包括腹直肌。

主要動作
反向捲腹

A

・仰臥在地，掌心朝下。
・臀部和膝蓋彎曲呈90度。

B

・將臀部抬離地面，向內捲曲。

C

・停頓一下，接著慢慢放下雙腿，直到腳跟幾乎著地。

變化1
瑞士球反向捲腹

A

・仰臥在瑞士球上，雙腿彎曲。

B

・臀部朝上方抬起，停頓一下，接著放下回到起始姿勢。

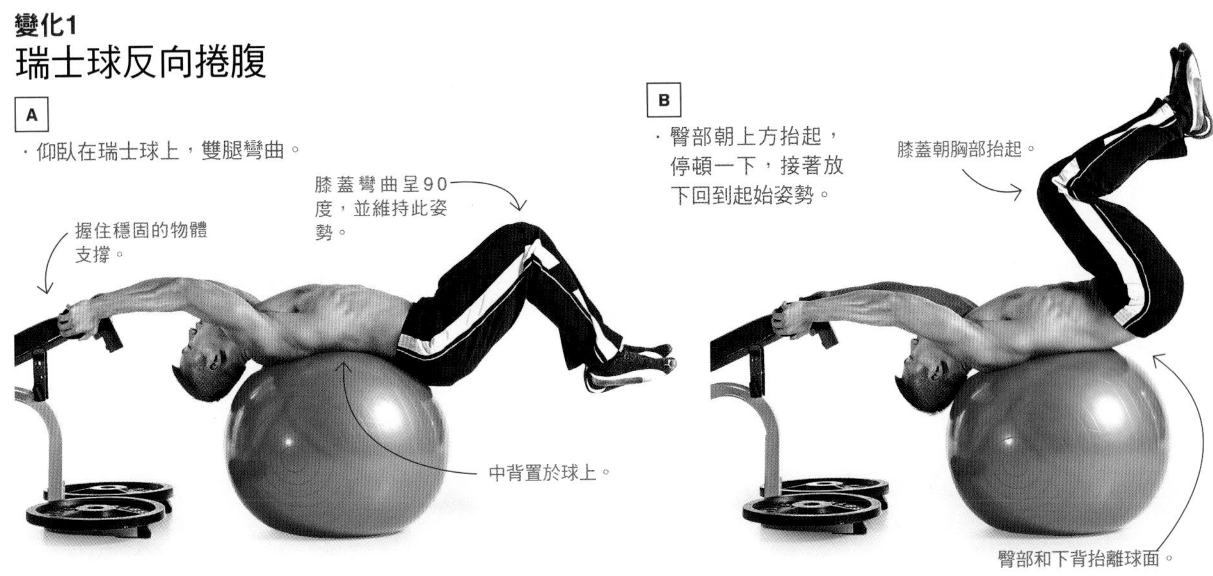

變化2
上斜式反向捲腹

A

・仰臥在斜臥腹彎板，頭比臀部高。抓住頭後的握把支撐，或抓住椅子的兩側。

B

・膝蓋舉向胸部。

C

・慢慢將腳放回地面。

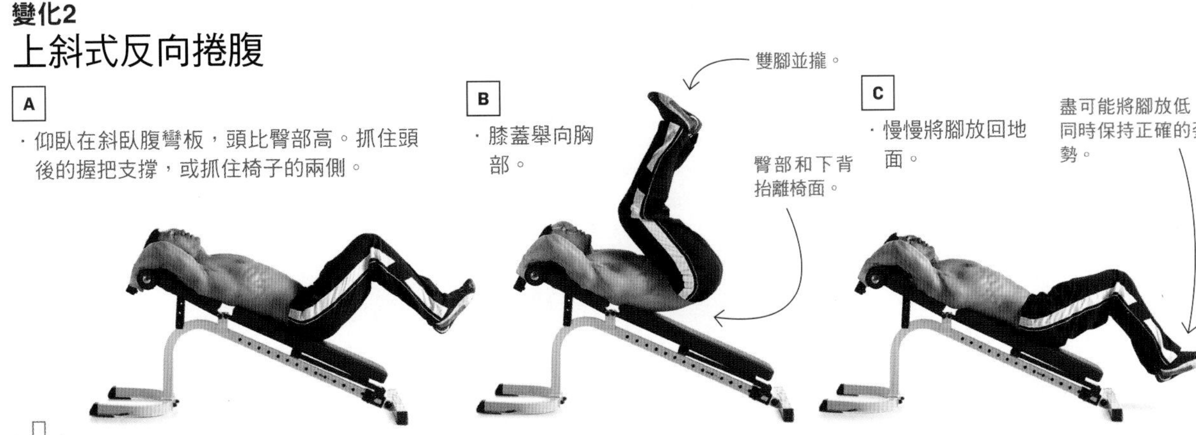

為了要增加上斜式反向捲腹的難度，可以在動作中於雙腳鞋子之間夾住一個啞鈴（如小圖）。雙腳併攏，啞鈴就不會落下。

主要動作
泡棉筒椅上反向捲腹

A

- 仰臥在椅上，腳踝和大腿後側夾住泡棉筒。
- 大腿上方朝向胸部。
- 抓住頭旁邊椅子兩側。

B

- 抬起臀部，將膝蓋帶向肩膀，並夾緊泡棉筒。
- 停頓一下，接著放下。

70

根據威斯康辛大學研究，沒有重訓的人和一週重訓3次的人相比，有70%機率的可能會隨年齡增長而出現眼球黃斑部退化，此亦為成年人失明的主因。

變化1
啞鈴支撐泡棉筒反向捲腹

A

・躺在地面上，而非重訓椅上，抓住在身後地面上較重的啞鈴。

B

・抬起臀部，將膝蓋帶向胸部。

變化2
藥球支撐泡棉筒反向捲腹

A

・躺在地面上，而非重訓椅上，抓住在身後地面上的藥球。

B

・抬起臀部，將膝蓋帶向胸部。

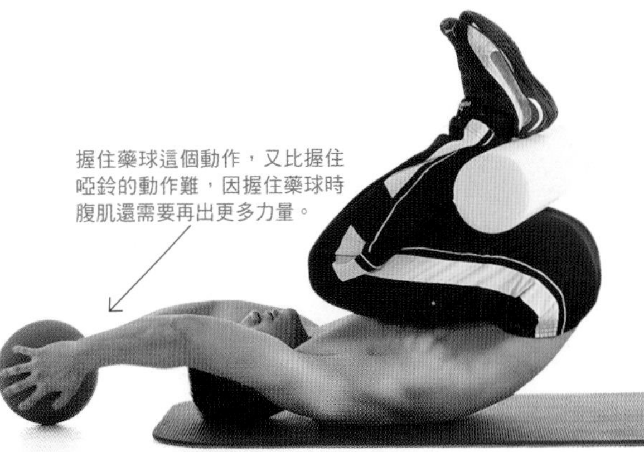

核心肌 臀部伸展運動

主要動作
降腿運動

A

・仰臥在地面上，抬起大腿直到大腿和地面垂直。
・微微彎曲膝蓋。

如果降腿運動太簡單：
將腿打直一點，並持續努力，直到你能完全打直腿，且下背的彎曲拱起程度不會增加。你也可以在上斜式重訓椅上做，和上斜式反向捲腹姿勢相同。

如果太難：
找出是在哪個點開始，下背出現了彎曲拱起增加的情形，每一下動作的時候停在那個點上數兩下。接著回到起始姿勢。也可以試試看單腳降腿運動。

B

- 下背和膝蓋彎曲角度不變，核心肌繃緊，以3到5秒鐘時間盡可能將腳放下，離地面越近越好。小訣竅：動作時，將下背貼向地面。
- 腳碰到地板後，抬起回到起始姿勢，並重複動作。

變化1

單腳降腿運動

- 雙手將一隻腳拉向身體。完成所有的反覆次數，接著換腳，並重複動作。

瑞士球屈體

A

- 就伏地挺身動作，手臂完全打直。
- 雙手距離比肩微寬，和肩膀呈一直線。
- 腿脛置於瑞士球上。
- 身體從頭到腳踝呈一直線。

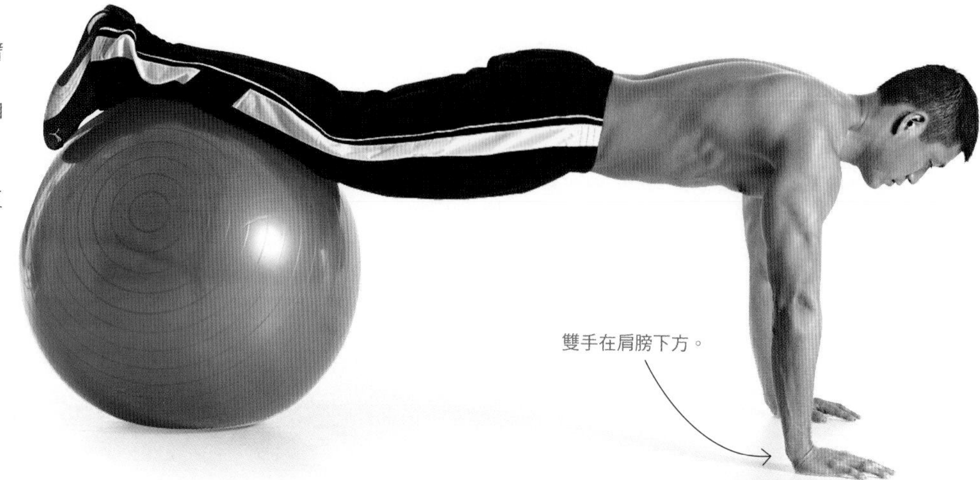

B

- 膝蓋打直，將瑞士球朝身體滾動，臀部盡可能抬高。
- 停頓一下，接著將球向後滾回起始位置，放下臀部。

主要動作
懸垂舉腿

A

· 正手握住單槓，雙手距離與肩同寬，膝蓋微彎，雙腳併攏。如果你有「手肘支撐器」——這是一種可以掛在單槓上，類似吊帶的裝置——也可以加以利用。

B

· 同時彎曲膝蓋，抬起臀部、曲起下背，並將大腿抬向胸部。
· 大腿上部碰到胸部後，停頓一下，接著慢慢將腿放下回到起始姿勢。

如果你夠強壯，肩膀不會往後仰，而是會保持在原本的位置或微微前傾。

別只是單純彎起膝蓋、抬起腿。可以想像自己提起臀部並拉向身體。

變化
單腳懸垂舉腿

· 上身保持挺直，將其中一腳盡可能上抬，另一隻腳保持不動。停頓一下，接著慢慢放下回到起始姿勢，並以另一隻腳重複動作。左右交互動作。

懸垂跨欄

A

- 在單槓下放一張椅子，和單槓垂直。
- 懸垂在單槓上，雙腳在椅子的一邊併攏，膝蓋微彎。

B

- 膝蓋或手肘彎曲角度不變，抬起腳跨到椅子的另一邊。
- 左右反覆10到15秒鐘。

進階挑戰：努力練習，在60秒時間做兩組動作，兩組中間休息60到90秒。

藥球降腿運動

A

・仰臥躺在地面上，用兩腳腳踝夾住一顆較輕的藥球。
・雙腿幾乎打直，直直位於臀部上方。

B

・將雙腿盡可能直直放下而不碰地。（雙腿感覺有點像在「疾停煞車」。）
・同一動作中，將雙腿用最快速度回到起始位置。如此為反覆次數一次。

側彎運動

這些動作旨在鍛練腹外斜肌和腹內斜肌，也就是身體側邊的肌肉。同時也鍛練到腰方肌，腰方肌是下背的肌肉，負責協助將身體彎向側邊。

側捲腹

A

- 仰臥在地，膝蓋併攏彎曲呈90度。
- 上半身不動，將膝蓋放到右側，碰觸地面。
- 手指放到耳後。

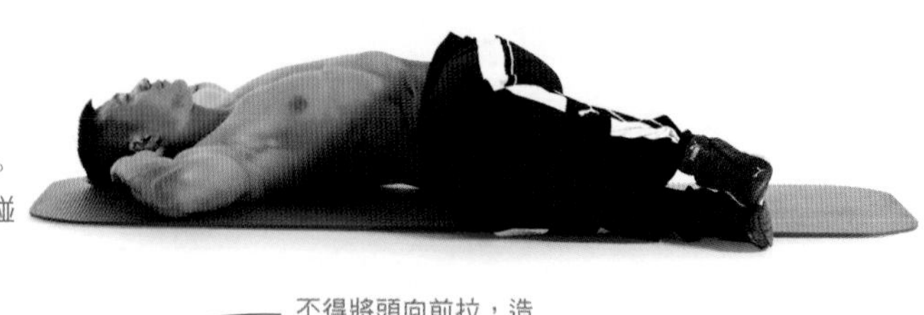

B

- 肩膀抬向臀部。
- 停頓一秒，接著花兩秒鐘放下上半身，回到起始姿勢。

過頭啞鈴側彎

A

- 雙手將啞鈴高舉過頭，手和肩膀呈一直線，手臂打直。

B

- 上半身不旋轉，慢慢盡可能向左側彎曲。
- 停頓一下，身體回到直立的位置，接著彎向右側。每一次左右交互進行動作。

懸垂斜舉

A

· 正手握住單槓，自手臂自然垂掛。
· 提起雙腿讓臀部和膝蓋彎曲呈90度。

B

· 將右臂抬向右腋。
· 停頓一下，接著回到起始姿勢，將左臂抬向左腋。每一次左右交互進行動作。

瑞士球側捲腹

A

· 側躺在瑞士球上，左腳抵在牆邊或重物上。手指置於耳後。

B

· 抬起肩膀，身體朝臀部側捲曲。
· 停頓一下，接著回到起始位置。
· 完成單邊計畫的反覆次數，接著換另一邊完成相同的次數。

核心肌

史上最佳核心肌訓練動作

核心肌穩定度運動

以往常用的訓練方式，是藉著旋轉核心肌來移動重物。但這個訓練是使重物在核心肌四周移動。不斷變換重量所在之處，迫使核心肌持續調整，以維持身體穩定。如此一來不只能鍛練腹肌，更能模擬你在運動時核心肌的活動方式，使你在運動場上占得先機。

A

· 坐在地上，膝蓋彎曲。
· 直直將槓片舉在胸前。
· 身體向後傾，和地面呈45度，核心肌繃緊。

B

· 身體不動，盡可能將手臂向左側旋轉。停頓3秒鐘。

C

· 手臂盡可能向右側旋轉。
· 再次停頓，接著持續左右交互進行動作，撐過預定的時間。建議時間：30秒鐘。

最佳核心肌伸展運動
半跪姿旋轉

為什麼那麼好？
長時間坐在辦公桌前的旋轉辦公椅上，會減少上脊椎旋轉和側彎的能力，導致圓肩和駝背的體態。以下的伸展動作會增加上脊椎的靈活度，改善你的姿勢，加強身體旋轉力，對高爾夫球、網球和壘球等運動都相當有幫助。

盡全力去做！
此伸展動作每次維持5秒鐘，重複做15下，總共做3組。每天規律進行，如果真的很僵硬，一天最多可以做3次。

A

- 於上背握住一根掃把。
- 左膝跪地，右膝彎曲呈90度，右腳平貼於地面。
- 保持腹肌繃緊。

B

- 背保持自然的弧度，將左肩向右膝旋轉。保持此姿勢一段時間（如5秒）。
- 回到起始姿勢。如此為反覆次數一次。
- 向右旋轉完成計畫的反覆次數，接著雙膝位置交換，身體向左旋轉完成相同的次數。

核心肌

打造完美腹肌

以下是肌力與體能訓練師詹帝柯爾（Tony Gontilcore）引領時代的核心肌重訓計畫，以前所未有的方式鍛練你的腹肌。他是是麻薩諸塞州哈德遜一家著名健身中心的創始人之一，也是相關領域的專業網路電台經常邀請的主持人（有興趣請上http://fitcast.com）。他設計的每一種重訓計畫都能雕塑六塊腹肌，迫使腹肌抵抗身體扭力，加倍出力以維持脊椎穩定。

該怎麼做：從三種重訓計畫中選擇其中一種，並依序進行其中的訓練動作，按照計畫中的組數、反覆次數和休息間隔。以循環方式進行訓練，連續各完成一組動作。各動作各做完一組之後，再重複整個循環兩次。為求最佳成效，此重訓計畫一週進行兩次。四週後，再試另外一種重訓計畫。

重訓計畫A

訓練一：滑輪核心肌推舉（291頁）
雙手各反覆做10下，接著休息30到45秒，再進行下一組訓練。

訓練二：反向捲腹（318頁）
反覆做12下，接著休息30到45秒，再進行下一組訓練。

訓練三：槓鈴前推（288頁）
反覆做8下，接著休息60秒，再重複整個循環。

重訓計畫B

訓練一：跪姿穩定度滑輪下拉（292頁）
雙手各反覆做8下，接著休息30到45秒，再進行下一組訓練。

訓練二：瑞士球前平板式（277頁）
維持30秒，接著休息30到45秒，再進行下一組訓練。

訓練三：瑞士球前推（288頁）
反覆做8下，接著休息60秒，再重複整個循環。

重訓計畫C

訓練一：單手滑輪胸部推舉（54頁）
雙手各反覆做10下，接著休息30到45秒，再進行下一組訓練。

訓練二：立姿穩定度滑輪下拉（293頁）
雙手各反覆做10下，接著休息30到45秒，再進行下一組訓練。

訓練三：滾動側平板式（281頁）
維持每一個姿勢5秒鐘，接著休息60秒，再重複整個循環。

額外的腹肌重訓計畫

每一個重訓計畫都依序進行其中的訓練動作，按照其中的組數、反覆次數和休息時間。第一級為最簡單的，是最適合初學者開始的計畫。練習第三級則為最難的。為求最佳效果，此重訓計畫一週進行兩次，如果你從第一級開始，做三到四週後，換到第二級，以此類推。

第一級

一、前平板式（274頁）

維持前平板式30秒。休息30秒鐘，再重複一次。

二、手在椅上爬山式（285頁）

每一次將膝蓋提向胸部，停頓兩秒鐘，接著慢慢將腿放回起始位置。換腳交互進行30秒。休息30秒鐘，再重複一次。

三、側平板式（280頁）

維持側平板式30秒。休息30秒鐘，再重複一次。

第二級

一、墊高腳前平板式（276頁）

維持前平板式30秒。休息30秒鐘，再重複一次。

二、手在瑞士球上爬山式（285頁）

每一次將膝蓋提向胸部，停頓2秒鐘，接著慢慢將腿放回起始位置。換腳交互進行30秒。休息30秒鐘，再重複一次。

三、腳在椅上側平板式（281頁）

維持側平板式30秒。休息30秒鐘，再重複一次。

第三級

一、延伸前平板式（276頁）

維持前平板式30秒。休息30秒鐘，再重複一次。

二、瑞士球屈腿（286頁）

反覆做15下，進行兩組動作，兩組間休息30秒。

三、單腳側平板式（281頁）

維持側平板式30秒。休息30秒鐘，再重複一次。

額外的重訓：7分鐘拯救你的背

為減少背痛的機率，試試看滑鐵盧大學脊椎生物力學教授麥吉爾博士所設計的重訓計畫，他同時也是《下背失調》（Low Back Disorder）一書的作者。這個重訓計畫能在7分鐘之內做完，可以強化背部深層和腹肌的耐力，增進脊椎穩定度，減少下背壓力。每天進行一次此計畫。以循環的方式進行此訓練，每一組動作中間不需休息。

貓駝式（279頁）

反覆做5到8下。

麥吉爾式背前彎（287頁）

維持彎起的姿勢7到8秒，接著放下一段時間。如此為反覆次數一次。反覆做4下，接著換腳並重複動作。

側平板式（280頁）

維持側平板式7到8秒，接著臀部放下一段時間。如此為反覆次數一次。反覆做4到5下，接著換邊並重複動作。

鳥狗式（279頁）

維持鳥狗式7到8秒，接著放下手臂和腳一段時間。如此為反覆次數一次。反覆做4下，接著交換手腳並重複動作。

第十一章：全身訓練

好看，要從頭到腳

全身訓練

本章介紹鍛練全身的訓練，很適合不喜歡重訓的人來做。為什麼？因為可以一次搞定全部主要肌肉群，能以更少的動作在短時間達到激烈的心肺活動量，不但燃燒卡路里，也促進新陳代謝。當然，也適用於那些真正熱愛重訓的人。

本章介紹18種全身訓練動作。有些會有點眼熟，因為動作是前幾章訓練的綜合版。有些則看起來很新鮮。但有一點是相同的：這些動作能最快燃燒脂肪，打造全身的肌肉。

鍛鍊全身好處實在多

運動員的身體！全身訓練可以改善你的協調性和平衡感。因此，你在所有運動項目中的動作，都會變得更優雅，從網球、跑步到沙灘排球都難不倒你。

健康的心臟！綜合式訓練可讓你體會到，「心血管」一詞不是只有在做有氧運動時才聽得到，而是與你有十分密切的關聯。

更強的力量！全身訓練需要全身的肌肉同時動起來。加強從頭到腳的力量，消除虛弱和無力的情況。

綜合式運動

此處多數的運動是其他章節中動作的綜合版。每一種運動都能鍛練到上半身、下半身和核心肌。也可以當成附加訓練，搭配任何減重計畫。

槓鈴前蹲舉和推舉

A

- 正手握住槓鈴，雙手距離微比肩寬。
- 上臂抬起，和地面平行。
- 雙腳張開與肩同寬。

B

- 上臂保持和地面平行，臀部向後，膝蓋彎曲，身體盡可能下沉。

C

- 身體站起回到起始位置，同時將槓鈴推舉過頭。

全身訓練 綜合式運動

槓鈴直膝硬舉和划船

A

- 手握住槓鈴，槓鈴自然垂於大腿前方。
- 雙腳張開與肩同寬，膝蓋微彎。

B

- 背部自然前拱，身體前傾，直至和地面幾乎平行。

C

- 將槓鈴拉至上腹部。
- 停頓一下，接著動作回復到起始姿勢。

啞鈴直膝硬舉和划船

A

- 握住一對啞鈴，自然垂於臀部前方。

B

- 身體前傾並下沉，呈彎腰的姿勢。

C

- 將啞鈴拉至身側。

推進器式

啞鈴槌握彎舉和弓步前蹲及推舉

錯誤的肌肉知識 全身運動無法幫助你雕塑肌肉

這想法是大錯特錯。肌肉明不明顯（肉眼看不看得見），端看有多少脂肪覆蓋在肌肉上。全身訓練比起特定部位訓練（如肱二頭肌彎舉和肱三頭肌伸展等），能燃燒更多卡路里，因此複合式的動作更能協助你鍛練、雕塑手臂。原因在於不管你做什麼動作，都無法選擇要燃燒哪一部份的脂肪。

單手登階推舉

A

- 以左手握住啞鈴於肩膀外側，掌心朝肩膀。
- 右腳踏在箱台或台階上，台階高度約和膝蓋同高。

B

- 右腳跟向下踩，站上箱台，同時將啞鈴直直推舉至左肩上方。
- 回到起始姿勢，左腳踏回地面。
- 右腳在箱台上，左手拿啞鈴，完成計畫的反覆次數，接著換手換腳，完成相同的次數。

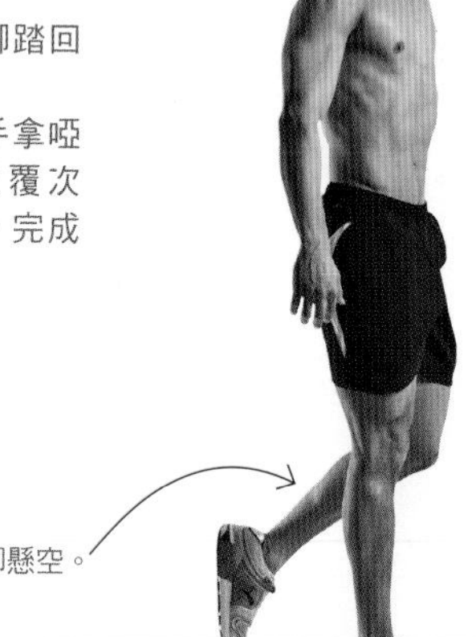

單手反弓步推舉

A

- 左手將啞鈴握在左肩旁，掌心朝內。

根據阿拉巴馬大學科學家指出，一週做3天全身重訓的人，比每週一次做部位肌群訓練的人，足足燃燒了2倍的脂肪。

B

- 左腳向後踏，身體下沉呈弓步，同時將啞鈴直直推舉至肩膀上方。
- 回到起始姿勢，啞鈴放下，站起身體。如此為反覆次數一次。
- 完成所有反覆次數，接著換手換腳，重複動作。

側弓步推舉

A

- 握住一對啞鈴，雙腳張開與臂同寬。
- 將啞鈴高舉過頭，手臂打直。

B

- 向右踏，身體下沉呈側弓步，右手啞鈴放下至肩膀。
- 動作回復，身體站起回到起始姿勢。

土耳其式起身

A

- 仰臥在地，雙腿打直。
- 左手於身體上方握住啞鈴，手臂打直。

B **C** **D**

- 站起身，手臂維持伸直，啞鈴保持在身體上方。

E

- 站起身後，動作回復到起始姿勢。
- 完成計畫的反覆次數，接著啞鈴換手，完成相同的次數。

爆發力運動

這些動作旨在鍛練快縮肌纖維，也就是最能增加肌肉尺寸和肌力的纖維。運動的要領就是盡可能以最快的速度進行，並隨時控制好槓鈴或啞鈴。如果你有在運動，這些運動相當適合加強肌力，產生更多力量。力量和速度便是跳得更高、跑得更快和投擲更遠的關鍵。

槓鈴高拉

A

- 槓鈴裝上較輕的重量，並靠到腿脛前。
- 正手握住槓鈴，雙手距離微比肩寬。
- 身體前傾，膝蓋彎曲蹲下。
- 胸部和臀部抬起，直至手臂伸直。

B

- 以爆發力站起，盡可能將槓鈴拉高，手肘彎曲抬起上臂。
- 踮起腳尖。
- 動作回復，回到起始姿勢。

槓鈴懸拉

A

・一開始槓鈴舉起於膝蓋下方。

B

・盡可能拉高槓鈴。

啞鈴懸拉

A

・正手握住一對啞鈴，舉於膝蓋下方。

B

・以爆發力將啞鈴向上拉起。

雙腳張開與肩同寬。

手肘彎曲拉起啞鈴。

連續動作，打直臀部、膝蓋和腳踝。

大家一起來奧林匹克舉重

本章中的高拉和其他爆發力訓練，可視為是簡化版的奧林匹克式舉重方式，和夏季奧林匹克舉重競賽時採用的幾乎一樣。奧林匹克式舉重技巧相當專業，又十分困難；高拉和跳躍聳肩訓練效果相當，但難度卻降低不少。原因：雖然同樣都有基本的拉抬動作，但本章的動作卻沒有「撐」的階段，肌肉的活動量不大。

槓鈴跳躍聳肩

A

・正手握住槓鈴，雙手距離微比肩寬。
・身體前傾，膝蓋彎曲，槓鈴垂在膝蓋下方。

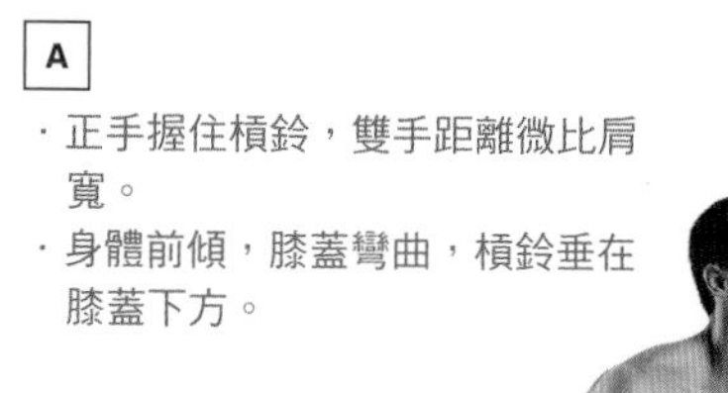

B

・將臀部向前猛推，同時用力聳起肩膀，盡可能跳高。
・盡可能輕輕落下，重新調整姿勢。

18

根據威斯康辛大學研究者指出，跳躍聳肩比奧林匹克舉重標準動作「爆發上搏」還多產生了18%的力量。

寬握跳躍聳肩

・正手握住槓鈴，雙手距離約為肩寬的兩倍。

啞鈴跳躍聳肩

・握住一對啞鈴，自然垂下，掌心相對。

單手啞鈴抓舉

A

- 正手握住槓鈴。
- 身體前傾蹲下，膝蓋彎曲，啞鈴置於雙腳中間，手臂打直。

B

- 連續動作，試著將啞鈴甩向天花板，但手不放開。

C

- 前臂隨上舉的力量向後上方旋轉，手臂打直，掌心朝前。
- 身體在啞鈴下方。

下背微微前拱。

腳跟貼地。

雙腳張開微比肩寬。

手臂彎曲，手肘盡可能抬高。

盡可能隨時將啞鈴保持靠近身體。

將啞鈴上甩的力量要大到踮起腳尖。

臀部向前推。

單手啞鈴懸抓舉

- 平常會自地面開始動作，現在將啞鈴垂於膝蓋下方。

單手壺鈴抓舉

- 以壺鈴取代啞鈴。

重訓爆發力衝衝衝

試試看在做傳統肌力訓練之前先做爆發力動作。例如，蹲舉前先做單手抓舉或跳躍聳肩，或先做爆發力伏地挺身，再做標準伏地挺身。《肌力與體能訓練研究期刊》（Journal of Strength and Conditioning）出版的研究中，先做完爆發力運動再做蹲舉的人，比不做爆發力運動的人表現出色。研究者推測，爆發力訓練在肌纖維中產生化學變化，刺激更大量的神經，並使神經因第二個訓練動作活化。

第十二章：暖身運動

不容忽視的動作

CHAPTER 12

暖身運動

翻到這章，你可能不想看。畢竟，誰有閒時間熱身？

答案是，每個人都有。近年來健身專家發現，在重訓前先有正確的暖身動作，就像打開肌肉力量的開關一樣。科學家相信，動態伸展，一般人稱作柔軟體操，能強化頭腦和肌肉之間的聯繫，使你在健身房中能達到最好的表現。換言之：你會用到更多肌肉，減肥更快。這麼好康的事情，當然沒有人想錯過。

這就是為什麼本章提供一系列暖身動作大全，你可以在重訓前進行。除了活化肌肉之外，本章的動作還可以改善柔軟度、靈活度和姿勢，這些都是保持身體年輕，減少運動傷害的關鍵要素。全部都只需要5到10分鐘就能完成。

但等等，還有更多好康！你還會看到泡棉筒暖身運動的單元。這些動作能確保肌肉正常活動。更好的是，動作隨時都能做。不論是在健身房做為重訓的暖身動作；或是吃飽飯後，在客廳地板也可以做。把這些運動當成是平常保持肌肉正常活動的動作，讓你的身體就像一部定期保養上油的機器。

暖身運動

本章有49種專門幫助肌肉暖身的動作，適合搭配任何運動，同時還可改善身體柔軟度和靈活度。

開合跳

- 雙腳並攏站直，手自然垂於兩側。
- 同時將雙臂高舉過頭，向上跳，雙腳向外分開著地。
- 中間不停，快速回復動作並重複。

交互開合跳

- 雙腿錯開站立，右腳在前，左腳在後。
- 左右腳交互跳，落地時左腳在前，右腳在後；雙手也交互舉高，右手向上揮舉過肩，左手放下向後揮。
- 繼續快速左右交互換腿跳，並輪流揮起手。
- 30秒鐘內盡可能快速重複此動作。

暖身運動

蹲站伸腿

- 雙腳張開與肩同寬，手臂置於身體兩側。
- 如圖蹲下，臀部向後，膝蓋彎曲，身體盡可能下沉呈蹲下的姿勢。
- 將雙腿向後踢直，呈伏地挺身姿勢。
- 接著快速縮回雙腿，回到蹲姿。
- 迅速站直，重複整個動作。

滑牆運動

- 頭、上背和屁股靠牆。
- 雙手和手臂靠在牆上，呈擊掌姿勢，手肘彎曲呈90度，上臂和肩膀同高。
- 手肘、手腕和手掌貼緊牆，手肘盡可能朝身側下滑。肩胛骨夾緊。
- 將手臂沿牆盡可能向上伸，手臂不離牆。
- 雙手放下，重複動作。

頭、上背和屁股不得離牆。

停頓一秒。

手開始離開牆時，就將手臂向下滑回。

這個動作的好處 加強肩胛骨功能，改善姿勢和肩膀的健康。

手臂交錯運動

- 右手在上，左手在下，擺成一條和地面呈45度的直線。
- 右手臂舉高，掌心朝前，姆指朝上。
- 左手臂放低，掌心朝後，姆指朝下。
- 雙臂越過身體，彷彿要交換位置，但掌心方向和起始姿勢一樣。
- 左右交互，漸漸加快交錯的速度，輕鬆、迅速將手臂揮過身體。完成所有反覆次數，接著雙手起始位置交換，動作重複。

這個動作的好處 改善肩膀的靈活度。

頸部旋轉

· 雙腳張開與肩同寬，身體站直。
· 頸部向左繞環10圈（或依計畫圈數）。
· 反方向，向右繞環10圈。

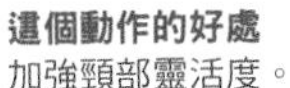
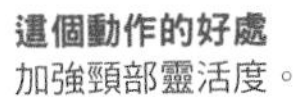

這個動作的好處
加強頸部靈活度。

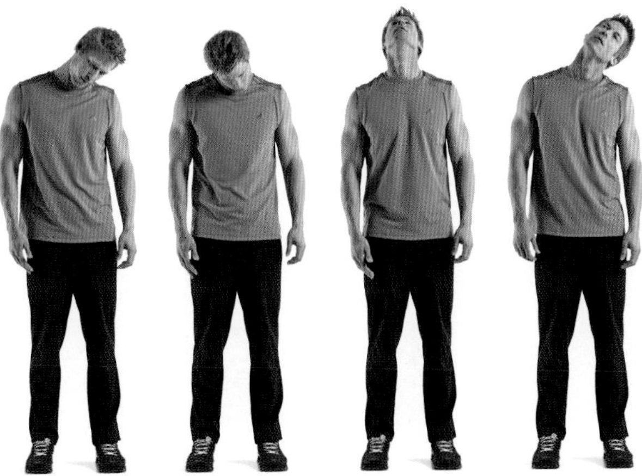

側躺胸部旋轉

· 左側躺在地上，臀部和膝蓋彎曲呈90度。
· 雙手伸直於身前，與肩膀同高，掌心交疊。
· 左臂和雙腳保持不動，將右臂向上旋轉越過身體，身體轉向右，直到右手和上背平貼於地。
· 停頓2秒鐘，接著將右臂帶回起始位置。
· 完成計畫的反覆次數，接著翻過身，另一邊完成相同的次數。

這個動作的好處
放鬆中、上背肌肉。

胸部上轉

· 四肢著地。
· 右手放在頭後方。
· 核心肌繃緊。
· 上背向下旋轉，手肘朝左下方。
· 將右手肘抬向天花板，頭和上背盡可能向上右方旋轉。
· 完成計畫的反覆次數，接著左側完成相同的次數。

這個動作的好處
加強上背靈活度，協助改善姿勢。

伸翻抬手運動

· 跪在地上，手肘貼地，背部可以彎曲。
· 手肘彎曲呈90度。
· 掌心平貼於地。
· 右手向前滑，直至手臂打直。
· 右手掌翻轉朝上。
· 盡可能抬高右臂。
· 完成所有反覆次數，接著換左臂進行動作。

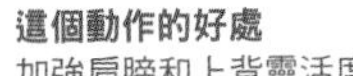

這個動作的好處
加強肩膀和上背靈活度。

暖身運動

彎腰上伸

- 下背自然前拱，身體前傾，膝蓋彎曲，身體下沉幾乎和地面平行。
- 手臂從肩膀直直垂下，掌心相對。
- 核心肌繃緊。
- 向右旋轉身體，同時右臂盡可能向上伸高。
- 停頓一下，接著回復動作，反方向進行左側動作。如此為反覆次數一次。（如果希望動作帶來更大功效，每一下中間可以碰觸腳趾。）

這個動作的好處
加強上背靈活度。

動作中，手臂打直。

雙腳張開與肩同寬。

肩膀繞環

- 雙腳張開與肩同寬，身體站直。
- 身體其他部位不動，將肩膀向後旋轉10下。

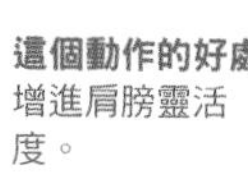

這個動作的好處
增進肩膀靈活度。

上下肩膀伸展

- 右手從頭後向後伸，同時左手從背後向後伸，雙手交扣。維持10到15秒鐘。
- 放開手，雙手位置互換，並重複動作。

雙手碰不在一起嗎？拿一條毛巾雙手握住兩端。

這個動作的好處
放鬆肩旋轉肌並加強肩膀靈活度。

手臂繞環

- 身體站直，手臂直直伸向左右兩側，和地面平行。
- 一開始以手臂劃小圈，漸漸將圈子變大。向前轉和向後轉各10下。

這個動作的好處
加強肩膀靈活度。

低姿側弓步

- 雙腳張開約為肩膀的兩倍寬，雙腳直直朝前。
- 雙手交疊於胸前。
- 將重心移向右腿，臀部向後，身體下沉，屁股下坐，膝蓋彎曲。
- 右大腿幾乎和地面平行。
- 左腳平貼於地面。
- 身體不起身回到起始位置，重心移動到左邊。左右反覆交互。

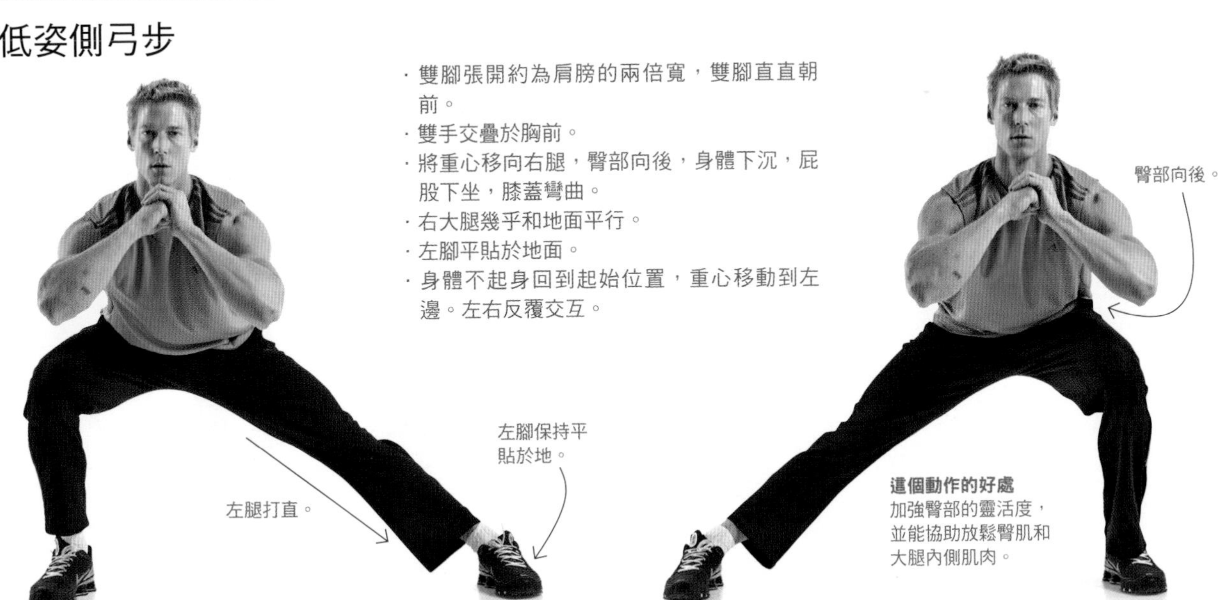

這個動作的好處
加強臀部的靈活度，並能協助放鬆臀肌和大腿內側肌肉。

暖身運動

反弓步後伸

- 身體站直，手臂垂於身側。
- 保持核心肌緊繃。
- 右腳後踏呈後弓步，身體下沉，膝蓋彎曲呈90度。
- 弓步前蹲時，向肩膀後上方伸展。
- 右腳後踏完成計畫的反覆次數，接著換左腳後踏，向右肩上方伸展，完成相同的次數。
- 動作中，身體保持直立。

遣個動作的好處
加強臀部和上背靈活度，協助臀部和肩膀肌肉活動更為協調。

弓步斜伸

- 左手握住較輕的啞鈴，手呈擊掌姿勢，上臂和身體垂直，手肘彎曲呈90度。
- 右腳前踏呈弓步，身體下沉，右膝彎曲至少呈90度。
- 弓步前蹲時，身體向右旋轉，左臂擺過身體，好似要將啞鈴放進褲子的右後口袋。
- 動作回復到起始姿勢。
- 完成所有反覆次數，並換右手持啞鈴，左腳下蹲，重複動作。

反弓步旋轉過頭伸手

- 身體站直，手臂垂於身側，掌心朝大腿。
- 核心肌繃緊。
- 右腳後踏呈後弓步，身體下沉，膝蓋彎曲呈90度。
- 弓步前蹲時，身體向左轉，同時將雙手舉高。
- 回到起始姿勢。
- 右腳後踏，身體左轉，完成計畫的反覆次數，接著換左腳後踏，身體右轉，完成相同的次數。

遣個動作的好處
放鬆大腿、臀部和內外斜肌。

遣個動作的好處
加強臀部靈活度，協助臀部和肩膀肌肉活動更為協調。

弓步側彎

- 身體站直，手臂垂於身側。
- 右腳向前踏，身體下沉，直至右膝彎曲至少呈90度。
- 弓步前蹲時，左臂伸高過頭，身體向右彎。
- 右手伸向地面。
- 完成計畫的反覆次數，接著換以左腳下蹲，身體向左彎，完成相同的次數。

這個動作的好處
放鬆大腿、臀部和內外斜肌。

手舉過頭弓步旋轉

- 手握掃帚柄高舉過頭，雙手距離約為兩倍肩寬。
- 手臂完全打直。
- 右腳向前踏，身體下沉，直到右膝彎曲至少呈90度。
- 弓步前蹲時，將上半身旋轉向右。
- 動作回復到起始姿勢。
- 完成計畫的反覆次數，接著以左腳前踏，身體向左轉，完成相同的次數。

這個動作的好處
放鬆大腿、臀部和內外斜肌。

肘至腳弓步前蹲

- 身體站直，手臂垂於身側。
- 核心肌繃緊，右腳前踏，進行弓步前蹲。
- 弓步前蹲時，身體前傾，左手著地和右腳平行。
- 右手肘置於右腳腳背旁（或盡可能靠近），維持兩秒鐘。
- 接著，身體旋轉向右上方，右手盡可能向上伸。
- 然後，身體轉回，右手放在右腳外側，接著臀部上提。此為反覆次數一次。
- 換左腳前踏，重複動作。

世界上最好的伸展？
肘至腳弓步前蹲是由知名健身教練維斯特建（Mark Verstegen）大力提倡的動作。

這個動作的好處
放鬆股四頭肌、大腿後側肌肉、臀肌和大腿內側肌肉。

暖身運動

尺蠖式運動

・雙腿打直站直，身體下彎碰觸地面。
・腿打直，手向前爬。
・接著以小碎步走向雙手。如此為反覆次數一次。

這個動作的好處
放鬆大腿、臀部和內外斜肌。

相撲蹲舉站起

・雙腿打直站立，雙腳張開與肩同寬。
・雙腿打直，身體下彎抓住腳趾（如果需要的話可以彎曲膝蓋，但盡可能打直）。
・手不放開腳趾，身體下沉呈蹲姿，胸部和肩膀相對抬起。
・保持蹲姿，展開右臂向上舉高。接著抬起左臂。
・然後站起身。

這個動作的好處
放鬆股四頭肌、大腿後側肌肉、臀肌、大腿內側肌肉和下背部。

大腿後抬

・以左腿站立，膝蓋微彎。
・右腳微微抬離地面。
・左膝彎曲角度不變，身體前傾下沉，和地面平行。
・身體前彎，雙手向兩側伸直，和身體平行，掌心朝下。
・身體彎下時，右腿和身體平行。
・回到起始姿勢。左腿站立完成計畫的反覆次數，接著以右腳站立完成相同的次數。

這個動作的好處
放鬆大腿後側肌肉。

橫向側滑步

- 雙腳張開微比肩寬。
- 臀部向後，膝蓋彎曲，身體下沉，直到臀部快和膝蓋同高。
- 向左滑行踏一步，右腳先踏，再換左腳。向左滑行約3公尺。
- 滑回右邊。
- 反覆30秒，或依照計畫的時間。

這個動作的好處
改善臀部旋轉和側向的靈活度。

步行提腿

- 身體站直，雙腳張開與肩同寬。
- 姿勢不變，盡可能抬高左膝，向前踏一步。
- 右腿重複動作。持續左右反覆動作。

這個動作的好處
放鬆臀肌和腿後肌。

步行擺腿

- 雙腳張開與肩同寬，手臂垂於身側。
- 左腳前踏，抬起右膝，並以右手握住，以左手抓住右腳踝。
- 盡可能站直，輕輕將右腿拉向胸部。
- 放開腳，向前走3步，接著動作重複抬起左膝。繼續左右反覆交互進行。

將腿拉向胸部。

這個動作的好處
放鬆臀肌和腿後肌。

步行抱膝

- 雙腳張開與肩同寬，手臂垂於身體兩側。
- 右腳前踏，膝蓋彎曲，身體微微前傾。
- 將左膝提向胸部，雙手抱住膝蓋骨下方。接著身體站直，盡可能將膝蓋拉近胸部中間。
- 放開腳，向前走3步，接著動作重複抬起右膝。繼續左右反覆交互進行。

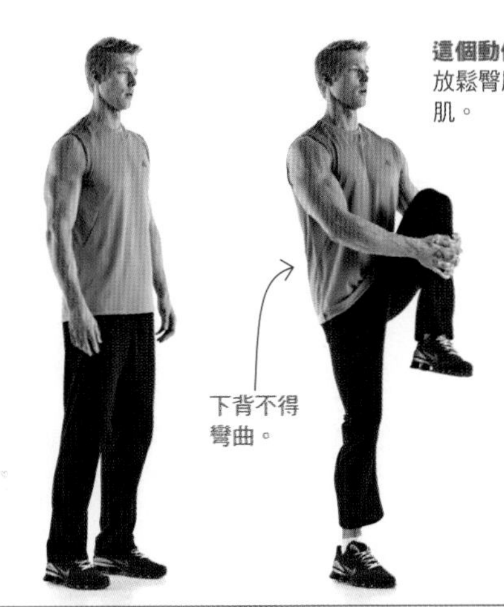

這個動作的好處
放鬆臀肌和腿後肌。

暖身運動

橫向跨走

・站在重訓椅左側。

・右膝抬起，接著大腿旋轉踏過重訓椅。
・左腳跟著地。

・左腳落地後，動作回復，回到另一端。如此為反覆次數一次。

這個動作的好處
加強大腿和臀部靈活度。

橫向下鑽

・於蹲舉架或史密斯機裝好單槓，高度比腰部微高。
・站在單槓右方。
・從單槓下踏一大步，動作連續將重心換向左腳，身體下蹲，鑽到槓下。
・在單槓另一邊站起身。
・動作回復到起始位置。

其實不需要真的有椅子或單槓，也可以進行橫向跨走和橫向下鑽。只要想像有這些器材，就能進行動作。

這個動作的好處
加強大腿和臀部的靈活度。

側躺抬腿

- 雙腿打直向左側躺，右腿在上，左腿在下。左上臂支撐於地板上，以左手撐住頭。
- 膝蓋打直，右腿抬高盡可能打直呈一直線。
- 腿放下回到起始姿勢。

這個動作的好處
放鬆髖內收肌或大腿內側肌肉。

步行踢臀

- 身體站直，雙手垂於身側。
- 左腳前踏，接著將右腳踝抬向屁股，以右手抓住。
- 盡可能將腳踝拉向臀部。
- 放開腳踝，向前踏3步，抬起左腳踝重複動作。

這個動作的好處
放鬆股四頭肌。

仰臥直抬腿

- 仰臥躺在地上，雙腿打直。
- 雙膝打直，盡可能向上抬高右腿。（想像你是在踢身體上方的一顆球。）
- 以右腿完成計畫的反覆次數，接著換左腿完成相同的次數。

這個動作的好處
放鬆大腿後側肌肉。

錯誤的肌肉知識
只做慢速、靜態伸展

上個世紀的觀念是「只要做靜態伸展」。為什麼呢？因為靜態伸展以慢速、特定的姿勢，增進你的柔軟度，因此對一般動作都相當有益，也能放鬆緊繃的肌肉（這些繃緊的肌肉可能導致錯誤姿勢）。本書中也有靜態伸展，每個肌群的章節各有一種。

動態伸展則是在肌肉快速伸展和各種姿勢下都能提升你的柔軟度，像是重訓或運動時都十分適用。動態伸展也會促進中央神經系統，加速血液流動，產生肌力和肌耐力。因此動態伸展是任何物理活動都相當適合的暖身動作。這也是為什麼本章中大多是動態伸展的原因。靜態和動態伸展缺一不可，必須兼顧，以兩種方式伸展，身體也會得到最好的效果。

暖身運動

前後擺腿

- 身體站直，左手握住穩定的物體。
- 核心肌繃緊。
- 右膝打直，右腿舒服地盡可能向前擺高。
- 右腿向後擺，盡可能擺高。如此為反覆次數一次。
- 持續前後擺動。完成所有反覆次數，接著換左腳進行相同的次數。

這個動作的好處
放鬆腿後肌和臀肌。

左右擺腿

- 身體站直，雙手握住穩定的物體。
- 左膝打直，右腿舒服地盡可能向側邊擺高。
- 將左腿向身體擺回，於右腿前交叉。如此為反覆次數一次。
- 持續左右擺動。完成所有反覆次數，接著換右腳進行相同的次數。

這個動作的好處
放鬆髖內收肌或大腿內側肌肉，以及外臀部。

步行上踢

- 身體站直，手臂垂於身體兩側。
- 膝蓋打直，右腳向上踢，伸出左手臂碰觸腳尖，同時向前一步（想像自己是俄國士兵）。
- 右腳著地時，以左腳右手重複動作。左右反覆交互進行。

這個動作的好處
放鬆臀肌和大腿後側肌肉。

俯臥臀部內轉

- 俯臥在地上，雙膝併攏彎曲呈90度。
- 控制臀部位置不要往上抬，雙腳盡可能向側邊張開，勿過度勉強。維持一到兩秒鐘，接著回到起始姿勢。

這個動作的好處
放鬆外側大腿和臀部的肌肉。

彎曲後箭步

- 呈伏地挺身動作。

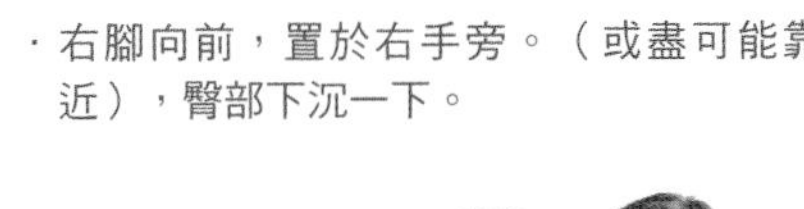

- 右腳向前，置於右手旁。（或盡可能靠近），臀部下沉一下。

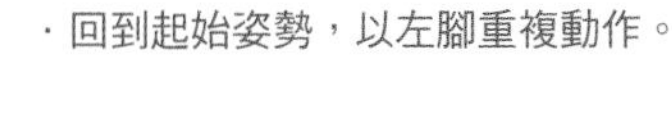

- 回到起始姿勢，以左腳重複動作。

這個動作的好處
放鬆髖內收肌或大腿內側肌肉，並加強臀部靈活度。

暖身運動

腳踝繞環

- 單腳站直，抬起左大腿，和地面平行。
- 小腿不動，順時針旋轉腳踝。每一圈便是反覆次數一次。
- 完成計畫的反覆次數，接著逆時針完成相同的次數。以右腳重複。

這個動作的好處
加強腳踝靈活度。

腳踝伸展

- 腳尖底下墊約高5公分的物體，腳跟著地。
- 身體站直，雙腳幾乎打直。
- 膝蓋彎曲，重心移向前，直到感覺到腳跟後側有所伸展。維持2至3秒鐘，接著回到起始姿勢。如此為反覆次數一次。

這個動作的好處
加強腳踝靈活度。

仰臥臀部內轉

- 仰臥躺在地面上，膝蓋彎曲呈90度。
- 雙腳平貼於地；兩腳打開，距離約為肩膀兩倍寬。
- 雙腳不動，膝蓋盡可能向內側下壓，勿過於勉強。維持1到2秒鐘，接著回到起始姿勢。

這個動作的好處
放鬆大腿內側和臀部的肌肉。

泡棉筒運動

泡棉筒運動可以比擬為深層按摩。只要將硬泡棉滾過大腿、小腿和背部，就可以放鬆僵硬的結締組織，減少肌肉僵硬的情況。這個動作能幫助你加強柔軟度和靈活度，保持肌肉正常功能。因此，泡棉筒運動不論是在激烈重訓前或後都十分有用。而且你想做就隨時都可以做。想要一心二用嗎？看電視的時候把泡棉筒抓過來吧！

一開始做的時候，你可能會覺得不舒服。最需要泡棉筒滾過的肌肉，感覺最不舒服。不過，越痛的地方，越需要多滾幾下。好消息：規律進行的話，你就會發現每一次痛楚都減少一分。在每一塊有運動到的肌肉上，慢慢將滾筒來回滾動30秒鐘。如果有某個點特別感到疼痛，在該處多停留5到10秒鐘。

重點在於，將滾泡綿筒這個動作集中在最需要的肌肉。相信我，你只要開始以下動作，就會知道哪些肌肉最需要了。36吋的泡棉滾筒在運動用品店都買得到，不得已時，也可以籃球、網球或是塑膠管代替。

大腿後側滾動

- 將泡棉筒置於右膝下方，腿打直。
- 左腳跨在右腳踝上。
- 雙手平貼於地支撐。
- 背部自然前拱。
- 身體向前滑動，直到滾筒接觸臀肌。接著來回滾動。
- 滾筒置於左大腿下反覆動作。

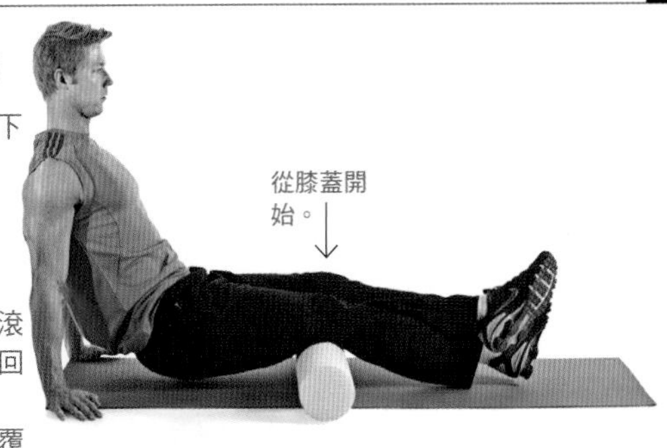

如果太困難，進行動作時，雙腿同時坐在滾筒上。

臀部滾動

- 坐在泡棉筒上，泡棉筒位於右大腿後部，臀肌正下方。
- 右腿交叉在左大腿前。
- 雙手著地支撐。
- 身體向前滑動，直至滾筒滾至下背。接著來回滾動。
- 滾筒置於左臀肌下方重複動作。

暖身運動

髂脛束滾動

- 向左側躺，左臂靠在泡棉筒上。
- 雙手著地支撐。
- 右腳跨在左腳前方，右腳平貼於地面。
- 身體向前滑動，直至滾筒滾到膝蓋。接著來回滾動。
- 向右側躺，滾筒置於右臂下重複動作。

如果太簡單的話，將右腿放到左腿上，而非支撐於地。

滾走僵硬的肌肉

髂脛束（Iliotibial-Band），通常稱為IT band，是一條韌性十足的結締組織，沿著大腿外側延伸，從髖骨連結到膝蓋下方。進行泡棉筒滾動運動時，你可能會發現這條結締組織是你滾過最敏感的部位，也許也是因為該部位最為緊繃。不過，你應該將此處歸為最高優先：髂脛束長期緊繃的話，會導致膝蓋疼痛。

小腿滾動

- 將泡棉滾筒置於右腳踝下方，右腿打直。
- 左腳跨到右腳踝上。
- 雙手平貼於地支撐。
- 背自然前拱。
- 身體向前滑動，直到滾筒滾到右膝下方。接著來回滾動。
- 將滾筒置於左小腿下方重複動作。

如果太困難，進行動作時，雙腿同時放在滾筒上。

股四頭肌和髖內收肌滾動

- 俯臥於地，將泡棉筒置於右膝下方。
- 左腳跨到右腳踝上，手肘著地支撐。
- 身體向後滑動，直至滾筒滾到右大腿頂部。
- 接著來回滾動。
- 滾筒置於左大腿重複動作。

如果太困難，進行動作時，雙腳大腿同時靠在滾筒上。

大腿內側滾動

- 俯臥於地。
- 泡棉筒和身體平行。
- 手肘著地支撐。
- 右大腿幾乎和身體垂直，大腿內側膝蓋上方處，靠在滾筒上方。
- 身體向右滑動，直到滾筒滾到骨盆。接著來回滾動。
- 滾筒置於左大腿下方重複動作。

上背滾動

- 仰臥在地，泡棉筒置於背部中央，肩胛骨底部。
- 雙手交疊於頭後，手肘相靠。
- 臀部微微抬離地面。
- 慢慢將頭和下背向下移，讓上背彎曲越過滾筒。
- 身體上抬回到起始位置，並重複動作。
- 向上再滾一次，並再重複一次。總共向上滑動三次。如此為反覆次數一次。

下背滾動

- 仰臥在地，泡棉筒置於背部中央。
- 雙臂交抱於胸前。
- 臀部微微抬離地面。
- 來回滾過下背部。

從背部中央開始。

滾到臀肌上方。

肩胛骨滾動

- 仰臥在地，泡棉筒置於上背部，肩胛骨上方。
- 雙臂交抱於胸前。
- 膝蓋彎曲，雙腳平貼於地。
- 臀部微微抬離地面。
- 來回滾過肩胛骨和上中背部。

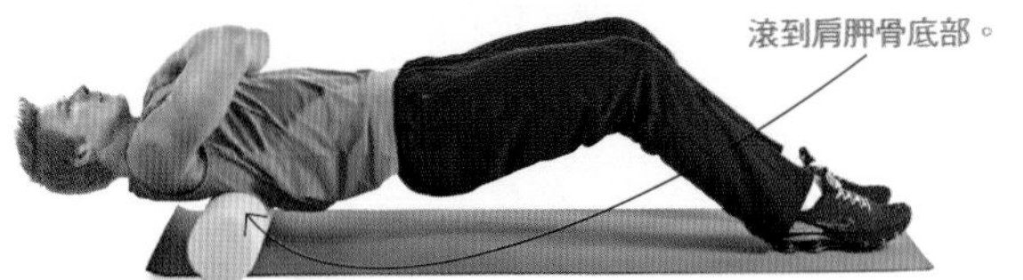

暖身運動

打造自己的暖身運動

除了本章所提到的動作，出現在本書中其他章節的許多訓練，也是相當好的暖身運動。此處將這些可以當成暖身運動的項目加以整理，提供最完整的清單供你選擇。（為了方便起見，動作後面都有附有頁數。）

你可以遵照加州聖塔克拉利塔「有效健身中心」健身課程主任兼肌力與體能訓練師翁奇（Mike Wunsch）的建議，創造屬於自己的5分鐘暖身運動。依類型從以下清單選擇自己的動作，並遵照搭配指示。每一

分類一

從以下訓練清單中選擇一項動作。

手臂交錯運動（350頁）

滑牆運動（350頁）

伸翻抬手運動（351頁）

增強版伏地挺身（60頁）

分類二

從以下訓練清單中選擇一項動作。

地板Y字形平舉（83頁）

地板T字形平舉（84頁）

上斜式Y字形平舉*（82頁）

上斜式T字形平舉*（84頁）

上斜式W字形平舉*（86頁）

上斜式L字形平舉*（85頁）

瑞士球Y字形平舉*（83頁）

瑞士球T字形平舉*（84頁）

瑞士球W字形平舉*（86頁）

瑞士球L字形平舉*（85頁）

分類三

從以下訓練清單中選擇一項動作。

側躺胸部旋轉（351頁）

胸部上轉（351頁）

彎腰上伸（352頁）

分類四

從以下訓練清單中選擇三項動作，各分類中各選一種。

股四頭肌和髖內收肌（大腿內側）

步行踢臀（359頁）

仰臥臀部內轉（362頁）

彎曲後箭步（361頁）

左右擺腿（360頁）

腿後肌

步行提腿（357頁）

步行抱膝（357頁）

步行上踢（361頁）

仰臥直抬腿（359頁）

前後擺腿（360頁）

臀肌和髖外展肌肉（髖部外側）

抬臀（232頁）

抱膝單腳抬臀（237頁）

彈力帶側走（263頁）

步行擺腿（357頁）

俯臥臀部內轉（361頁）

蚌殼運動（263頁）

側躺抬腿（359頁）

*做這些訓練時，採用圖示中的姿勢，但動作不需拿啞鈴。

項動作做5到10下，或維持30秒鐘，以循環的方式進行，每一項動作各完成一組，中間不休息。

另一種選擇：如果你沒時間到健身房，或沒有時間規律進行重訓，可以將此暖身運動當作快速的利用自身體重重訓計畫。依循以下各種類動作的指示，但在分類六的地方選擇三項動作，而不是只選一種，如果有時間的話，分類七的三種動作，則可以做越多下越好。

分類五

在第十章「穩定度運動」單元中選擇任何一種核心訓練動作。例如，任何一種前平板式、側平板式或爬山式。

分類六

依時間許可，從以下訓練清單中選擇一項到三項的動作。

開合跳（349頁）

交互開合跳（349頁）

蹲站伸腿（350頁）

分類七

從以下三種分類清單中各選一項動作，總共三種動作。也就是說，從左右動作、前後動作和旋轉動作中各選一種。

左右動作

低姿側弓步（353頁）

橫向側滑步（357頁）

橫向下鑽（358頁）

橫向跨走（358頁）

啞鈴側弓步（217頁）

前後動作

抱頭深蹲（188頁）

自體重量深蹲（186頁）

啞鈴弓步（212頁）

啞鈴反弓步（213頁）

啞鈴交叉弓步（215頁）

啞鈴交叉反弓步（215頁）

大腿後抬（356頁）

尺蠖式運動（356頁）

肘至腳弓步前蹲（355頁）

相撲蹲舉站起（356頁）

旋轉動作

反弓步後伸（354頁）

弓步斜伸（354頁）

弓步側彎（354頁）

反弓步旋轉過頭伸手（354頁）

手舉過頭弓步旋轉（355頁）

第十三章
應有盡有的最佳重訓計畫

徹底改造身體終極指南

你夢寐以求的計畫在這裡。你想打造的各種體格的藍圖在這裡。

不管你的目標是要鍛練精實的肌肉，還是讓自己肌力大躍進，或者永遠瘦下小腹，本章都有為你量身打造的重訓計畫。其實，本章全部都是重訓計畫。在這一章裡，我為你找來世界最頂尖健身專家，設計出各式一流的重訓計畫，滿足各種需求：臥推力量更大、減肥更快、甚至還有為結婚做準備的計畫。另有其他各種重訓計畫，可以配合各種生活方式，應有盡有。太忙了以致於無法上健身房？試試看15分鐘激烈的重訓計畫。老是出門在外？試試看可以在旅館房間做的重訓計畫。以前從來沒做過重訓？第371頁的「重返猛男身重訓計畫」最適合你。

請從以下重訓計畫中選出一種，然後依照第370頁的指示，以便確定你做的方式正確（要更多重訓計畫的話，直接用iPhone就可下載，去iTunes Store找Men's Health Workouts app應用軟體）。如果還有其他問題，回頭參閱本書第二章。

好了，現在開始鍛練吧！嶄新的肉體，已經在等你了。

應有盡有的最佳重訓計畫

重返猛男身重訓計畫
・鍛練肌肉、減肥、改造身體

健身房客滿重訓計畫
・雕塑精瘦、健康的身體，不需等待！

終極甩肥重訓計畫
・12週打造堅石般的六塊腹肌

海灘等著你重訓計畫
・「又壯又大」的定義在這裡，8週的重訓計畫滿足你

婚禮大作戰重訓計畫
・挺拔帥氣，剛好迎接大日子！

垂直彈跳重訓計畫
・8週內跳躍高度再向上提升10到25公分

瘦皮猴變大金剛重訓計畫
・史上最快尺寸加碼計畫：只需4週

激賞運動重訓計畫
・運動員的訓練，運動員的身材

三大動作重訓計畫
・僅用三項簡單動作就能打造你的肌肉

臥推最大重訓計畫
・臥推最多再向上增加50磅

小倆口很忙重訓計畫
・一同燃燒脂肪（美好性愛的秘密！）

身體萬能重訓計畫
・重訓隨身帶著走

15分鐘超省時重訓計畫
・減壓、減肥、打造肌肉立即搞定

斯巴達克斯重訓計畫
・以此計畫甩去肥肉、練出塊塊分明的腹肌，創造出電視影集《斯巴達克斯》中擁有驚人體魄的卡司。

最佳重訓計畫

開始前：你必須知道的事

為了確保你的重訓動作正確，請依循以下指示：

這些重訓動作怎麼做

- 一定要按照書上所示的動作順序進行。
- 如果數字旁邊沒有英文字母，如單獨的「1」或「4」等，就直接完成一組動作。也就是說，進行一組動作，依照指示的時間休息，再進行下一組動作。完成此動作所有組數，再進行下一項訓練。
- 如果數字旁邊有英文字母，如「2A」，就代表此動作是組合訓練的其中一項動作。（同組的訓練會標有一樣的數字，但英文字不同，例如：「1A」、「1B」和「1C」。）做一組動作，依照指示的時間休息，接著進行同組下一項動作。例如，如果在重訓計畫中看到「2A」和「2B」，完成一組「2A」的訓練，休息之後，接著做一組「2B」的動作，再休息一次。反覆做直到做完兩組動作計畫的組數為止。不論組合動作包含多少種動作，都需依照此程序進行。
- 你會發現有時計畫的休息時間是「0」，也就是零秒鐘。這就代表動作間不休息，直接進行下一項訓練。
- 如果反覆次數的格子裡給的是一段時間（例如30秒），就代表在那段時間內持續進行訓練。所以如果是前平板式或側平板式，則遵照該組動作時間維持姿勢。如果是平常會計算做幾下的訓練，就在指定時間內盡可能做越多越好。
- 如果反覆次數的格子中標示的是「越多越好」，就代表你要盡可能進行越多下越好。如果是標示在組數的地方，就表示在時間限制中，盡可能完成越多組動作越好。
- 如果休息時間標示「越少越好」，就代表你休息差不多了，就必須繼續。基本上就是，喘口氣，然後繼續訓練。

重返猛男身重訓計畫 第一階段：第一週到第四週

不管你是從來沒有重訓過，或是你已經有一段時間沒重訓了，都沒差。以下這個由肌力與體能訓練師杜威爾（Joe Dowdell）提出的12週重訓計畫，就是專為你設計的。這個計畫的目的是讓你在體能還沒達到尖峰狀態的情況下，先展開燃燒脂肪並鍛鍊肌肉。這個重訓計畫實在是太貼心了，專門消除久坐之後造成的肌肉無力。一般來講，每天坐著辦公的人，重訓時成果很慢，也很容易因為成果不彰而沮喪。但是，只要按照這個計畫進行，你不但能改造身體，速度之快更是前所未聞。

如何進行此重訓計畫

- 重量訓練一週進行3次，每次中間間隔至少一天。所以你可以在星期一、三、五進行重訓。
- 心肺訓練每週進行2次，在重訓間隔的那幾天進行。所以你可以在星期二、四進行心肺訓練（如果你沒有時間一週重訓5天，那就在每兩次重訓之後馬上進行一次心肺訓練）。
- 每次重量訓練之前，記得進行暖身運動。
- 有疑問嗎？翻到370頁，在那裡會找到進行所有重訓動作完整的指示。

暖身動作

訓練動作	組數	反覆次數	休息時間
1A. 側躺胸部旋轉（351頁）	1	5	0
1B. 自體體重弓步前蹲（213頁）	1	4	0
1C. 低姿側弓步（353頁）	1	4	0
1D. 推膝抬臂（234頁）	1	10–12	0
1E. 前平板式（274頁）	1	4–6	0
1F. 瑞士球W字形平舉（86頁）	1	8–10	0

前平板式和俯臥反弓的部分，維持姿勢一秒鐘，接著休息一下，才重複動作。如此為反覆次數一次。

重量訓練

訓練動作	組數	反覆次數	休息時間
1A. 槓鈴深蹲（194頁）	2–3	10–12	1分鐘
1B. 伏地挺身（30頁）	2–3	10–12	1分鐘
2A. 腳墊瑞士球抬臀（235頁）	2–3	10–12	1分鐘
2B. 滑輪划船至頸外轉（91頁）	2–3	10–12	1分鐘
3A. 反向捲腹（318頁）	2–3	10–12	1分鐘
3B. 俯臥反弓（291頁）	2–3	10–12	1分鐘

如果槓鈴深蹲太難，換成自體重量深蹲。

如果傳統的伏地挺身對你來說太困難，那選比較簡單的版本，如簡易版伏地挺身或上斜式伏地挺身，但不可選擇太簡單的。

心肺訓練

計畫

在跑步機上以輕鬆的步伐，約以個人全速的30%到50%的速度，走3到5分鐘。接著進行以下的間隔心肺訓練：

- 將跑步機的傾斜角度調整為上斜，直到大約為你全力的40%到60%的負擔量。走2分鐘。
- 將傾斜角度調回零，再走2分鐘。如此為一組動作。
- 總共做3組動作，接著慢下來，以輕鬆的步伐走3到5分鐘。
- 在4週的過程中，試著將組數提高至5組。

專家簡介

肌力與體能訓練師杜威爾是紐約市「頂尖表現」健身中心的所有人之一，他專門為名流、職業運動員和模特兒訓練身體，也是世界數一數二的健身教練（可至亞馬遜網路書店搜尋他的新書）。

重返猛男身重訓計畫 第二階段：第五週到第八週

如何進行此重訓計畫

・重量訓練一週進行3次，每次中間間隔至少1天。所以你可以在星期一、三、五進行重訓。

・心肺訓練每週進行3次，在重量訓練之間進行。前兩次進行間歇訓練。而最後一次訓練則進行有氧訓練。所以你可以在星期二、四進行間歇訓練，星期六做有氧訓練。

・每次重量訓練之前，記得進行暖身運動。

・有疑問嗎？翻到370頁，在那裡你會找到進行所有重訓動作完整的指示。

暖身動作

訓練動作	組數	反覆次數	休息時間
1A. 臀部交互伸展（299頁）	1	5	0
1B. 肘至腳弓步前蹲（355頁）	1	4	0
1C. 側弓步（217頁）	1	4	0
1D. 蚌殼運動（263頁）	1	8–10	0
1E. 側平板式（280頁）	1	4–6	0
1F. 瑞士球T字形平舉（84頁）	1	8–10	0

重量訓練

訓練動作	組數	反覆次數	休息時間
1A. 啞鈴分腿深蹲（205頁）	2–3	10–12	1分鐘
1B. 啞鈴仰臥推舉（48頁）	2–3	10–12	1分鐘
2A. 瑞士球抬臀彎腿（239頁）	2–3	10–12	1分鐘
2B. 輔助吊帶反手引體向上（94頁）	2–3	10–12	1分鐘
3A. 側捲腹（328頁）	2–3	8–10	1分鐘
3B. 鳥狗式（279頁）	2–3	8–10	1分鐘

側捲腹每一次到動作最高點停留兩秒鐘。

側平板式（暖身運動）和鳥狗式的部分，維持姿勢一秒鐘，接著休息一下，才重複動作。如此為反覆姿數一次。

心肺訓練

計畫

在跑步機上以輕鬆的步伐，約以個人全速的30%到50%的速度，走3到5分鐘。接著做以下訓練，每一週前兩次心肺訓練進行間歇訓練，有氧訓練則在第3次心肺訓練時進行。

間歇訓練

・將跑步機速度增快到你全速的65%到75%。維持60秒。
・將時速降慢至3.5英哩（約5.6公里），走2分鐘。如此為一組動作。
・總共做4組動作，接著慢下來，以輕鬆的步伐走3到5分鐘。
・在4週的階段中，試著將組數提高至6組。

有氧訓練

・調整跑步機傾斜角度，或增加速度，直到大約為你全力的40%到60%的負擔量。維持15分鐘。
・在4週的階段中，試著將時間拉長至25分鐘。

重返猛男身重訓計畫 第三階段：第九週到第十二週

如何進行此重訓計畫

- 重量訓練一週進行3次，交替進行重訓A和重訓B，每次中間間隔至少一天。所以如果你計畫在星期一、三、五進行重訓，星期一則進行重訓A，星期三進行重訓B，星期五再進行一次重訓A。下一週，星期一、五則進行重訓B，星期三進行重訓A。
- 心肺訓練每週進行3次，在重量訓練之間進行。前兩次心肺訓練為間歇訓練。而最後一次則進行有氧訓練。所以你可以在星期二、四進行間歇訓練，星期六做有氧訓練。注意，在前兩週（第九週和第十週）是進行間歇訓練A，後兩週（第十一週和第十二週）則換做間歇訓練B。
- 每次重量訓練之前，記得進行暖身運動。
- 有疑問嗎？翻到370頁，在那裡會找到進行所有重訓動作完整的指示。

暖身動作

訓練動作	組數	反覆次數	休息時間
1A. 貓駝式（279頁）	1	5–6	0
1B. 肘至腳弓步前蹲（355頁）	1	4	0
1C. 抱膝步行（357頁）	1	5	0
1D. 彈力帶側走（263頁）	1	10–12	0
1E. 尺蠖式運動（356頁）	1	3–5	0
1F. 瑞士球Y字形平舉（83頁）	1	8–10	0

重量訓練A

訓練動作	組數	反覆次數	休息時間
1A. 槓鈴硬舉（244頁）	3	8–10	1分鐘
1B. 上斜式啞鈴仰臥推舉（50頁）	3	8–10	1分鐘
2A. 簡易版單腳深蹲（193頁）	3	8–10	1分鐘
2B. 單臂屈體啞鈴張肘划船（76頁）	3	8–10	1分鐘
3A. 槌握啞鈴彎推舉（157頁）	3	8–10	1分鐘
3B. 瑞士球捲腹（314頁）	3	8–10	1分鐘

重量訓練B

訓練動作	組數	反覆次數	休息時間
1A. 啞鈴登階（258頁）	3	10–12	1分鐘
1B. 啞鈴仰臥推舉（48頁）	3	10–12	1分鐘
2A. 槓鈴直膝硬舉（248頁）	3	8–10	1分鐘
2B. 俯立平舉（79頁）	3	10–12	1分鐘
3A. 啞鈴仰臥三頭肌伸展（164頁）	3	8–10	1分鐘
3B. 背部伸展（254頁）	3	8–10	1分鐘

心肺訓練

計畫

每週前兩次依週次進行正確的間歇訓練，第三次進行有氧訓練。

間歇訓練A

- 將跑步機速度增快到你全速的70%到80%。維持45秒。
- 將時速降慢至3.2英哩（約5.6公里），走2分鐘。如此為一組動作。
- 總共做5組動作，接著慢下來，以輕鬆的步伐走3到5分鐘。
- 在4週的過程中，試著將組數提高至7組。

間歇訓練B

- 將跑步機速度增快到你全速的70%到80%。維持30秒。
- 將時速降慢至3.5英哩（約5.6公里），走90秒。如此為一組動作。
- 總共做6組動作，接著慢下來，以輕鬆的步伐走3到5分鐘。
- 在4週的過程中，試著將組數提高至8組。

有氧訓練

- 調整跑步機傾斜角度，或增加速度，直到大約為你全力的40%到60%的負擔量。維持25分鐘。
- 在4週的過程中，試著將時間拉長至30分鐘，並持續保持60%的負擔量。

最佳重訓計畫

健身房客滿重訓計畫

健身房中絕對不需要呆呆排隊。以下三項重訓計畫不但能鍛練肌肉、燃燒肥肉，更保證你不用在健身房花時間排隊等候。

重訓計畫1

如何進行此重訓計畫

- 你唯一需要的器材是：一對啞鈴。這個計畫設計成甚至連啞鈴的重量都不用換，動作就能一組接著一組做下去。
- 每一組重訓（重訓A、重訓B、重訓C）一週進行一次，每一次重訓之間至少間隔一天。
- 有疑問嗎？翻到370頁，在那裡你會找到進行所有重訓動作完整的指示。

重訓計畫A

訓練動作	組數	反覆次數	休息時間
1A. 啞鈴仰臥推舉（48頁）	4	8	1分鐘
1B. 立握單臂屈體啞鈴划船（76頁）	4	8–12	1分鐘
2A. 上斜式啞鈴仰臥推舉（50頁）	3	5	0
2B. 啞鈴深蹲（199頁）	3	12	1分鐘

重訓計畫B

訓練動作	組數	反覆次數	休息時間
1A. 啞鈴分腿深蹲（205頁）	4	8	1分鐘
1B. 單手啞鈴肩上推舉（118頁）	4	12	1分鐘
2A. 啞鈴直膝硬舉（252頁）	3	10	0
2B. 單手啞鈴揮舉（264頁）	3	15–20	1分鐘

重訓計畫C

訓練動作	組數	反覆次數	休息時間
1A. 啞鈴登階（258頁）	4	8	1分鐘
1B. 立握俯臥啞鈴划船（76頁）	4	12	1分鐘
2A. 立姿啞鈴彎舉（152頁）	4	10	0
2B. 啞鈴仰臥三頭肌伸展（164頁）	4	12	1分鐘

專家簡介
理學碩士和肌力與體能訓練師貝倫廷（Craig Ballantyne）擔任《男性健康雜誌》的健身顧問將近10年。他定居於多倫多，也是TurbulenceTraining.com網站所有人，該網站為網路上最熱門、最有效的健身網站之一。

健身房客滿重訓計畫

重訓計畫2

如何進行此重訓計畫

- 這是一個特別的45分鐘重訓計畫。在設計上，是要讓你在每一項器材前待10分鐘，整段時間都用相同的重量。如此一來，你就可以在同一個地方，保持重量訓練的強度，不需要換訓練動作或重量。
- 每一組重訓（重訓A、重訓B、重訓C）一週進行一次，每一次重訓之間至少間隔一天。所以你可以星期一進行重訓A，星期三進行重訓B，星期五進行重訓C。依照以下指示：
- 進行每組重訓中的訓練動作1時，選擇身體能負擔完成10到12下最重的重量。這便是每一組動作所要用的重量。
- 碼錶計時10分鐘。
- 做3下，休息10秒鐘，並重複動作。以此方式進行到你無法完成3下動作為止。接著加10秒鐘的休息時間，也就是之後一樣做3下，但休息20秒。當你又無法完成3下動作時，再將休息時間增加至30秒，以此類推。以此程序進行，做到10分鐘到了為止。10分鐘之後，便可以換到下一項訓練動作。
- 訓練動作2和3以同樣的方式進行。
- 每週訓練的重量加重5到10磅。
- 訓練動作4和5，選一項核心肌訓練（第十章）和手臂訓練（第七章）。兩項動作各做10到12下，進行兩組，重量選擇以身體能負荷，並能完成所有反覆次數的最大重量。每組動作間休息60秒。注意：如果你選的核心肌訓練是前平板式或側平板式之類，則維持姿勢30秒鐘。
- 每次重量訓練之後馬上接著進行心肺訓練。
- 有疑問嗎？翻到370頁，在那裡你會找到進行所有重訓動作完整的指示。

重量訓練A

訓練動作
1. 啞鈴仰臥推舉（48頁）
2. 反手引體向上（92頁）
3. 槓鈴深蹲（194頁）
4. 核心肌訓練：自選（第十章）
5. 手臂訓練：自選（第七章）

重量訓練B

訓練動作
1. 啞鈴分腿深蹲（205頁）
2. 槓鈴仰臥推舉（42頁）
3. 槓鈴划船（72頁）
4. 核心肌訓練：自選（第十章）
5. 手臂訓練：自選（第七章）

重量訓練C

訓練動作
1. 槓鈴硬舉（244頁）
2. 伏地挺身（30頁）
3. 槓鈴前深蹲（195頁）
4. 核心肌訓練：自選（第十章）
5. 手臂訓練：自選（第七章）

心肺訓練

計畫

- 你可以在跑步機、飛輪或在戶外的人行道和跑道上進行。
- 訓練強度約為你最大負荷量的90%。進行30秒。
- 休息30秒。接著重作重複，直到10分鐘結束。

專家簡介
尼爾森（Nick Nilsson）是線上個人訓練公司BetterU的副總裁。他擁有人體運動學學位，並已擔任個人訓練師逾10年。

最佳重訓計畫

健身房客滿重訓計畫

重訓計畫3

如何進行此重訓計畫

- 進行8週的重訓計畫，你不需要重訓椅或是四方架，只要一點點空間就好。
- 重量訓練一週進行3次，每一次重訓之間至少間隔一天。所以你可以在星期一、三、五進行重訓。
- 有疑問嗎？翻到370頁，在那裡你會找到進行所有重訓動作完整的指示。

第一週到第四週
暖身運動

訓練動作	組數	反覆次數	休息時間
1A. 側弓步（217頁）	1	12	0
1B. 滑牆運動（350頁）	1	12	0
1C. 尺蠖式運動（356頁）	1	10	0

重訓計畫

如果你無法做到8下雙手藥球伏地挺身，換任何一種伏地挺身變化，完成至少8下。

訓練動作	組數	反覆次數	休息時間
1A. 雙手藥球伏地挺身（36頁）	3	越多越好	0
1B. 啞鈴划船（74頁）	3	10–12	0
1C. 啞鈴前深蹲（200頁）	3	10	60-90秒
2A. 瑞士球屈體（324頁）	2–3	10–15	0
2B. 單腳抬臀（236頁）	2–3	12–15	60-90秒

第五週到第八週
暖身運動

訓練動作	組數	反覆次數	休息時間
1A. 彎曲後箭步（361頁）	1	24	0
1B. 坐姿啞鈴外旋（132頁）	1	12	0
1C. 藥球下擲（316頁）	1	12	0

重訓計畫

訓練動作	組數	反覆次數	休息時間
1A. 啞鈴推舉（117頁）	3	8	0
1B. 伏地挺身和划船（39頁）	3	10–12	0
1C. 啞鈴保加利亞式分腿深蹲（206頁）	3	10	60-90秒
2A. 啞鈴下擺（300頁）	2–3	12	0
2B. 俯臥反弓（291頁）	2–3	12–15	60-90秒

俯臥反弓時，維持姿勢一秒鐘，接著休息一下，重複動作。如此為反覆次數一次。

專家簡介
卡布萊爾（Stephen Cabral）擁有專業肌力與體能訓練員證照，並在波士頓經營「卡布萊爾健身中心」，也是MTV頻道實境秀「Mode」的健身顧問。

終極甩肥重訓計畫 第一階段：第一週到第四週

如果你很想燃燒小腹，就採用物理治療師和肌力與體能訓練師哈特曼（Bill Hartman）所設計的12週減肥重訓計畫。這個計畫不只能燒掉卡路里，還會釋放燃脂荷爾蒙，重訓之後好幾個小時仍加速新陳代謝。因此身體就好比脂肪烤爐，一整天都維持高溫燃燒，甚至你坐在沙發上的時候也是如此。而這就是永遠揮別啤酒肚的秘密。

如何進行此重訓計畫

- 每一組重訓（重訓A、重訓B、重訓C）一週進行一次，每一次重訓之間至少間隔一天。所以你可以在星期一進行重訓A，星期三進行重訓B，星期五進行重訓C。
- 心肺訓練一週進行3次，在重訓間隔的那幾天進行。所以你可以在星期二、四、六進行心肺訓練。
- 有疑問嗎？翻到370頁，在那裡你會找到進行所有重訓動作完整的指示。

重量訓練A

訓練動作	第一週			第二週			第三週			第四週		
	組數	次數	休息	組數	次數	休息	組數	次數	休息	組數	次數	休息
重量訓練A 1A. 槓鈴登階（256頁）	2	15	75秒	3	12	75秒	3	10	75秒	2	10	75秒
1B. 啞鈴仰臥推舉（48頁）	2	15	75秒	3	12	75秒	3	10	75秒	2	10	75秒
2A. 啞鈴划船（74頁）	2	15	75秒	3	12	75秒	3	10	75秒	2	10	75秒
2B. 30度肩膀平舉（125頁）	2	15	75秒	3	12	75秒	3	10	75秒	2	10	75秒
3A. 坐姿啞鈴外旋（132頁）	2	15	30秒	2	12	30秒	2	10	30秒	2	10	30秒
3B. 前平板式（274頁）	2	8	30秒	2	10	30秒	2	12	30秒	2	10	30秒

前平板式和側平板式的部分，維持姿勢5秒鐘，接著休息一下，重複動作。如此為反覆次數一次。

心肺訓練

計畫

第一次心肺訓練時，訓練強度以你運動最大負荷量的65%到70%，持續40分鐘。可以是在上斜的跑步機上，或戶外走路、跑步或騎單車、騎飛輪，或甚至是游泳。之後每一次訓練，訓練時間都再增加5分鐘。所以你在第二次心肺訓練時會維持45分鐘，第三次訓練時維持50分鐘，以此類推。

專家簡介

哈特曼是物理治療師和肌力與體能訓練師，也是印第安那波里的物理治療師和健身教練。他是《男性健康雜誌》首席健身顧問，同時也為「印第安那波里身運動訓練中心」的所有人之一。

終極甩肥重訓計畫 第一階段：第一週到第四週

重量訓練B

訓練動作	第一週			第二週			第三週			第四週		
	組數	次數	休息	組數	次數	休息	組數	次數	休息	組數	次數	休息
1A. 槓鈴分腿深蹲（202頁）	2	15	75秒	3	15	75秒	3	12	75秒	2	12	75秒
1B. 伏地挺身（30頁）	2	12	75秒	3	10	75秒	3	8	75秒	2	10	75秒
2A. 懸垂臂划船（68頁）	2	12	75秒	3	10	75秒	3	8	75秒	2	10	75秒
2B. 組合式肩膀平舉（125頁）	2	12	75秒	3	10	75秒	3	8	75秒	2	10	75秒
3A. 側臥外旋（134頁）	2	12	30秒	3	10	30秒	3	8	30秒	2	10	30秒
3B. 側平板式（280頁）	2	8	30秒	2	10	30秒	2	12	30秒	2	10	30秒

重量訓練C

訓練動作	第一週			第二週			第三週			第四週		
	組數	次數	休息	組數	次數	休息	組數	次數	休息	組數	次數	休息
1A. 槓鈴登階（256頁）	2	12	75秒	3	10	75秒	3	8	75秒	2	10	75秒
1B. 啞鈴仰臥推舉（48頁）	2	12	75秒	3	10	75秒	3	8	75秒	2	10	75秒
2A. 啞鈴划船（74頁）	2	12	75秒	3	10	75秒	3	8	75秒	2	10	75秒
2B. 30度肩膀平舉（125頁）	2	12	75秒	3	10	75秒	3	8	75秒	2	10	75秒
3A. 坐姿啞鈴外旋（132頁）	2	12	30秒	2	10	30秒	3	8	30秒	2	10	30秒
3B. 前平板式（274頁）	2	8	30秒	2	12	30秒	2	12	30秒	2	10	30秒

終極甩肥重訓計畫 第二階段：第五週到第八週

重量訓練A

訓練動作	第一週			第二週			第三週			第四週		
	組數	次數	休息	組數	次數	休息	組數	次數	休息	組數	次數	休息
1A. 寬握槓鈴硬舉（245頁）	3	8	1分鐘	3	10	1分鐘	4	8	1分鐘	3	10	1分鐘
1B. 槓鈴仰臥推舉（42頁）	3	8	1分鐘	3	10	1分鐘	4	8	1分鐘	3	10	1分鐘
2A. 滑輪划船（88頁）	3	8	1分鐘	3	10	1分鐘	4	8	1分鐘	3	10	1分鐘
2B. 滑輪斜舉（135頁）	3	8	1分鐘	3	10	1分鐘	4	8	1分鐘	3	10	1分鐘
3. 瑞士球前推（288頁）	3	12	30秒	3	10	30秒	3	12	30秒	3	10	30秒

重量訓練B

訓練動作	第一週			第二週			第三週			第四週		
	組數	次數	休息	組數	次數	休息	組數	次數	休息	組數	次數	休息
1A. 啞鈴深蹲（199頁）	3	8	75秒	3	10	75秒	4	8	75秒	3	10	75秒
1B. 下斜式伏地挺身（32頁）	3	12	75秒	3	10	75秒	4	8	75秒	3	10	75秒
2A. 背闊肌滑輪下拉（98頁）	3	8	75秒	3	10	75秒	4	8	75秒	3	10	75秒
2B. 曲臂側平舉外轉（124頁）	3	12	75秒	3	10	75秒	4	8	75秒	3	10	75秒
3. 單腳側平板式（281頁）	3	8	30秒	3	10	30秒	3	12	30秒	3	10	75秒

進行單腳側平板式時，維持姿勢5秒鐘，接著休息一下，重複動作。如此為反覆次數一次。

最佳重訓計畫

重量訓練C

訓練動作	第一週			第二週			第三週			第四週		
	組數	次數	休息	組數	次數	休息	組數	次數	休息	組數	次數	休息
1A. 寬握槓鈴硬舉（245頁）	3	8	1分鐘	3	8	1分鐘	4	6	1分鐘	3	8	1分鐘
B. 槓鈴仰臥推舉（42頁）	3	8	1分鐘	3	8	1分鐘	4	6	1分鐘	3	8	1分鐘
2A. 滑輪划船（88頁）	3	10	1分鐘	3	8	1分鐘	4	6	1分鐘	3	8	1分鐘
2B. 滑輪斜舉（135頁）	3	10	1分鐘	3	8	1分鐘	4	6	1分鐘	3	8	1分鐘
3. 瑞士球前推（288頁）	3	8	30秒	3	10	30秒	3	12	30秒	3	10	30秒

心肺訓練

計畫

- 你可以在跑步機、飛輪或戶外的人行道或跑道上進行此訓練。
- 訓練強度約為你最大負荷量的90%到95%，進行30秒。
- 之後慢下來，訓練強度降到約為你最大負荷量的50%，進行2分鐘。如此為一組訓練動作。
- 以下表依週次漸進，注意訓練A就代表你在重量訓練A隔天所進行的心肺訓練，訓練B就代表你在重量訓練B隔天所進行的心肺訓練，以此類推。
- 第三週和第四週時，完成所有組數，休息5到10分鐘，接著再重複同樣的組數一次。例如，第三週的訓練A，你會先做4組訓練，休息一下，接著又再做四組訓練。

心肺訓練	第一週	第二週	第三週	第四週
A	4	5	4, 4	5, 5
B	5	6	5, 5	6, 6
C	4	5	4, 4	5, 5

終極甩肥重訓計畫 第三階段：第九週到第十二週

重量訓練A

訓練動作	第一週			第二週			第三週			第四週		
	組數	次數	休息	組數	次數	休息	組數	次數	休息	組數	次數	休息
1A. 槓鈴深蹲（194頁）	3	15	1分鐘	3	12	45秒	4	10	45秒	3	8	30秒
1B. 上斜式啞鈴仰臥推舉（50頁）	3	15	1分鐘	3	12	45秒	4	10	45秒	3	8	30秒
2A. 反手滑輪下拉（100頁）	3	15	1分鐘	3	12	45秒	4	10	45秒	3	8	30秒
2B. 啞鈴反弓步（213頁）	3	15	1分鐘	3	12	45秒	4	10	45秒	3	8	30秒
3A. 滑輪內拉至臉外轉（104頁）	3	15	1分鐘	3	12	45秒	4	10	45秒	3	8	30秒
3B. 瑞士球屈腿（286頁）	3	8	30秒	3	10	30秒	3	12	30秒	3	10	30秒

重量訓練B

訓練動作	第一週			第二週			第三週			第四週		
	組數	次數	休息	組數	次數	休息	組數	次數	休息	組數	次數	休息
1A. 啞鈴弓步（212頁）	3	12	1分鐘	3	10	45秒	4	8	45秒	3	10	30秒
1B. T字形伏地挺身（37頁）	3	12	1分鐘	3	10	45秒	4	8	45秒	3	10	30秒
2A. 槓鈴划船（72頁）	3	12	1分鐘	3	10	45秒	4	8	45秒	3	10	30秒
2B. 上斜式Y字形平舉（82頁）	3	12	1分鐘	3	10	45秒	4	8	45秒	3	10	30秒
3. 立姿旋轉滑輪下拉（303頁）	3	12	30秒	3	10	30秒	3	8	45秒	3	10	30秒

最佳重訓計畫

重量訓練C

訓練動作	第一週			第二週			第三週			第四週		
	組數	次數	休息	組數	次數	休息	組數	次數	休息	組數	次數	休息
1A. 槓鈴深蹲（194頁）	3	12	1分鐘	3	10	45秒	4	8	45秒	3	10	30秒
1B. 上斜式啞鈴仰臥推舉（50頁）	3	12	1分鐘	3	10	45秒	4	8	45秒	3	10	30秒
2A. 反手滑輪下拉（100頁）	3	12	1分鐘	3	10	45秒	4	8	45秒	3	10	30秒
2B. 啞鈴反弓步（213頁）	3	12	1分鐘	3	10	45秒	4	8	45秒	3	10	30秒
3A. 滑輪內拉至臉外轉（104頁）	3	12	1分鐘	3	10	45秒	4	8	45秒	3	10	30秒
3B. 瑞士球屈腿（286頁）	3	8	30秒	3	10	30秒	3	12	30秒	3	10	30秒

心肺訓練

計畫

- 你可以在跑步機、飛輪或戶外的人行道或跑道上進行此訓練。
- 訓練強度約為你最大負荷量的90%到95%。進行30秒。
- 之後慢下來，訓練強度降到約為你最大負荷量的50%，進行2分鐘。如此為一組訓練動作。
- 以下表依週次漸進，注意訓練A就代表你在重量訓練A隔天所進行的心肺訓練，訓練B就代表你在重量訓練B隔天所進行的心肺訓練，以此類推。
- 第三週和第四週時，完成所有組數，休息5到10分鐘，接著再重複同樣的組數一次。例如，第三週的訓練A，你會先做五組訓練，休息一下，接著又再做五組訓練。

心肺訓練	第一週	第二週	第三週	第四週
A	5	6	5, 5	6, 6
B	6	7	6, 6	5, 5, 5
C	7	8	5, 5	5

海灘等著你重訓計畫 第一階段：第一週和第二週

這個8週的重訓計畫，可以讓從小到大都是弱雞的小伙子，鍛練出如鐵山般的肌肉。怎麼辦到的？「答案是想辦法讓自己變壯！」重訓計畫設計者戴爾蒙（Vince DelMonte）說。他表示，這個世界上有多少人能臥推275磅，可是胸肌又小小的？答案是很少。所以，他設計出這個全身訓練計畫來增進肌力，長出來的肌肉會讓你自己看了都嚇一跳，而且是從頭到腳都長肌肉。

如何進行此重訓計畫

- 第一階段和第三階段，每一組重訓（重訓A、重訓B、重訓C）一週進行一次，每一次重訓之間至少間隔一天。所以你可以在星期一進行重訓A，星期三進行重訓B，星期五進行重訓C。
- 第二階段和第四階段，重訓A和重訓B一週在連續的兩天中各進行一次。接著休息一兩天，再選連續的兩天進行重訓C和重訓D。再休息一兩天，下一週再重複同樣的循環。所以你可以星期一進行重訓A、星期二進行重訓B、星期四進行重訓C、星期五進行重訓D。
- 注意每一個階段的組數和反覆次數都會增加。主要的概念就是在第一階段時，每個動作選擇身體能負荷、並能完成所有反覆次數的最大重量，之後各階段也用相同的重量。如果你第一階段槓鈴蹲舉用185磅，在第二、三、四階段也用同樣的重量，但必須做更多下、更多組動作。
- 如果需要的話，訓練可以以類似的動作替換。例如，你可以以啞鈴臥推取代槓鈴臥推，或選擇捲腹或仰臥起坐的變化取代瑞士球捲腹。
- 確定你採用的重量不但能完成所有反覆次數，還能保持一定難度。例如，你做30下瑞士球捲腹，完成該組動作時不能覺得「還能再做10下」。如果太簡單的話，就在胸前抱一塊槓片增加難度。

專家簡介
戴爾蒙是《練肌肉，絕不唬爛！》（No-Nonsense Muscle Building）一書的作者，該書是電子書銷售排名第一的鍛鍊肌肉專書。他擁有西安大略大學人體運動學學位，本人原來很瘦，後來運用自己發明的變壯、變大方法，成功增加了18公斤的肌肉。

重量訓練A

訓練動作	組數	反覆次數	休息時間
1. 槓鈴深蹲（194頁）	4	4	2-3分鐘
2A. 槓鈴仰臥推舉（42頁）	4	4	90秒
2B. 槓鈴划船（72頁）	4	4	90秒
3A. 啞鈴聳肩（129頁）	4	4	30秒
3B. 立姿槓鈴小腿蹬提（220頁）	4	4	30秒

重量訓練B

訓練動作	組數	反覆次數	休息時間
1A. 啞鈴弓步（212頁）	4	12–15	90秒
1B. 槓鈴直膝硬舉（248頁）	4	12–15	90秒
2A. 雙槓撐體（40頁）	4	越多越好	30秒
2B. 反手引體向上（92頁）	4	越多越好	30秒
3. 瑞士球捲腹（314頁）	3	30	1分鐘

重量訓練C

訓練動作	組數	反覆次數	休息時間
1. 槓鈴硬舉（244頁）	4	4	2-3分鐘
2A. 啞鈴肩上推舉（116頁）	4	4	90秒
2B. 正手寬握引體向上（95頁）	4	4	90秒
3A. 槓鈴聳肩（126頁）	2	20	30秒
3B. 立姿槓鈴小腿蹬提（220頁）	2	20	30秒

最佳重訓計畫

海灘等著你重訓計畫 第二階段：第三週和第四週

重量訓練A

訓練動作	組數	反覆次數	休息時間
1. 槓鈴深蹲（194頁）	5	5	2-3分鐘
2. 槓鈴直膝硬舉（248頁）	5	5	2-3分鐘
3. 槓鈴划船（72頁）	5	5	2-3分鐘
4A. 槓鈴聳肩（126頁）	3	30	30秒
4B. 立姿槓鈴小腿蹬提（220頁）	3	30	30秒

重量訓練B

訓練動作	組數	反覆次數	休息時間
1A. 啞鈴仰臥推舉（48頁）	5	5	90秒
1B. 槓鈴划船（72頁）	5	5	90秒
2. 啞鈴肩上推舉（116頁）	5	5	2-3分鐘
3. 瑞士球捲腹（314頁）	3	30	1分鐘

重量訓練C

訓練動作	組數	反覆次數	休息時間
1. 槓鈴硬舉（244頁）	5	5	2-3分鐘
2. 啞鈴弓步（212頁）	5	5	2-3分鐘
3. 近握仰臥推舉（43頁）	5	5	2-3分鐘
4A. 槓鈴聳肩（126頁）	3	30	30秒
4B. 立姿槓鈴小腿蹬提（220頁）	3	30	30秒

重量訓練D

訓練動作	組數	反覆次數	休息時間
1A. 上斜式啞鈴仰臥推舉（50頁）	5	5	90秒
1B. 滑輪划船（88頁）	5	5	90秒
2. 啞鈴肩上推舉（116頁）	5	5	2-3分鐘
3. 瑞士球捲腹（314頁）	3	30	1分鐘

海灘等著你重訓計畫 第三階段：第五週和第六週

重量訓練A

訓練動作	組數	反覆次數	休息時間
1. 槓鈴深蹲（194頁）	6	6	2-3分鐘
2A. 槓鈴仰臥推舉（42頁）	6	6	90秒
2B. 槓鈴划船（72頁）	6	6	90秒
3A. 側平舉（122頁）	3	15	30秒
3B. 立姿槓鈴小腿蹬提（220頁）	3	15	30秒

重量訓練B

訓練動作	組數	反覆次數	休息時間
1A. 啞鈴弓步（212頁）	4	8-12	90秒
1B. 槓鈴直膝硬舉（248頁）	4	8-12	90秒
2A. 雙槓撐體（40頁）	4	越多越好	30秒
2B. 反手引體向上（92頁）	4	越多越好	30秒
3. 瑞士球捲腹（314頁）	3	30	1分鐘

重量訓練C

訓練動作	組數	反覆次數	休息時間
1. 槓鈴硬舉（244頁）	6	6	2-3分鐘
2A. 啞鈴肩上推舉（116頁）	6	6	90秒
2B. 正手寬握引體向上（95頁）	6	6	90秒
3A. 槓鈴聳肩（126頁）	3	15	30秒
3B. 立姿槓鈴小腿蹬提（220頁）	3	15	30秒

海灘等著你重訓計畫 第四階段：第七週和第八週

重量訓練A

訓練動作	組數	反覆次數	休息時間
1. 槓鈴深蹲（194頁）	7	7	2-3分鐘
2. 槓鈴直膝硬舉（248頁）	7	7	2-3分鐘
3. 槓鈴彎舉（150頁）	7	7	2-3分鐘
4A. 槓鈴聳肩（126頁）	3	30	30秒
4B. 立姿槓鈴小腿蹬提（220頁）	3	30	30秒

重量訓練B

訓練動作	組數	反覆次數	休息時間
1A. 啞鈴仰臥推舉（48頁）	7	7	90秒
1B. 槓鈴划船（72頁）	7	7	90秒
2. 啞鈴肩上推舉（116頁）	7	7	2-3分鐘
3. 瑞士球捲腹（314頁）	3	30	1分鐘

重量訓練C

訓練動作	組數	反覆次數	休息時間
1. 槓鈴硬舉（244頁）	7	7	2-3分鐘
2. 啞鈴弓步（212頁）	7	7	2-3分鐘
3. 近握槓鈴仰臥推舉（43頁）	7	7	2-3分鐘
4A. 槓鈴聳肩（126頁）	3	30	30秒
4B. 立姿槓鈴小腿蹬提（220頁）	3	30	30秒

重量訓練D

訓練動作	組數	反覆次數	休息時間
1A. 上斜式啞鈴仰臥推舉（50頁）	7	7	90秒
1B. 滑輪划船（88頁）	7	7	90秒
2. 啞鈴肩上推舉（116頁）	7	7	2-3分鐘
3. 瑞士球捲腹（314頁）	2	20	1分鐘

婚禮大作戰重訓計畫 第一階段：第一週到第四週

這套計畫為什麼要叫做「婚禮大作戰重訓計畫」？因為它能讓你在結婚當天看起來精瘦有型。訓練師艾維諾（John Alvino）規劃出這個8週的重訓計畫，目的就在於為了讓大家在婚禮那天能夠看起來很棒。這個計畫可以增寬肩膀，消除鮪魚肚和腰身，讓你踏上紅毯走進禮堂時，不只看起來玉樹臨風，蜜月時更能在佳人面前展現光燦奪目的身體。

如何進行此重訓計畫

- 每一組重訓（重訓A、重訓B、重訓C）一週進行一次，每一次重訓之間至少間隔一天。所以你可以在星期一進行重訓A，星期三進行重訓B，星期五進行重訓C。
- 有疑問嗎？翻到370頁，在那裡你會找到進行所有重訓動作完整的指示。

專家簡介
艾維諾是紐澤西莫里斯敦鐵漢健身與訓練中心的所有人。他曾訓練過NFL、MLB、NHL和PGA運動員，並專門幫助個人量身打造精實、健壯的身體。

重量訓練A

訓練動作	組數	反覆次數	休息時間
1A. 伏地挺身（30頁）	4	越多越好	45秒
1B. 懸垂臂划船（68頁）	4	越多越好	45秒
1C. 啞鈴分腿深蹲（205頁）	4	12–15	45秒
1D. 瑞士球抬臀彎腿（239頁）	4	15–20	45秒
1E. 鳥狗式（279頁）	4	8–10	45秒
1F. 開合跳（349頁）	4	30–50	45秒

進行鳥狗式時，維持姿勢5秒鐘，接著將手臂和腳放回地面。如此為反覆次數一次。每一次動作交換抬起的手腳。

重量訓練B

訓練動作	組數	反覆次數	休息時間
1A. 啞鈴登階（258頁）	4	12–15	45秒
1B. 單手啞鈴或壺鈴揮舉（264頁）	4	12–15	45秒
1C. 地板倒立肩膀推舉（119頁）	4	越多越好	45秒
1D. 反向反手引體向上（94頁）	4	越多越好	45秒
1E. 前平板式（274頁）	4	10–12	45秒
1F. 爬山式（284頁）	4	30–50	45秒

反向反手引體向上的部分，花3秒鐘下降身體，直到手臂打直。當你無法維持3秒鐘時，該組動作便算完成，可以進行下一項訓練動作。

進行前平板式時，維持姿勢一秒鐘，接著休息一下，重複動作。如此為反覆次數一次。

爬山式就照書中原本的方式，除了稍稍調整一個地方：迅速進行動作，交換腿的時候同時進行，就如以伏地挺身的動作在做交互開合跳（349頁）一樣，所以你將腳抬向胸部時，那隻腳也會著地。

重量訓練C

訓練動作	組數	反覆次數	休息時間
1A. 啞鈴肩上推舉（116頁）	5	5	1分鐘
1B. 單臂屈體啞鈴划船（76頁）	5	5	1分鐘
2A. 單腳深蹲（192頁）	5	5	1分鐘
2B. 單手啞鈴或壺鈴揮舉（264頁）	5	5	1分鐘
3. 蹲站伸腿（350頁）	1	100	越少越好

蹲站伸腿的部分，設好碼錶，盡快做完100下，中間如果需要的話，可以稍事休息。所以你可以做32下，休息20到30秒，再做20下，接著再休息。以此方式直到完成100下。接著停下碼錶。紀錄所需的時間，下一次重訓時，試圖突破此紀錄。

心肺訓練

計畫
選擇你沒有進行重量訓練的日子，每週跳兩次跳繩。跳繩繞一圈則算一下。15分鐘內盡可能完成越多下越好。記下自己跳了幾下，然後每次進行心肺訓練時，嘗試打破上一次的紀錄。

婚禮大作戰重訓計畫 第二階段：第五週到第八週

重量訓練A

訓練動作	組數	反覆次數	休息時間
1A. 爆發力伏地挺身（38頁）	5	越多越好	10秒
1B. 高腳懸垂臂划船（70頁）	5	越多越好	10秒
1C. 啞鈴反弓步（213頁）	5	12–15	10秒
1D. 單腳瑞士球抬臀彎腿（240頁）	5	15–20	10秒
1E. 張腳相對手腳斜抬前平板式（277頁）	5	8–10	10秒
1F. 高箱跳躍（191頁）	5	30	1分鐘

進行張腳相對手腳斜抬前平板式時，維持姿勢5秒鐘，接著將手臂和腳放回地面。如此為反覆次數一次。每一次動作交換抬起的手腳。

重量訓練B

訓練動作	組數	反覆次數	休息時間
1A. 地板倒立肩膀推舉（119頁）	5	越多越好	10秒
1B. 反手引體向上（92頁）	5	越多越好	10秒
1C. 槓鈴登階（256頁）	5	12–15	10秒
1D. 啞鈴懸拉（343頁）	5	12–15	10秒
1E. 槓鈴前推（288頁）	5	12–20	10秒
1F. 蹲站伸腿（350頁）	5	30–50	1分鐘

重量訓練C

訓練動作	組數	反覆次數	休息時間
1A. 單手啞鈴肩上推舉（118頁）	5	5	1分鐘
1B. 正手引體向上（95頁）	5	5	1分鐘
2A. 單腳蹲站（193頁）	5	5	1分鐘
2B. 單手啞鈴或壺鈴揮舉（264頁）	5	5	1分鐘
3. 蹲站伸腿（350頁）	1	100	越少越好

蹲站伸腿的部分，設好碼錶，盡快做完100下，中間如果需要的話，可以稍事休息。所以你可以做32下，休息20到30秒，再做20下，接著再休息。以此方式直到完成100下。接著停下碼錶。紀錄所需的時間，下一次重訓時，試圖突破此紀錄。

心肺訓練

計畫
選擇你沒有進行重量訓練的日子，每週跳兩次跳繩。跳繩繞一圈則算一下。前迴旋跳100下，後迴旋跳100下；接著前迴旋跳90下，後迴旋跳90下；前迴旋跳80下，後迴旋也是跳80下，以此類推，直到你完成前迴旋跳10下，後迴旋跳10下。訓練開始前先設好碼錶，測量完成全部訓練花了多少時間。每次訓練時，試試看能不能用更短的時間完成。

垂直彈跳重訓計畫

健身教練貝吉特（Kelly Baggett）設計的高飛計畫能增加你垂直跳躍高度10到25公分。運用如槓鈴深蹲等傳統訓練加強彈跳所用到的肌肉。而且，還配合了增強式肌力訓練，如高箱跳躍和深跳，訓練那些相同的肌肉燃燒更快速。成果：你會將所有比賽提升到全新境界。

如何進行此重訓計畫

- 此重訓計畫一週進行三次。第一階段中，重訓A和重訓B輪流交互進行，每次中間至少間隔一天。所以如果你決定要在星期一、三、五進行重訓，星期一進行重訓A，星期三進行重訓B，星期五再進行一次重訓A。下一週時，星期一五進行重訓B，星期三進行重訓A。第二階段時，則固定於星期一五進行重訓A，星期三進行重訓B。
- 有疑問嗎？翻到370頁，在那裡你會找到進行所有重訓動作完整的指示。

專家簡介
貝吉特是密蘇里春田「改變健身中心」所有人之一。他也是《垂直彈跳成長聖經》（The Vertical Jump Development Bible）一書的作者，這本書是史上前所未見鍛鍊彈跳力的完整參考書。

第一階段：第一週到第四週

重量訓練A

訓練動作	組數	反覆次數	休息時間
1. 跪姿臀部屈肌伸展（224頁）	1	維持30秒	0
2. 反向抬臀（242頁）	2	15	1分鐘
3. 跳繩	3	1分鐘	1分鐘
4. 槓鈴硬舉（244頁）	1	5	3分鐘
5. 啞鈴保加利亞式分腿深蹲（206頁）	2	8	3分鐘
6. 立姿槓鈴小腿蹬提（220頁）	3	20	90秒

重量訓練B

訓練動作	組數	反覆次數	休息時間
1. 跪姿臀部屈肌伸展（224頁）	1	維持30秒	0
2. 反向抬臀（242頁）	2	15	1分鐘
3. 跳繩	3	1分鐘	1分鐘
4. 槓鈴深蹲（194頁）	3	5	3分鐘
5. 瑞士球抬臀彎腿（239頁）	3	8	90秒
6. 立姿槓鈴小腿蹬提（220頁）	3	20	90秒

如果覺得瑞士球抬臀彎腿這個動作太簡單，請改用這個動作的單腿版（參見第220頁）

第二階段：第五週到第八週

重量訓練A

訓練動作	組數	反覆次數	休息時間
1. 跪姿臀部屈肌伸展（224頁）	1	維持30秒	0
2. 反向抬臀（242頁）	2	15	1分鐘
3. 跳繩	3	1分鐘	1分鐘
4. 深跳（191頁）	6	3	1分鐘
5. 槓鈴跳躍深蹲（198頁）	4	8	90秒

重量訓練B

訓練動作	組數	反覆次數	休息時間
1. 跪姿臀部屈肌伸展（224頁）	1	維持30秒	0
2. 反向抬臀（242頁）	2	15	1分鐘
3. 跳繩	3	1分鐘	1分鐘
4. 深跳（191頁）	6	3	1分鐘
5. 槓鈴深蹲（194頁）	3	5	3分鐘
6. 瑞士球抬臀彎腿（239頁）	3	8	90秒

如果覺得瑞士球抬臀彎腿這個動作太簡單，請改用這個動作的單腿版（參見第220頁）

最佳重訓計畫

瘦皮猴變大金剛重訓計畫

這個老招牌的鍛鍊肌肉重訓計畫，基本概念相當簡單：最大重量和運動量。這是多年來大家熟知的增加肌肉公式，健身教練伊凡艾許（Zach Even-Esh）現在就教你如何使用這個歷久彌新的重訓計畫，在你的身體上鍛練出更多肌肉。

如何進行此重訓計畫

- 每一組重訓（重訓A、重訓B、重訓C）一週進行一次，每一次重訓之間至少間隔一天。
- 所有有反覆次數範圍的訓練，從最大的數字開始，採金字塔的方式。也就是，如果標記的是10到5下（10-5），第一組一開始是10下，接著下一組增加重量，減少反覆次數。你的目標：最後一兩組以身體能負荷最重的重量完成所有計畫的反覆次數。舉例來說，如果是10到5下的情況，你的目標就是在最後兩組動作，以你能負荷最重的重量做5下。
- 有疑問嗎？翻到370頁，在那裡你會找到進行所有重訓動作完整的指示。

專家簡介
伊凡艾許擁有健康教育的碩士學位，並為紐澤西艾迪森市「地下力量健身中心」的所有人。該中心是附近專業運動員最主要的訓練中心。

重量訓練A

訓練動作	組數	反覆次數	休息時間
1. 單手啞鈴抓舉（345頁）	3	10–5	1分鐘
2. 俯立平舉（79頁）	3	10	30秒
3. 側平舉（122頁）	3	10	30秒
4A. 槓鈴彎舉（150頁）	3	6–10	0
4B. 雙槓撐體（40頁）	3	越多越好	0
5. 手腕彎舉（172頁）	2	越多越好	30秒
6A. 瑞士球屈腿（286頁）	1	15	0
6B. 藥球V字形起坐（313頁）	1	15	0
6C. 前平板式（274頁）	1	維持30秒	0
6D. 側平板式（280頁）	1	維持30秒	0

重量訓練B

進行行走啞鈴弓步蹲舉時，每向前一步便是反覆次數一次。因此雙腳各做10下。

訓練動作	組數	反覆次數	休息時間
1. 槓鈴深蹲（194頁）	5	10–5	90秒
2. 槓鈴硬舉（244頁）	3	3	90秒
3. 行走啞鈴弓步（213頁）	2	20	90秒
4. 單手啞鈴揮舉（264頁）	2	10	1分鐘
5. 單腳立姿啞鈴小腿蹬提（221頁）	3	10–20	0

重量訓練C

訓練動作	組數	反覆次數	休息時間
1A. 槓鈴仰臥推舉（42頁）	5	10–3	0
1B. 正手引體向上（95頁）	5	越多越好	0
2A. 上斜式啞鈴仰臥推舉（50頁）	3	10–5	0
2B. 立握屈體啞鈴划船（76頁）	5	12–6	0
3A. 槓鈴聳肩（126頁）	3	15–10	0
3B. 伏地挺身（30頁）	3	越多越好	0
4A. 槓鈴前推（288頁）	1	10	0
4B. 負重仰臥起坐（309頁）	1	15	0
4C. 瑞士球屈腿（286頁）	1	15	0
4D. 捲腹（310頁）	1	越多越好	0

激賞運動重訓計畫

一般人認為，如果我和運動員接受一樣的訓練，看起來就會像運動員。這樣想並沒錯。因此，我請世界上頂尖的健護教練，肌力與體能訓練師波以爾（Mike Boyle）替你打造能增進體育表現並塑造體格的重訓計畫。成果：你會看起來就像黃金時期的運動員，不管是在運動場上還是在街上都叱吒風雲。

如何進行此重訓計畫

- 重訓A和重訓B一週在連續的兩天中各進行一次。接著休息一兩天，再選連續的兩天進行重訓C和重訓D。再休息一兩天，下一週再重複同樣的循環。所以你可以星期一進行重訓A、星期二進行重訓B、星期四進行重訓C、星期五進行重訓D。
- 有疑問嗎？翻到370頁，在那裡你會找到進行所有重訓動作完整的指示。

專家簡介
波以爾是肌力與體能訓練師，也是「波以爾體力與肌力健身中心」的所有人，在麻薩諸塞州各地都有分館。多年來，他訓練過好幾位NBA、NFL、NHL運動員。他同時經營Strengthcoach.com網站，是網路上重量訓練資料最為豐富的網站之一。

重量訓練A

訓練動作	第一週			第二週			第三週		
	組數	次數	休息	組數	次數	休息	組數	次數	休息
1A. 單手壺鈴揮舉（264頁）	3	10	1分鐘	3	10	1分鐘	3	10	1分鐘
1B. 滑輪核心肌推舉（291頁）	2	12	1分鐘	2	14	1分鐘	2	16	1分鐘
2A. 反手引體向上（92頁）	2	8	1分鐘	3	8	1分鐘	3	8	1分鐘
2B. 單腳深蹲（192頁）	2	8	1分鐘	3	8	1分鐘	3	8	1分鐘
2C. 側平板式（280頁）	2	維持30秒	30秒	2	維持40秒	30秒	2	維持50秒	30秒
3A. 啞鈴划船（74頁）	2	8	30秒	2	8	30秒	2	8	30秒
3B. 單腳槓鈴直膝硬舉（250頁）	2	8	30秒	2	8	30秒	2	8	30秒
3C. 滑輪內拉至臉外轉（104頁）	2	8	30秒	2	8	30秒	2	8	30秒
3D.跪姿穩定度滑輪上拉（294頁）	2	8	30秒	2	8	30秒	2	8	30秒

重量訓練B

訓練動作	第一週			第二週			第三週		
	組數	次數	休息	組數	次數	休息	組數	次數	休息
1A. 啞鈴仰臥推舉（48頁）	2	8	1分鐘	3	8	1分鐘	3	8	1分鐘
1B. 瑞士球前推（288頁）	2	20	1分鐘	2	30	1分鐘	2	40	1分鐘
2A. 槌握啞鈴彎推舉（157頁）	2	8	1分鐘	2	8	1分鐘	2	8	1分鐘
2B. 滑牆運動（350頁）	2	10	0	2	12	0	2	14	0
2C. 前平板式（274頁）	2	維持30秒	30秒	2	維持40秒	30秒	2	維持50秒	30秒
3A. 爬山式（284頁）	2	10	1分鐘	2	12	1分鐘	2	14	1分鐘
3B. 上斜式Y-T-W-L字形平舉（82頁）	2	8	1分鐘	2	10	1分鐘	2	12	1分鐘
3C. 立姿滑輪髖內收運動（218頁）	2	10	1分鐘	2	12	1分鐘	2	14	1分鐘

最佳重訓計畫

激賞運動重訓計畫

重量訓練C

訓練動作	第一週			第二週			第三週		
	組數	次數	休息	組數	次數	休息	組數	次數	休息
1A. 單手壺鈴揮舉（264頁）	3	5	1分鐘	3	5	1分鐘	3	5	1分鐘
1B. 滑輪核心肌推舉（291頁）	2	12	1分鐘	2	14	1分鐘	2	16	1分鐘
2A. 單腳深蹲（192頁）	2	8	1分鐘	3	8	1分鐘	3	8	1分鐘
2B. 懸垂臂划船（68頁）	2	15	1分鐘	3	15	1分鐘	3	15	1分鐘
2C. 側平板式（280頁）	2	維持30秒	30秒	2	維持40秒	30秒	2	維持50秒	30秒
3A. 背闊肌滑輪下拉（98頁）	2	15	30秒	2	15	30秒	2	15	30秒
3B. 啞鈴弓步（212頁）	2	8	30秒	2	12	30秒	2	15	30秒
3C. 瑞士球抬臀彎腿（239頁）	2	8	30秒	2	10	30秒	2	12	30秒
3D. 半跪姿穩定度滑輪下拉（295頁）	2	8	30秒	2	8	30秒	2	8	30秒

重量訓練D

訓練動作	第一週			第二週			第三週		
	組數	次數	休息	組數	次數	休息	組數	次數	休息
1A. 近握槓鈴仰臥推舉（43頁）	2	8	1分鐘	3	8	1分鐘	3	8	1分鐘
1B. 瑞士球前推（288頁）	2	20	1分鐘	2	30	1分鐘	2	40	1分鐘
2A. 組合式肩膀平舉（125頁）	2	10	1分鐘	2	10	1分鐘	2	10	1分鐘
2B. 滑牆運動（350頁）	2	10	0	2	12	0	2	14	0
2C. 前平板式（274頁）	2	維持30秒	30秒	2	維持40秒	30秒	2	維持50秒	30秒
3A. 爬山式（284頁）	2	10	1分鐘	2	12	1分鐘	2	14	1分鐘
3B. 上斜式Y-T-W-L字形平舉（82頁）	2	8	1分鐘	2	10	1分鐘	2	12	1分鐘
3C. 立姿滑輪髖內收運動（218頁）	2	10	1分鐘	2	12	1分鐘	2	14	1分鐘
3D. 滑輪核心肌推舉（291頁）	2	8	1分鐘	2	8	1分鐘	2	8	1分鐘

三大動作重訓計畫

用物理治療師和肌力與體能訓練師哈特曼（Bill Hartman）設計的「123，練完就走」重計畫，迅速鍛練肌肉。這裡面只有「大型」的訓練動作，也就是一次訓練多肌肉群組的動作。其中一項動作是訓練下半身，再加上推拉各一種動作訓練上半身。三管齊下在最短的時間內練出最好的成果。

如何進行此重訓計畫

- 從以下3種分類中各選出一種動作：大下半身動作、大拉動作、大推動作。
- 以循環的方式進行這3項運動，連續各進行一組動作，接著再依指示休息。
- 總共完成4到5次循環，一週進行3次。每次重訓中間至少休息一天。

訓練一

大下半身運動

- 做6到8下。
- 休息75秒。
- 進行訓練二。

槓鈴深蹲（194頁）
啞鈴深蹲（199頁）
槓鈴前深蹲（195頁）
高腳杯深蹲（200頁）
槓鈴硬舉（244頁）
啞鈴硬舉（246頁）
槓鈴分腿深蹲（202頁）
啞鈴分腿深蹲（205頁）

訓練二

大拉運動

- 做6到8下。
- 休息75秒。
- 進行訓練三。

反手引體向上（92頁）
正手引體向上（95頁）
正反手引體向上（96頁）
槓鈴划船（72頁）
啞鈴划船（74頁）
滑輪划船（88頁）
背闊肌滑輪下拉（98頁）
30度滑輪下拉（100頁）

訓練三

大推運動

- 做6到8下。
- 休息60秒。
- 回到訓練一，反覆進行直到你完成4到5次循環。

槓鈴肩上推舉（112頁）
啞鈴肩上推舉（116頁）
槓鈴推舉（114頁）
槓鈴仰臥推舉（42頁）
啞鈴仰臥推舉（48頁）
上斜式槓鈴仰臥推舉（46頁）
上斜式啞鈴仰臥推舉（50頁）
負重伏地挺身（33頁）

最佳重訓計畫

完全臥推重訓計畫

你的仰臥推舉成績，是否曾經進步20磅？30磅呢？世界級的舉重選手泰特（Dave Tate）設計的重訓計畫，可以替你增加20到30磅的成績，也許還會更多呢！其實，泰特自己說，依照此計畫，短短8週之間，一般人最大臥推紀錄可以預期增加20到50磅的重量。

秘訣

你會運用到世界上最早的舉重俱樂部「Westside Barbell」發展出的方法。特點就是一天以輕量快速進行訓練（稱為速度重訓），接著另一天進行低反覆次數、較重的訓練（極限重訓）。速度重訓能幫助你的肌肉突破瓶頸。極限重訓則能鍛練出足夠的肌力，將槓鈴推到底。如此組合訓練能讓你短時間內就再多加上幾組槓片。

如何進行此重訓計畫

- 每組重訓（重訓A、重訓B）一週各進行一次，每次中間休息間隔至少3天。所以你可以星期一進行重訓A，星期五進行重訓B。利用中間其中一天進行下半身重訓計畫，像是第九章的「打造完美臀部重訓計畫」。
- 有疑問嗎？翻到370頁，在那裡你會找到進行所有重訓動作完整的指示。

專家簡介

泰特是俄亥俄州「菁英健身系統」健身中心創立人及總裁，也是《男性健康雜誌》的長期贊助人。他曾創下仰臥推舉個人最佳610磅的紀錄，更完成935磅的蹲舉和740磅硬舉成績。

重量訓練A：速度重訓

訓練動作	組數	反覆次數	休息時間
1. 槓鈴仰臥推舉（42頁）	9	3	45秒
2. 近握槓鈴仰臥推舉（43頁）	2–3	5	2-3分鐘
3. 曲桿仰臥三頭肌伸展（160頁）	3	8	1分鐘
4. 槓鈴划船（72頁）	5	5	2分鐘
5. 啞鈴肩上推舉（116頁）	3	8	1分鐘
6. 正手曲桿彎舉（149頁）	1	10	0

槓鈴仰臥推舉的部分，用你每次所能舉起的一半重量。每次盡快推舉槓鈴。試著在每3.5秒內完成3下。每組做完休息45秒，每3組動作後調整雙手距離，分別約為40、50、60公分。

重量訓練B：極限重訓

訓練動作	組數	反覆次數	休息時間
1. 仰臥推舉：自選 仰臥推舉的部分，從以下的訓練動作選項中的三種變化內，任選一種（每兩週換一種）。一開始先舉空槓3下熱身。休息45秒。加上20到40磅，再做3下。繼續進行，直到一組3下感到吃力為止。接著加重重量，但現在不是做3下，而是只做一下，各組間休息時間增加到2分鐘。一直鍛練到你只能舉一次的重量。記下這個紀錄，然後每次極限重訓時，都試著打破這個紀錄。注意事項：身旁一定要有人，以免發生危險。			
2. 曲桿仰臥三頭肌伸展（160頁）	5	10	60–90秒
3. 三頭肌下拉（169頁）	5	10	60–90秒
4. 啞鈴划船（74頁）	5	10	60–90秒
5. 前平舉（120頁）	5	10	60–90秒

訓練動作選項

- 毛巾或板式仰臥推舉（44頁）
- 槓鈴地板仰臥推舉（45頁）
- 槓鈴架上仰臥推舉（45頁）

小倆口很忙重訓計畫

這個減肥計畫是讓你們小倆口一起做重訓，並且獲得滿意的成果。重量訓練是以循環的方式進行。你們可以一起進行，或如果你們必須共用同一組器材的話，就以「請你跟我這樣做」的方式進行，其中一人先完成第一個動作，另一個人才開始進行。兩人完成主要重訓計畫後，可以再選擇額外訓練，依個人需求打造自己的重訓計畫，練出你想要的身材。

如何進行此重訓計畫

- 每一組重訓（重訓A、重訓B、重訓C）一週進行一次，每一次重訓之間至少間隔一天。所以你可以在星期一進行重訓A，星期三進行重訓B，星期五進行重訓C。
- 每次重量訓練之前，記得進行暖身運動。
- 每一組重量訓練設定時間為10分鐘。在這段時間內，盡可能做越多組動作越好。注意你必須以循環的方式進行訓練。所以完成一組第一項動作後，馬上換到第二項動作，以此類推。時間到時就停下來。
- 每組重訓完畢之後，你可以選擇任何一種「4分鐘加碼重量訓練」繼續做。這些是可自由選擇的，如果你有時間的話就做。這個重訓計畫的設計一方面可以燃燒脂肪，另一方面可以把你想要炫耀的肌肉再多鍛練一下。因此，你會發現有些重訓計畫針對男性或女性使用者而有不同（但兩者你都可以選擇）。
- 心肺訓練一週進行兩次，在重量訓練間隔的那幾天進行。所以你可以在星期二和四進行心肺訓練（如果你找不出時間一週訓練五天，那就在其中兩次重訓後馬上進行心肺訓練）。
- 有疑問嗎？翻到370頁，在那裡你會找到進行所有重訓動作完整的指示。

專家簡介
艾德．史考（Ed Scow）是國家肌力與體能協會（NSCA）認證的個人指導員（CPT），同時也是內布拉斯加州林肯地區「ELS健身按摩中心」的所有人。他專門幫助忙碌的男女以最快的速度減肥並重獲好身材。

重量訓練 暖身運動

訓練動作	組數	反覆次數	休息時間
1A. 開合跳（349頁）	越多越好	15	0
1B. 抱頭深蹲（188頁）	越多越好	10	0
1C. 伏地挺身（30頁）	越多越好	8	0

重量訓練A

訓練動作	組數	反覆次數	休息時間	DURATION
1A. 上斜式啞鈴仰臥推舉（50頁）	越多越好	8	0	8 分鐘
1B. 啞鈴划船（74頁）	越多越好	8	0	
1C. 單手啞鈴揮舉（264頁）	越多越好	8	0	
2. 蹲站伸腿（350頁）	越多越好	20 秒	10秒	2分鐘

- 此重訓計畫分為兩個階段。其中一段為進行8分鐘，而另一段進行2分鐘。每一項訓練盡可能在時間內做越多組越好。
- 8分鐘的階段，三種動作以各做8下為循環。所以第一項動作完成一組後，就馬上換第二組動作，以此類推。時間到的時候，換到2分鐘的訓練。
- 兩分鐘的階段，就簡單進行該項訓練動作。在20秒內盡可能做越多下越好，接著休息10秒鐘，動作反覆進行直到時間終止。

最佳重訓計畫

小倆口很忙重訓計畫

重量訓練B

訓練動作	組數	反覆次數	休息時間	持續時間
1A. 推進器式（339頁）	越多越好	8	0	10分鐘
1B. 俯立平舉（79頁）	越多越好	8	0	
1C. 伏地挺身（30頁）	越多越好	12	0	
1D. 啞鈴反弓步（231頁）	越多越好	8	0	
1E. 爬山式（284頁）	越多越好	30秒	0	

重量訓練C

訓練動作	組數	反覆次數	休息時間	持續時間
1A. 張肘啞鈴划船（74頁）	越多越好	10	0	10分鐘
1B. 上斜式啞鈴仰臥推舉（50頁）	越多越好	10	0	
1C. 蹲站伸腿（350頁）	越多越好	8	0	
1D. 啞鈴肩上推舉（116頁）	越多越好	10	0	
1E. 單手啞鈴揮舉（264頁）	越多越好	12	0	

男性4分鐘加碼重量訓練
選擇一：手臂和核心肌

訓練動作	組數	反覆次數	休息時間	持續時間
1A. 立姿啞鈴彎舉（152頁）	越多越好	20秒	10秒	4分鐘
1B. 蹲站伸腿（350頁）	越多越好	20秒	10秒	
1C. 啞鈴仰臥三頭肌伸展（164頁）	越多越好	20秒	10秒	
1D. 蹲站伸腿（350頁）	越多越好	20秒	10秒	

選擇二：臀部、手臂和核心肌

訓練動作	組數	反覆次數	休息時間	持續時間
1A. 近手伏地挺身（34頁）	越多越好	20秒	10秒	4分鐘
1B. 單手啞鈴揮舉（264頁）	越多越好	20秒	10秒	
1C. 槌握啞鈴彎推舉（157頁）	越多越好	20秒	10秒	
1D. 單手啞鈴揮舉（264頁）	越多越好	20秒	10秒	

選擇三：手臂和核心肌

訓練動作	組數	反覆次數	休息時間	持續時間
1A. 瑞士球屈腿（286頁）	越多越好	20秒	10秒	4分鐘
1B. 槌握啞鈴彎舉（154頁）	越多越好	20秒	10秒	
1C. 瑞士球屈腿（286頁）	越多越好	20秒	10秒	
1D. 啞鈴仰臥三頭肌伸展（164頁）	越多越好	20秒	10秒	

女性4分鐘加碼重量訓練
選擇一：臀部、肱三頭肌和核心肌

訓練動作	組數	反覆次數	休息時間	持續時間
1A. 腳墊瑞士球抬臀（235頁）	越多越好	20秒	10秒	4分鐘
1B. 爬山式（284頁）	越多越好	20秒	10秒	
1C. 啞鈴仰臥三頭肌伸展（164頁）	越多越好	20秒	10秒	
1D. 爬山式（284頁）	越多越好	20秒	10秒	

選擇二：臀部、大腿和核心肌

訓練動作	組數	反覆次數	休息時間	持續時間
1A. 瑞士球屈腿（286頁）	越多越好	20秒	10秒	4分鐘
1B. 瑞士球抬臀彎腿（239頁）	越多越好	20秒	10秒	
1C. 瑞士球屈腿（286頁）	越多越好	20秒	10秒	
1D. 啞鈴分腿交互蹲跳（207頁）	越多越好	20秒	10秒	

選擇三：臀部、大腿、肩膀和手臂

訓練動作	組數	反覆次數	休息時間	持續時間
1A. 啞鈴深蹲（199頁）	越多越好	20秒	10秒	4分鐘
1B. 單手啞鈴揮舉（264頁）	越多越好	20秒	10秒	
1C. 槌握啞鈴彎推舉（157頁）	越多越好	20秒	10秒	
1D. 單手啞鈴揮舉（264頁）	越多越好	20秒	10秒	

16分鐘心肺訓練

計畫

- 你可以在跑步機、飛輪或戶外的人行道或跑道上進行此訓練。
- 一開始以輕鬆的步伐，約為你最大負荷量的30%，進行4分鐘。接著做以下間歇訓練：
- 訓練強度約為你最大負荷量的80%。進行30秒。
- 之後慢下來，訓練強度降到約為你最大負荷量的40%，進行60秒。如此為一組訓練動作。總共進行6組。
- 完成所有組數後，再慢下來，訓練強度降到約為你最大負荷量的30%，進行3分鐘。

身體萬能重訓計畫

想要雕塑出漂亮的體格，並不一定要上健身房買會員資格。其實你連器材都不用。下面這一套超級簡單的自體重量訓練計畫， 讓你在任何地方都能打造肌肉、燃燒脂肪。

如果你覺得前四種訓練太難，可自由替換該動作的簡單版本，以便順利完成指定的反覆次數。同樣，如果你發現某些訓練太簡單，就以較難的版本代替。

Y-T-I字形平舉的部分，每一種字形進行10下。也就是說，先做10下Y字形平舉，接著再做10下T字形平舉，最後做10下I字形平舉。

重量訓練1

訓練動作	組數	反覆次數	休息時間
1. 啞鈴保加利亞式分腿深蹲（206頁）	3	10–12	1分鐘
2A. 伏地挺身（30頁）	3	12–15	1分鐘
2B. 抬臀（232頁）	3	12–15	1分鐘
3A. 側平板式（280頁）	3	維持30秒	30秒
3B. 地板Y-T-I字形平舉（82-87頁）	3	10	30秒

進行靜體爆發力蹲舉跳躍和靜體爆發力伏地挺身時，每一次動作都必須要在動作低點停留5秒鐘的時間。

重量訓練2

訓練動作	組數	反覆次數	休息時間
1. 自體重量靜體爆發力跳躍深蹲（190頁）	4	6–8	1分鐘
2A. 靜體爆發力伏地挺身（38頁）	3	6–8	1分鐘
2B. 單腳抬臀（236頁）	3	12–15	1分鐘
3A. 倒立肩膀推舉（119頁）	3	越多越好	1分鐘
3B. 俯臥反弓（291頁）	2	維持1分鐘	1分鐘

第一次進行此重量訓練時，每種動作做兩組。之後，慢慢提高到每種動作做五組。

重量訓練3

訓練動作	組數	反覆次數	休息時間
1A. 開合跳（349頁）	2–5	30秒	0
1B. 抱頭深蹲（188頁）	2–5	20	0
1C. 近手伏地挺身（34頁）	2–5	20	0
1D. 行走啞鈴弓步（213頁）	2–5	12	0
1E. 爬山式（284頁）	2–5	10	0
1F. 大腿後抬（356頁）	2–5	8	0
1G. T字形伏地挺身（37頁）	2–5	8	0
1H. 原地跑步	2–5	30秒	0

15分鐘超省時重訓計畫

準備好要雕塑出更精實、更強壯的體魄了嗎？時間不用太久。堪薩斯大學科學家指出，一週只要做3次15分鐘的重訓計畫，入門者就可以增強力量。而且，一般人面對新的重訓計畫，通常會在一個月內就放棄，但這個計畫完全不一樣，有高達96%的受試者輕易就將此重訓計畫融入生活中。你也可以做到！以下10組重訓全部都能幫助增加肌肉，同時消除脂肪。

開始之前

如果這個重訓計畫中的任何自體重量訓練動作太難或太簡單，可任意替換同個動作的其他版本，以調整難易度，讓自己順利完成指定的反覆次數。記住，每一組動作都應該要挑戰你的肌肉，要令你感到吃力，但卻不至於無法完成該動作（第二章有關此概念較為完善的說明）。

請不要誤解：這些重量訓練並不容易。訓練的節奏十分快速並激烈。所以如果一開始感到太困難，在每組間可自行調控休息時間，並在15分鐘內盡可能完成越多訓練動作越好。接下來每一次重訓，試著每次進步一點，直到你能完成完整的訓練。

如何進行此重訓計畫

- 選擇一：選擇一重量訓練，一週進行三次，每次中間至少休息一天。二到三週後，換一新的重量訓練。
- 選擇二：選擇兩種重量訓練，一週三天中來回輪流進行。所以你可以在星期一和五進行重量訓練一，星期三進行重量訓練二。下一週，星期一和五則進行重量訓練二，星期三進行重量訓練一。四週後，再選擇兩種新的重量訓練。

重量訓練1

訓練動作	組數	反覆次數	休息時間
1A. 槓鈴深蹲（194頁）	3	15	0
1B. 伏地挺身（30頁）	3	越多越好	0
1C. 抬臀（232頁）	3	12–15	0
1D. 啞鈴划船（74頁）	3	10–12	0
1E. 前平板式（274頁）	3	維持30秒	0

重量訓練2

訓練動作	組數	反覆次數	休息時間
1A. 瑞士球抬臀彎腿（239頁）	3	越多越好	0
1B. 增強版伏地挺身（60頁）	3	越多越好	0
1C. 瑞士球屈腿（286頁）	3	越多越好	30秒
2A. 反手引體向上（92頁）	2–3	越多越好	30秒
2B. 啞鈴肩上推舉（116頁）	2–3	8–10	30秒

重量訓練3

訓練動作	組數	反覆次數	休息時間
1. 單手反弓步推舉（340頁）	3	10–12	1分鐘
2A. 反手引體向上（92頁）	3	越多越好	0
2B. 側平板式（280頁）	3	維持30秒	0
2C. 伏地挺身（30頁）	3	越多越好	45秒

重量訓練4

訓練動作	組數	反覆次數	休息時間
1. 單手啞鈴揮舉（264頁）	3	12	30秒
2A. 伏地挺身和划船（39頁）	3	12	30秒
2B. 推進器式（339頁）	2	12	30秒
2C. 瑞士球屈腿（286頁）	2	12–15	30秒

最佳重訓計畫

15分鐘超省時重訓計畫

重量訓練5

訓練動作	組數	反覆次數	休息時間
1. 側弓步推舉（341頁）	3	10–12	1分鐘
2A. 單腳啞鈴划船（75頁）	3	12–15	0
2B. 單腳抬臀（236頁）	3	越多越好	0
2C. T字形伏地挺身（37頁）	3	越多越好	30秒

重量訓練6

訓練動作	組數	反覆次數	休息時間
1A. 啞鈴過頭弓步（215頁）	3	10–12	0
1B. 單臂直握啞鈴划船旋轉（78頁）	3	10–12	0
1C. 單手登階推舉（340頁）	3	10–12	0
1D. 伏地挺身（30頁）	3	越多越好	0
1E. 俯臥反弓（291頁）	3	維持30秒	60

重量訓練7

訓練動作	組數	反覆次數	休息時間
1. 寬握槓鈴硬舉（245頁）	4	5	90秒
2A. 上斜式啞鈴仰臥推舉（50頁）	2	10–12	0
2B. 瑞士球俄羅斯旋轉（298頁）	2	10–12	0
2C. 啞鈴弓步（212頁）	2	10–12	1分鐘

重量訓練8

訓練動作	組數	反覆次數	休息時間
1A. 槓鈴早安式硬舉（250頁）	3	8	0
1B. 啞鈴仰臥推舉（48頁）	3	8	0
1C. 自體重量深蹲（186頁）	3	30秒	0
1D. 啞鈴划船（74頁）	3	10	0
1E. 爬山式（284頁）	3	30秒	15 至 30秒

重量訓練9

訓練動作	組數	反覆次數	休息時間
1A. 啞鈴硬舉（246頁）	4	6	0
1B. 跳繩	4	45秒	0
1C. 啞鈴推舉（117頁）	4	6	0
1D. 跳繩	4	45秒	1分鐘

重量訓練10

訓練動作	組數	反覆次數	休息時間
1. 槓鈴深蹲（194頁）	3	6-8	1分鐘
2A. 槓鈴划船（72頁）	3	6-8	0
2B. 核心肌穩定度運動（330頁）	3	30秒	0
2C. 單手啞鈴揮舉（264頁）	3	10–12	0
2D. 下斜式伏地挺身（32頁）	3	越多越好	30秒

斯巴達克斯重訓計畫

你有沒有想過，為什麼好萊塢演員的體格是那麼令人稱羨？這種體格，不是一朝一夕鍛鍊出來的，而是長久運動的成果。不久前有人找我為電視台新節目「斯巴達克斯」（Spartacus）的演員設計一套重訓計畫，以便配合該節目在2010年1月間的首播，當時我心中立刻浮現出最適合的人選：瑞秋．凱絲葛羅芙（Rachol Cosgrove），她是世界上頂尖的健身專家之一，在業界中頗富盛名，因為她的專長是活用最新潮的肌肉和減肥科學，達到令人驚豔的效果。

為了幫助這個電視影集的演員，我們以老式的訓練器材（如沙袋和壺鈴）搭配現代經典訓練動作的變化（如T字形伏地挺身和啞鈴弓步旋轉），每個動作都設計成模仿斯巴達戰士在訓練和戰鬥中會需要的動作。（想看劇組重訓的畫面，可以去MensHealth.com/Spartacus網站。）如果您是一般讀者，我們在此改變了一些訓練動作，以便讓這組重訓在健身房中進行，同時保持住每一分的功效。最後的結果就是：最新潮的循環重訓計畫，不但能幫助你減去脂肪，精鍊胸肌、手臂肌肉和腹肌，更能使你的體適能水平邁入新的境界。因此，你會雕塑出精實、壯碩、運動型的體格，彷彿是一位斯巴達戰士，同時也會練出這輩子最好的體魄。

專家簡介
瑞秋　凱絲葛羅芙（Rachel Cosgrove）是肌力與體能訓練師，也是加州聖塔克拉利塔「成果健身中心」的所有人之一，她也是《男性健康雜誌》、《女性健康雜誌》的健身顧問。

如何進行此重訓計畫

- 此重訓計畫每週進行3天，你可以把它當作主要重量訓練動作，也可當作心肺訓練，在你規律重訓之間的那幾天進行。此方法能幫助你更加迅速減去脂肪。
- 以循環的方式進行重訓，連續進行每組訓練（動作）。循環中每一項動作歷時60秒。期間盡可能做越多下越好，接著換到循環中的下一項動作。兩項動作間可以有15秒的時間，每完成10項動作的循環後休息2分鐘。接著重複2次。如果你在進行自體重量訓練實無法達到一分鐘，就盡己所能看能維持多久，休息幾秒鐘，接著再重新開始，一直到該動作的時間終止。
- 每次重訓之前，完成5到10分鐘的暖身運動。用第十二章「打造自己的暖身運動」的指示設計自己的訓練動作。

動作1

高腳杯深蹲（200頁）

動作2

爬山式（284頁）

動作3

單手啞鈴揮舉（264頁）

動作4

T字形伏地挺身（37頁）

動作5

啞鈴分腿交互蹲跳（207頁）

動作6

啞鈴划船（74頁）

動作7

啞鈴側弓步碰地（217頁）

動作8

伏地挺身和划船（39頁）

伏地挺身和划船動作，請參考伏地挺身和划船的動作。只做划船的動作，不需做伏地挺身的動作。

動作9

啞鈴弓步旋轉（215頁）

動作10

啞鈴推舉（117頁）

第十四章
最佳心肺訓練

每次奔向終點，依舊健步如風

有件事情要說清楚：「Cardio」（本書譯為「心肺」）這個詞，並不是只用於「有氧運動」。「Cardio」一詞是心血管調節功能（cardiovascular conditioning）的簡稱。其實，重量訓練和爆發性運動對心肺功能也都十分有益。所以，你從本書中可以找到許多很棒的心肺訓練計畫。

但在本章中，你會看到十多種更快、更特別的訓練，也許會永遠改變你對心肺訓練的看法。不論你是想打破一成不變的訓練方式，狂奔10公里，或來個激烈的收尾，本章中都有最新潮的計畫供你選擇。

八種世界經典
增進跑步速度的方法

如果你對於長時間、無聊的跑步已經感到厭倦，不妨試試看理學碩士艾斯頓（Ed Eyestone）設計的短時間快速訓練。艾斯頓曾兩度參與奧林匹克馬拉松，並是楊百翰大學男子長跑隊的總教練。他擬定的方法打破了千篇一律的訓練方式，更能使你的速度和耐力達到全新的高點。讀者可以將他擬定的這些方式加以混合採用：一週的前幾天中，從前三種訓練任選一種進行訓練，接著後幾天再從第四種到第七種訓練中選一種，都在田徑場上進行。至於第八種訓練法，則利用週末進行。

一、節奏跑法

這是什麼：4英哩慢跑的加速版，跑的時候採用「辛苦但不勉強」的速率。（1英哩約為1.6公里）

為什麼採用這個方式練習：節奏跑法能清除身體裡產生的廢物，這些廢物會讓你肌肉產生酸痛，動作慢下來。廢物清除後，你就能跑得更快、更久。

如何進行：測量你跑3英哩最快的速度（回想你最近一次跑5公里的最佳成績），計算出每英哩跑步的速率，並加上30秒鐘。假設你跑3英哩的最佳記錄是24分鐘，代表每英哩要花8分鐘，那麼就請用每英哩8分30秒的時間，來跑完4英哩的路程。這就是節奏跑法。

小提醒：請精準測量速率。手上戴支錶。

二、1千公尺節奏跑法

這是什麼：一系列的1千公尺節奏跑法，中間有間隔休息。

為什麼採用這個方式練習：短程的節奏跑法能幫助你維持一定的速度，而短暫的休息能令你保持精力。

如何進行：以4英哩的跑步速率（參看前面「節奏跑法」中測量出的速度）跑1千公尺（約為標準田徑場的2圈半），接著休息60秒，再重複動作。總共跑6趟，並慢慢增加到10趟——每一次採用1千公尺節奏跑法的時候，都比前一次增加1趟。

小提醒：如果你比較習慣用時間，而非距離來測量，那也可以。每次跑3分鐘30秒，接著再休息。

三、逐步下降法特雷克跑法

這是什麼：法特雷克（Fartleck）是瑞典語「任意變速」的意思，也就是代表依個人的自我感覺來加減速（典型的歐洲人啊！）。

為什麼採用這個方式練習：在「逐步下降法特雷克跑法」當中，採用比較有規律的方式進行間歇跑（典型的美國人啊！）；而到了訓練尾聲的時候，難度會變得更高。若你在疲倦時進行更激烈的訓練，則下次在正常情況下就能跑得更快。

如何進行：一開始步伐速率約為全速的75%，維持速度跑5分鐘。接著慢下來，速率保持約在全速的40%，再跑5分鐘。持續以這種時快時慢的方式跑步，但每次的快跑時間都減少1分鐘，而且提升每次快跑的速度。等到最後1分鐘快跑時，你應該是以衝刺的速度在跑了。

小提醒：每週把第一階段的訓練時

間再加1分鐘（但繼續保持前述那種逐步下降的跑法），直到你第一次的間歇跑時間為10分鐘。

四、英哩反覆跑法

這是什麼：1英哩快跑，中間有休息時間。認真跑者的終極訓練方式。

為什麼採用這個方式練習：英哩反覆跑的長度和激烈程度會迫使你挑戰自己有氧運動的極限，鍛練長時間快跑的肌耐力和意志力，

如何進行：以5公里比賽的配速速率，進行3到4次的1英哩間歇跑。每跑完4英哩，休息4分鐘。

小提醒：調整你的速率。每1/4英哩都必須保持同樣的速度。

五、8百公尺反覆跑法

這是什麼：快跑穿插慢跑，恢復體力。

為什麼採用這個方式練習：最好的進步方式，就是以最大攝氧量的方式跑步。

如何進行：先暖身，直到流汗。以英哩反覆跑所費時間再縮減10秒的速率，維持此速率跑8百公尺（田徑場兩圈）。每跑完8百公尺，先繞田徑場慢跑一圈，再重複跑一次。

小提醒：一開始每次只跑4趟就好，接著每次訓練時都多加1圈，直到你可以在不勉強的情況下跑完8趟。

六、四百公尺反覆跑法

這是什麼：快跑穿插慢跑，恢復體力。

為什麼採用這個方式練習：鍛練你的結尾加速。

如何進行：以1英哩最快的速度跑（如果你1英哩的個人紀錄或平均值為7分鐘，則你每次4百公尺間歇跑時間就應該為105秒，或1分45秒。）每次4百公尺快跑完，就慢跑1到2分鐘，接著重複動作。一開始進行6趟間歇跑訓練，每次訓練都增加1趟，直到增加到10趟。

小提醒：開始前先計算好速率。而且記得要先熱身！

七、變速跑法

這是什麼：2百公尺快跑和2百公尺微快跑交互進行，總計跑2英哩。

為什麼採用這個方式練習：這個訓練迫使你一面跑步一面調整休息，恢復體力；同時採用更高的強度進行更長距離的訓練，超越以往的自我。

如何進行：以你跑1英哩最快的速度跑2百公尺，接著慢下來，以多花10秒鐘的速率跑下一段2百公尺。速度繼續來回交互變化，直到你跑完2英哩。

小提醒：如果你在快跑或慢跑的階段變慢超過2秒鐘以上，則改以較輕鬆的速率跑完全程2英哩即可。

八、後半加速長跑法

這是什麼：長跑，但後半段加速。

為什麼採用這個方式練習：鍛練你的身體適應長跑，並在結尾加速。

如何進行：增快你平常輕鬆跑的速率。前半段以正常速率進行，跑到一半時，增快速度，每英哩完成時間減少5到10秒鐘。

小提醒：可以先多喝水或準備一些水帶在身上，協助你撐過後半段。

終極10K訓練計畫

新墨西哥大學運動科學副教授卡維茲（Len Kravitz）博士設計的8週快速計畫，應當可以讓你在下一次的10公里競賽當中，成績屌到爆。這個訓練方法用到了「美國效忠誓言」，①是的，就是美國小學所背的誓言，可以幫助你跑得更快。威斯康辛大學的研究研究者發現，跑者邊跑邊背誦「美國效忠誓言」全文31個字，就可以準確測量出跑步的激烈程度。只要善用此處提到的方法，則不論是長距離、輕鬆跑或是相當激烈的間歇跑，都能確保自己在每次訓練時維持理想的速度。結果就是：你會打破自己過去10公里賽跑的最佳紀錄。

速度的科學

先別急著背英文。這裡要先學一點有關「乳酸門檻」的知識。乳酸是身體緩衝機制，會堆積在腿部，奔跑時令你感到酸楚（一般人認為「酸楚」是乳酸所造成的，但科學家們不這麼認為）。你跑得越快，體內的乳酸累積速度越快。到某個程度，乳酸過高無法中和時，你就必須慢下來。這就是你到達乳酸門檻的時候。

你也可以將乳酸門檻視為是你能從頭到尾維持不變的最快速度，而且不會產生酸痛。因此，如果提高乳酸門檻的話，你就能跑得更快、更久。這時候「背英文」就派上用場了：背誦「美國效忠誓言」是幫助你提高乳酸門檻的方法。

訓練日

在這個訓練計畫中，你每週跑3到4天，訓練距離和激烈程度不一樣。依循以下指示，以理想的激烈程度進行每次訓練。

量化訓練：量化訓練唯一的目標是：完成總里程。量化訓練目的是鍛練你進行長時間運動的能力，也使你的肌肉和關節適應來自跑步時不斷的衝擊。量化訓練時使用的跑步速度，應該是「還能讓你開口背誦美國效忠誓言」的速度。

最大穩定強度訓練：進行最大穩定強度訓練時，跑步的速率應盡可能接近你的乳酸門檻。最大穩定強度訓練目的是模擬比賽時的速率，並且增進身體清除血液和肌肉乳酸的能力，突破速度限制。此時的跑步速度，應該是「難以開口背誦美國效忠誓言」的速度，也就是每次只能頂多從口中噴出3到4個字。

間歇訓練：這個訓練是把「短時間高於乳酸門檻的跑步訓練」與「低於乳酸門檻的長時間訓練」穿插進行。間歇跑能鍛練身體忍受更高程度的乳酸量。一開始先以量化訓練的速率跑5分鐘。接著增加速度，直到你無法背誦出任何一字的速度。維持此速度30秒，接著回到一開始的速度，再跑3分鐘，之後再進行一次激烈的30秒衝刺。訓練一開始先跑5趟，每次訓練都試著增加趟數，並減短慢跑恢復體力的時間。

體能水平分級10公里訓練計畫

依個人體適能水平，選擇適合的計畫，並採用下表作為自己每日訓練的指示。在每個里程數的旁邊有配合上字母，說明當天是量化訓練（V）、最大穩定強度訓練（M）、或間歇訓練（I）。完成整個計畫，接著重複此計畫，就能將個人體適能推向更高的水平。

入門：如果你一週有2到3天進行有氧訓練或運動的話，可以選擇入門訓練計畫。

進階：如果你一週跑步3天以上，一次至少20分鐘或兩英哩的話，可以進行進階訓練計畫。

①美國效忠誓言（the Pledge of Allegiance）全文31字為：I pledge allegiance to the Flag of the United States of America, and to the Republic for which it stands: one Nation under God, indivisible, with Liberty and Justice for all. 。

週次		星期一	星期二	星期三	星期四	星期五	星期六	星期日
第一週	入門	2英哩（V）	休息	2.5英哩（V）	休息	3英哩（V）	休息	3.5英哩（V）
	進階	3英哩（V）	休息	3.5英哩（V）	休息	4英哩（V）	休息	4.5英哩（V）
第二週	入門	休息	4英哩（V）	休息	4英哩（V）	休息	4英哩（V）	休息
	進階	休息	5英哩（V）	休息	5英哩（V）	休息	5英哩（V）	休息
第三週	入門	4.5英哩（V）	休息	4.5英哩（V）	休息	4.5英哩（V）	休息	5英哩（V）
	進階	5.5英哩（V）	休息	5.5英哩（M）	休息	5.5英哩（V）	休息	6英哩（V）
第四週	入門	休息	5英哩（M）	休息	5英哩（V）	休息	5.5英哩（V）	休息
	進階	休息	6英哩（V）	休息	5英哩（M）	休息	6英哩（V）	6英哩（I）
第五週	入門	4英哩（V）	休息	4.5英哩（M）	休息	4.5英哩（V）	休息	4.5英哩（V）
	進階	休息	6.5英哩（V）	休息	5英哩	休息	6英哩（V）	5英哩（I）
第六週	入門	休息	5英哩（I）	休息	6英哩（M）	休息	5英哩（M）	6英哩（V）
	進階	休息	7英哩（V）	休息	5英哩（V）	休息	6英哩（V）	5英哩（I）
第七週	入門	休息	5英哩（I）	休息	6英哩（M）	休息	5英哩（M）	6英哩（V）
	進階	休息	7英哩（M）	休息	6英哩（V）	休息	5英哩（I）	6英哩（V）
第八週	入門	休息	5英哩（V）	休息	4英哩（V）	休息	休息	比賽
	進階	休息	6英哩（V）	休息	5英哩（V）	休息	休息	比賽

經典飆速心肺訓練

沒時間嗎？試試看肌力與體能訓練師柯斯葛羅夫和他在加州聖塔克拉利「成果健身中心」的團隊所設計出最新穎的心肺訓練。這些訓練又稱為「新陳代謝循環訓練」，旨在鍛練你的心血管系統，加速脂肪燃燒，就像快速衝刺帶來的效果一樣。不過，這些訓練只要在室內就可以進行了。而且，這些訓練也能增進你的最大攝氧量，就像以適當的速度慢跑幾英哩一樣。但這些訓練費時不長，因為這個訓練較為激烈。

混合訓練

以下每組訓練依序各進行一組。每組動作進行15秒，接著休息15秒。5分鐘內盡可能做越多組越好。注意一點：啞鈴跳躍蹲舉每一次身體下沉時，大腿至少要和地面平行，接著盡可能跳高。

- **衝刺或爬樓梯**
  休息
- **啞鈴跳躍深蹲**（201頁）
  休息
- **啞鈴下擺**（300頁）
  休息
- **單手啞鈴或壺鈴揮舉**（264頁）
  休息

完結動作

以下的快速心肺運動，可以在每次重訓結束前進行。這些動作稱為「完結動作」，原因不單在於它們很適合用在為訓練做結，更因為它們能幫助你終結脂肪。

大腿動作

每項動作各做一組，中間不休息，記錄完成循環所需的時間。接著休息兩倍的時間。然後再重複一次。當你能在90秒內完成一次循環時，則日後練習時就不可休息。

- **自體重量深蹲**（186頁）：24下
- **自體重量交互弓步蹲舉**（213頁）：雙腳各12下
- **自體重量分腿交互蹲跳**（207頁）：雙腳各12下
- **自體重量跳躍深蹲**（減肥用）（190頁）：24下

深蹲連發

每項動作各做一組，中間不休息。如此為一輪。總共完成三輪。

- **自體重量跳躍深蹲**（減肥用）（190頁）：20秒內盡可能做越多下越好。
- **自體重量深蹲**（186頁）：20秒內做越多下越好。
- **靜體深蹲**：身體下沉直到大腿和地面平行。維持此姿勢30秒。

倒數計時

以下兩種動作（方案一或方案二）交錯進行，中間不休息。第一輪每項動作進行10下，第二輪做9下。次數慢慢減少，盡可能做完。每週將一開始的次數加一。所以如果是第二週的話，「倒數計時」會從11下開始。

方案一

- 單手啞鈴揮舉（264頁）
- 蹲站伸腿（350頁）

方案二

- 身體重量跳躍深蹲（減肥用）（190頁）
- 爆發力伏地挺身（38頁）

第十五章
營養祕密大追擊

釋放食物的力量

食物就是力量。其實，食物的力量對我們大多數人來說，實在是太強大了。因此，只要明白「什麼是好的營養習慣」，就會讓你脫胎換骨。首先，「斷食」無法變瘦。反之，你應該要聰明地選擇食物。選擇美味、營養豐富又能填飽肚子的食物，但這樣並不等於吃到撐。一旦你學會如何吃得聰明，你就能控制自己的身體，獲得力量又能減肥，鍛練出更多肌肉，每一口都能改善自己的健康。所以，請趕快潛入探索本章營養的祕密，駕馭食物的力量，改善整體生活吧。

史上最簡單的飲食計畫

減肥的不變法則：你燃燒掉的卡路里，必須大於飲食中攝取的卡路里。當然，有好幾十種方式可以達到這個目標，但不必搞得太複雜。以下的飲食計畫就是最好的證明，你可以減少每日攝取量，並以營養天然的健康食品取代造成暴飲暴食的「空熱量食物」。這樣不但讓你成功減肥，還不會覺得自己吃不飽。只要按照以下計畫循序漸進即可，簡直比要你數到三還簡單。

三步驟計畫

第一步：避免食品加工或料理食物過程中額外添加的糖

這個步驟，是最簡單、最快速的調節飲食方法。美國農業部調查顯示，美國人每天平均攝取82克的添加糖，差不多等於20茶匙。這些糖提供了317卡的空熱量。研究者發現，91%的添加糖來自碳酸飲料（33%）、烘焙食品和早餐穀片（23%）、糖果（16%）、果汁飲料（10%）和加糖乳製品（9%）如巧克力牛奶、冰淇淋和調味優格。

那哪些食物沒有添加糖呢？肉、蔬菜、水果、蛋、全穀類，和任何沒有加糖調味的日常食品。這些就是你的菜單。從現在開始，按照這個菜單來吃飯。另外，每星期都可以恣意吃一頓大餐，想吃什麼都行。想達成減肥成果，並不需要依靠要百分之百的禁食。

重點是：不要用放大鏡檢視自己的飲食，不要在小細節上斤斤計較。只要避免含有添加糖的食物，就等於自動過濾掉大多數的垃圾食物了，你的飲食習慣也會立刻變得更健康。對大部分的人來說，不要添加糖，就能大量減少卡路里攝取。所以你不需計算卡路里，也不用限制自己不可吃某種食物，這樣就能減肥。試兩週看看。如果沒有看到減肥效果，就試試看第二步。

第二步：減少澱粉攝取

澱粉是麵包、義大利麵、米飯中主要的碳水化合物。而且不是只有在白麵包之類的加工製品中有，在百分之百的全穀物中也有。當然，可能有人跟你說過，你需要多吃這些食物。其實，沒這個必要。為什麼？對剛開始調整飲食的人來說，太多澱粉會干擾正常血糖。

進一步解釋如下：只要4小時不進食，血糖便會降低。此時你會感覺到暴躁、疲倦，甚至可能會顫抖。因此，你會想要攝取碳水化合物，尤其是澱粉和醣類，這兩者都能快速提高血糖（蛋白質和脂肪對血糖影響不大）。

現在，可能的情況是，你不可能只吃吃一點點澱粉或醣類食物就滿足，你會開始狂吃，讓血糖快速飆高。血糖快速升高後，胰臟會開始釋放胰島素，將血糖降回正常值。不幸的是，約有一半的人胰島素會分泌過度，這種機能障礙會導致血糖快速下降，反過頭來助長暴食的習慣，因為你又想吃澱粉和醣類了。這就是問題所在。

塔夫斯大學農業部人類營養研究中心報告發現，攝取碳水化合物食物，如麵包、義大利麵、米飯和醣類等，會增加總卡路里攝取量。但減少攝取澱粉和添加食物，就能控制血糖值，也就比較不會造成強烈的澱粉欲求，以免飲食脫軌。

那究竟能吃多少澱粉呢？看情況。基本上，一天澱粉攝取以兩份為限。每一份約含20克的碳水化合物，約等於一片麵包、一杯熱或冷的穀片、半顆馬鈴薯、或1/2杯煮熟的義大利麵、米飯或豆類（如果要更精確的測量食物中的澱粉和醣分，從總碳水化合物中減去纖維質的分量即可）。因此，選擇含有最高纖維質，且少加工的食品，諸如：「全穀物」製成的麵包、義大利麵和穀片；糙米會比白米更好；整顆含皮的馬鈴薯也不錯。

要再更一步解決所有問題的話，可以將澱粉攝取減少至零，重訓當天則攝取一份。當你重訓特別激烈時，可以將量提升到兩份。原因是，重訓那幾天你會燃燒更多碳水化合物。因此在身體需要時給予一些燃料，不需要時則減少攝取。

至於其他飲食的部分，請依照以下指示：

絕不要限制蔬菜水果的攝取

飲食界廣為流傳著一句話：「沒有人因為吃蔬菜水果胖過。」這是真的。多數的水果和蔬菜含的卡路里、澱粉都不多，並且富含可以填飽肚子的纖維質。不用去煩惱要不要列一張單子寫出哪些蔬菜水果符合這些要素。你可以簡單挑出含有大量澱粉的馬鈴薯、豆類、玉米和豌豆等，然後盡情享受剩下所有的食物。當然，其他塊莖類植物可能都算是澱粉限制食物。但反正你也不可能天天吃那些食物，更別說是吃到過量了。

每餐攝取一點蛋白質

即使你在減肥，吃蛋白質仍可以確保身體擁有組成和保持肌肉的基本成分。伊利諾大學研究者發現，控制飲食的人如果攝取高蛋白的話，會比一般吃少量營養素的人減去更多脂肪，並感到更飽足。所以每一餐或小點心中，可以吃一到兩份蛋白，如優格、乳酪、牛奶、火雞、雞肉、魚、豬肉、蛋、核果或高蛋白奶昔。

如果你要確切的目標，理想的分量就以目標體重的磅數為準，每磅折合為一公克的蛋白質。例如，你的理想體重是180磅（1磅約為0.45公斤），那每天就吃180克的蛋白質。當然，有些人可能無法吞下那麼多蛋白質，或甚至感到很麻煩。如果是這樣的話，可以把每天的蛋白質最低攝取量設為125克。依照下面表格自己搭配選擇。

食物	蛋白質（克）
一顆蛋	6
三盎司的牛肉、豬肉、雞肉和魚	25 至 30
八盎司的牛奶或優格	9
一盎司（一片）乳酪	7
一盎司的核果醬、核果、或堅果種子。	6

*一盎司約為30公克

不要害怕脂肪

如果總卡路里沒有攝取太多的話，身體是不會貯存脂肪的。例如，研究者指出，飲食中若有高達60％的脂肪，其減重效果和飲食中攝取提供20％熱量的脂肪是同樣有效的（這兩種飲食方式都能降低心臟病的危險）。其實，脂肪只是填充物，並為食物增加滋味，作用是預防你感到吃不飽。意思是說，你可以食用自然的脂肪如肉類、乳酪、牛奶、奶油、酪梨、核果和橄欖油等。因為按照上面的敘述，你應該已經不再食用所有含有添加糖的食物，也避開許多含有過度脂肪和卡路里的垃圾食物。

吃到飽，不要吃到爽

食用含有健康蛋白質、纖維和脂肪的食物來填飽肚子，能保持飽足感、調節血糖。因此就能降低食慾，通常也能自動減少個人攝取的卡路里，加速減肥速度。但是，如果你亂吃一通的話，就不太可能減到肥。所以吃飯的時候隨時注意自己的感覺，不要依照習慣把盤子吃乾抹淨。康乃爾大學營養調查顯示，體重最重的人都說，他們通常是覺得他們已經吃了「正常」量之後，才停下來；而不是因為身體感到飽了。

第三步：注意卡路里

如果你已經排除醣類和澱粉食物達一個月，牛仔褲腰身還是相當緊繃，問題的真相只有一個：你還是吃太多了。可能你不吃到撐就不飽足。也或許是你很難擺脫舊習。現在怎麼辦？你需要控制進食的分量。

可以採用加州千橡市營養師、《男性健康》雜誌顧問、理學碩士艾爾爾岡（Alan Aragon）擬定的計畫：將你的理想體重乘上10到12，得到的數字就是你每天的卡路里攝取量。其中一點要注意的是：依照自己的活動量，選擇要乘上10、11還是12。所以如果你的理想體重是180磅，而且你一週重訓5天，那你就將180乘上12，結果就是你每天需攝取2160卡路里。運用你的良知和判斷力。如果沒有達到你要的效果，永遠都可以再調整自己的攝取量。

為了要達到目標卡路里，前兩週寫下自己的飲食記錄。每一口食物都要估計份數，並寫下來（請誠實記錄，不然就不會有效）。記下每一餐和每一次點心，並輸入到免費營養分析工具，如www.nutritiondata.com或sparkpeople.com網站上的工具。如此一來不只能保持正確的飲食方式，也能快速指導你如何目測食物的卡路里量。你漸漸就可以了解個人適當的飲食分量。一旦你達到自己的理想體重，就可以將卡路里攝取量提高到體重每磅攝取14到16卡路里。

營養的祕密NO.1

你沒吃到的健康食物

改善飲食的祕密在哪裡？飲食要吃得健康，也要美味。以下8種食物會使你的飲食計畫更加輕鬆。

豬排

豬肉的好處，可不只是嘴上吃得出來的。和其他肉類相比，豬排含有相對高量的硒，可降低罹患癌症的機率。豬排每一克蛋白質中含有的硒幾乎相當於牛肉中的2倍，雞肉的2倍。豬排也含有核黃素和硫胺素（維生素B2和B1），能幫助身體更有效率地將碳水化合物轉換為能量。但更重要的是，普渡大學研究者發現，進行減肥低卡路里飲食計畫時，每天180克分量的豬排能幫助維持人類肌肉。

蘑菇

這些可食的真菌有超過90%的水分，至少有700種不同的種類具有不同的醫療用途，但這些都不重要。值得注意的是蘑菇的代謝物，在消化過程中，蘑菇被分解時會產生一種的代謝物。荷蘭研究者近期報告指出蘑菇代謝物能促進免疫力，抑制癌細胞生長。

紅辣椒片

這些火熱的小東西也許能澆熄你的胃口。德國研究者發現，用餐前30分鐘食用1克的紅辣椒（1/2茶匙），會減少14%的總卡路里攝取量。科學家相信胃口下降的效果是受辣椒素（capsaicin）的影響，辣椒素是一種化合物，並是辣口的主因。最近的研究指出，辣椒素可能有助於殺死癌細胞。

全脂乳酪

除了襯托花椰菜的香氣之外，乳酪是酪蛋白（casein）相當理想的飲食來源。酪蛋白是消化慢、高質量的蛋白，也是日常飲食中最適合打造肌肉的營養素。而且，根據《美國營養學院期刊》研究指出，酪蛋白會加速身體吸收利用乳酪中打造骨骼的鈣質。擔心膽固醇嗎？別擔心。丹麥研究者發現，即使一般人兩週內吃了210到300克的全脂乳酪，他們的低密度脂蛋白膽固醇（壞膽固醇）指數也沒有改變。

捲心萵苣

傳統知識告訴我們，捲心萵苣沒有營養成分。但不要再相信這些沒有根據的說法了。分析結果顯示，半顆捲心萵苣含有大量能有效對抗疫病的抗氧化劑：α胡蘿蔔素，比起蘿蔓萵苣或菠菜都還要更豐富。而且一杯大約才10卡路里。捲心萵苣就好比是營養大百貨中的免費贈品。

扇貝

這些軟體動物全身上下幾乎都是蛋白質。其實，90公克便能提供18克的營養素，而且只有93卡路里。所以吃扇貝不僅嚐到美味，更能獲得大量蛋白質。蛤蜊和牡蠣也都有相同的好處。

醋

瑞典科學家發現，一般人在高碳水化合物的一餐中，若吃下了兩湯匙的醋，他們的血糖會比沒吸收醋時降低23%，也會感到更飽足。根據亞歷桑那州立大學科學家報告，醋充滿多酚抗氧化劑，多酚是一種強大的化學物質，能改善心血管健康。除了能和橄欖油混合在一起當沙拉佐醬之外，也能增進你的廚藝：試試看先將美乃滋灑上一些甜醋，再塗到三明治上；或在炒菜時（尤其是炒焦糖洋蔥時），在熱鍋上先淋上幾湯匙的白醋或紅醋醍味；或是在下次煮蕃茄湯時加上40毫升的雪利酒醋。

雞腿肉

如果你吃膩了雞胸肉，試試看換個口味吃雞腿肉。當然，雞腿肉脂肪比較多，這就是雞腿嚐起來如此美味的原因。以營養學角度來看，每盎司的雞腿肉，只比雞胸肉多出1克的脂肪和11卡路里的熱量。當然，如果都以每盎司所含的卡路里為標準來選擇食物的話，最後大概就只剩芹菜可以吃。不過，關鍵在吃多少：如果你喜歡雞腿肉（或牛肋排也可以），調整你吃的分量，不要超過每天可以攝入的卡路里上限。還有別忘記，脂肪能令你感到滿足，也許在餐後能讓你飽足時間更久，下一餐就能吃更少。

營養的秘密NO.2

無罪惡感的高脂食物

你攝取的脂肪不該來自糖果、餅乾和蛋糕，而是應該來自天然、健康的食物。這個道理就和攝取其他營養素是一樣的。卡路里上限依舊相當重要，這點也要謹記在心。但只要留意自己的卡路里上限，就可以開始享受以下7種食物，注意分量不要太誇張就好。

好吃的肉品

我指的是牛肉（肋眼）、雞肉（雞腿）、豬肉（培根和火腿）。這些肉類的脂肪可能會增加卡路里，但也會引發身體分泌膽囊收縮素（一種飽足的荷爾蒙），進食後能幫助你飽足時間更長。能減少下一餐卡路里的攝取量。

全脂牛奶

你可能常聽人說要喝低脂牛奶。大多數科學研究指出，喝全脂牛奶對改善膽固醇其實較有幫助，只是不及喝脫脂牛奶的功效。所以選擇牛奶時就照個人的口味選吧！低脂的選擇可能可以為你省下幾卡路里熱量，但如果你有在追蹤總卡路里攝取量，就沒有必要一定非選低脂不可。有趣的是，德州大學醫學院蓋文斯頓分校的科學家發現，重訓後喝全脂牛奶所促進的蛋白質合成，比喝脫脂牛奶大了2.8倍。蛋白質合成就是肌肉增長的指標。

奶油

狂嗑一大堆塗著厚厚奶油的麵包，當然很不健康。另一方面，雖然許多營養師擔心奶油會為正餐增添不少卡路里，但是事實顯示，一小塊奶油僅含36卡路里的熱量。研究同時指出，奶油中的脂肪會增進身體吸收脂溶性維生素A、D、E和K的能力。奶油也相當適合料理，尤其比起不飽和脂肪酸（像玉米或大豆等植物油），奶油更適合入菜。加拿大研究者指出，在高溫下，不飽和脂肪酸更容易受到氧化，也許會導致心臟病。

酸奶

多年來，大家一直警告你不要碰酸奶，要吃也只能吃低脂版，因為乳製品有90%的卡路里是脂肪，而且至少一半是飽和性脂肪。不過，雖然酸奶裡脂肪比例很高，但總量卻不多。酸奶一份是兩湯匙，僅提供約52卡路里的熱量，比一湯匙美乃滋少一半，而且其中的飽和性脂肪比你喝一杯330公克、含脂量2%的牛奶還少。更何況，全脂酸奶比低脂或脫脂產品好吃太多了，低脂和脫脂產品其實也另外加入了碳水化合物。

椰子油

每盎司的椰子油比每盎司的奶油含更多飽和性脂肪。因此，健康專家警告過，攝取太多椰子油會堵塞靜脈。但研究指出，椰子油中含有的飽和性脂肪能改善造成心臟病的凝血因子。原因是，椰子油中50%以上的飽和性脂肪含有月桂酸。近年來《美國臨床營養學雜誌》先後共有60篇報告指出，雖然月桂酸會使低密度脂蛋白膽固醇上升（壞膽固醇），但卻會升高更多高密度脂蛋白膽固醇（好膽固醇）。整體而言，這樣能降低罹患心血管疾病的危險。而椰子油中其餘的飽和性脂肪一般是認為對膽固醇指數幾乎毫無影響。

雞皮

不，不是那種裹麵糊後油炸的那種。而是烤雞胸上的雞皮，用烤的不但能讓肉吃起來更鮮嫩，並能提供你一天所需一半的硒量。

蛋

維克林大學的科學報告檢驗了幾十篇研究，發現蛋攝取量和心臟病毫無關聯。越來越多研究顯示，蛋黃中的營養對健康有很大的益助。

蛋甚至是飲食控制時最完美的食物：聖路易大學科學家發現，早餐有吃蛋的人和吃貝果的人相比，當天會攝取比較少的卡路里。雖然兩種早餐含相等的熱量，但吃蛋的人一整天下來少攝取了264卡路里。

特別報導

飽和性脂肪的秘密：壞脂肪對身體好嗎？

你可能已經相信飽和性脂肪是高脂健康危險因子。但你知道背後的真相嗎？

其實，人類已知13種以上的飽和性脂肪存在。幾十年來，雖然專家大力抨擊飽和性脂肪，但其實有一些飽和性脂肪是對心臟有益處的。在營養學裡，飽和性脂肪並不完全等於邪惡。

拿啤酒中的飽和性脂肪來說好了。多數脂肪其實會降低罹患心臟病的危險，有些會減低低密度脂蛋白膽固醇（壞膽固醇），有些則能將總膽固醇比率調整成「高密度脂蛋白膽固醇（好膽固醇）比較多」的情況。

現在我們拿一塊沙朗牛排為例，看看其中各種脂肪酸對心臟健康的影響。雖然此處的分析是專對牛肉而言，但如果我們研究火雞或是雞肉（例如附雞皮的雞腿）、豬肉（包括培根和火腿）以及蛋類，結果會是大同小異，因為動物所有的脂肪組成都相當類似。乳製品像是奶油和鮮奶油比牛肉、雞肉和豬肉含有更高比例的飽和性脂肪。但是，乳製品中約70%的飽和性脂肪是來自棕櫚酸和硬脂酸，兩者都不會增加罹患心臟病的危險。

單元不飽和性脂肪：49%

油酸：45%[+]

棕櫚油酸：4%[+]

飽和性脂肪：47%

棕櫚酸：27%[+]

硬脂酸：16%[0]

肉豆蔻酸：3%[-]

月桂酸：1%[+]

多元不飽和性脂肪：4%

亞麻油酸：4%[+]

「+」符號＝對膽固醇有正面的影響

「－」符號＝對膽固醇有負面的影響

「0」符號＝對膽固醇毫無影響

簡單的分析可得知，牛肉裡97%的脂肪要不就是與心臟病無關，要不就是能降低罹患心臟病的危險。或許你也發現到了（同時感到驚訝）：牛肉中的脂肪，並非全都是飽和性脂肪。因為天然的食物基本上都是由好幾種脂肪組成。

再以豬油為例，它在室溫中是固態，許多人就認為豬油是飽和性脂肪（因為飽和性脂肪是固態，不飽和性脂肪是液態）。但豬油就跟牛肉、雞肉、豬肉一樣，約有40%的脂肪成份是油酸。這就是在橄欖油中可以找到，對心臟健康相當有益處的脂肪，但多數人從來沒聽過這件事。

等等！許多強力的科學證據指出飽和性脂肪會導致心臟病，這又是怎麼回事？其實證據十分薄弱。攝取飽和性脂肪會導致心臟病的假說，是在1950年代提出的。直至今日，將近60年後，此假說仍然無法得到證實。更不用說已經花了幾百億納稅人的錢嘗試去證實這件事。例如，婦女健康促進研究計畫是美國政府主導最大、最昂貴的長期飲食研究，研究結果顯示，降低攝取總脂量和飽和性脂肪攝取的女性，和沒有改變飲食習慣的女人相比，罹患心臟病和中風機率是一樣的（低脂飲食者少吃了29%的飽和性脂肪）。

而且，你的身體經常在製造飽和性脂肪，因為飽和性脂肪是體內細胞膜的一部分，同時也是分泌荷爾蒙及身體能量的重要來源。

所以，即使你完全不攝取飽和性脂肪，你自身也會製造出足夠的飽和性脂肪，以滿足身體的功能。最重要要的是：飽和性脂肪不是身體的毒（儘管你以前以為它很可怕）。

當然，也不應該過量攝取飽和性脂肪。許多研究指出，血液中飽和性脂肪濃度過高，會提高罹患心臟疾病的危險。不過，這代表吃飽和性脂肪會增加心臟病的機率嗎？也不完全正確，只要你總卡路里數別攝取太多就可以了。康乃迪克大學的研究者最近比較兩組受測者，一組是採高脂、低卡路里的飲食計畫，而且並未避開飽和性脂肪；另一組則採低脂、高卡路里的方式。結果發現：兩組受測者的結果都是攝取了比較少的卡路里，體重會減輕，血液中的飽和性脂肪也減低。此報告證明了「控制卡路里攝取量」真的很有效，不論你吃的是高脂還是低脂都一樣。不過，在實驗中採取低卡路里、高脂肪的那一群受測者，雖然比另一組人多吃了三倍的飽和性脂肪，實際上血液中的飽和性脂肪卻減少了兩倍；低卡路里、高脂肪的受測者促進了高密度脂蛋白膽固醇（好膽固醇）增加，卻沒有增加低密度脂蛋白膽固醇（壞膽固醇），因此降低了罹患心臟病的危險。

後來發現，卡路里在肝臟中很容易轉換為飽和性脂肪。其實，攝入過量的卡路里會使肝臟產出的飽和性脂肪直線上升，而攝取飽和性脂肪會降低體內產生的脂肪。所以如果你大量攝取卡路里的話，血液中的脂肪濃度便可能急劇升高，就算你不吃任何飽和性脂肪也一樣。

請謹記在心：吃太多卡路里，比攝取任何特定的脂肪或熱量更可怕。根據科學的研究我們可以得知，飲食中並不需要避免含有飽和性脂肪的天然食物。所以放膽吃吧，再次開始享用脂肪，只要別過量就好。不管吃什麼都要記住這個黃金準則：別過量。

南瓜籽：你沒放入口中的最佳零嘴

製造南瓜燈籠時，會把籽挖出來，這些籽含有鎂。別小看鎂，因為法國研究者發現，體內鎂濃度高的人，比起鎂濃度低的人，能降低40%英年早逝的機率。平均來說，一般人每天攝取礦物質鎂的量是343公克，大大低於醫學研究院建議的420公克。

南瓜籽要怎麼吃呢？整個吃，含殼一起（殼提供更多纖維質）。烤南瓜籽每盎司含150公克的鎂，能確保你每天輕易達到目標攝取量。到超市零嘴區找找看，就在核果和葵花籽的旁邊。

營養的秘密NO.3

騙人的健康食品

就算食品標示標籤上說這個東西對你身體好，也不一定就真的好。以下教你如何看出宣傳廣告背後的真相。

水果優格

優點：大家都知道，優格和水果是健康食物。

缺點：玉米糖漿可不是健康食物，但玉米糖漿就是使水果優格超甜的原因。例如，170克的水果優格含32克的糖，但只有大約一半是優格和水果天然的糖分，剩下都來自玉米糖漿，就是「添加」的糖，或是「我們不需要」的糖。

健康的替代品：將1/2杯的原味優格和1/2杯的水果如藍莓或覆盆子加以混合。這樣可以排除多餘的糖分，同時將水果的攝取量增加兩倍以上。

烤豆子

優點：豆子有豐富的纖維質，能幫助你感到飽足，並減緩糖分吸收到血液中的速度。

缺點：塗在烤豆子表面的醬料是以紅糖和白糖製成。因為纖維質是在豆子裡，所以無法干擾糖漿消化和吸收的速度。一杯的烤豆子含有24公克的糖：差不多等於220克的汽水。沒在喝汽水？那你也應該不要吃烤豆子。

健康的替代品：紅腰豆泡水。你得到了豆類的好營養，卻沒有多餘的糖分。紅腰豆甚至不用煮：打開罐子，把水倒掉，加點鹽，就可以食用並保存。試試看淋上一點熱醬汁，增加一點風味變化。

加州捲

優點：外面包的海苔含有許多必要的營養素，如碘、鈣和omega-3脂肪酸。

缺點：其實，加州捲基本上等於日本式的糖塊，因為它主要的兩種成分是白米和蟹肉棒，兩者都含能夠迅速消化的碳水化合物，而且幾乎不含蛋白質。

健康的替代品：選擇真的壽司如鮪魚捲或鮭魚捲。如此一來能減少攝取極易升高血糖的碳水化合物，並同時補充大量的高品質蛋白。更好的選擇是不要吃白米飯，點生魚片吧！

無脂沙拉醬

優點：除去脂肪，減少了醬料中所含的熱量。

缺點：為了調味而加入了糖。也許更嚴重的是，除去脂肪後降低了身體吸收蔬菜中許多維生素的能力。俄亥俄州立大學研究者發現吃沙拉時，沙拉醬中有脂肪的話，一般人能多吸收15倍的β胡蘿蔔素和5倍的黃體素，兩者都是相當強的抗氧化劑。

健康的替代品：選擇以橄欖油或菜籽油所做成的全脂沙拉醬，其中每一份所含的碳水化合物不到2公克。或以簡單、美味又無糖的方式處理：在沙拉上淋上甜醋或橄欖油。

低脂花生醬

優點：即使是低脂的花生醬，裡面還是有豐富健康的單元不飽和性脂肪。

缺點：許多商品加入了「糖粉」，就是裝飾杯子蛋糕上頭灑上的精製白霜。低脂花生醬是所有花生醬中最糟糕的一種，因為不但沒有健康的脂肪，又注入更多糖粉。其實，每一湯匙的低脂Skippy牌花生醬裡面，有一半以上是糖。所以不如在標籤上面寫：「插個生日蠟燭當蛋糕吧！」

健康的替代品：自然、全脂的花生醬，不含添加糖。

玉米油

優點：一般人認為玉米油對身體有益，是因為玉米油含有大量的omega-6脂肪酸。omega-6脂肪酸是一種必要的多元不飽和脂肪，不會升高膽固醇。

缺點：玉米油內所含有的omega-6脂肪酸是omega-3脂肪酸的60倍。omega-3脂肪酸是一種健康的脂肪酸，在魚、核桃和亞麻籽中都十分豐富。但研究指出相對於omega-3脂肪酸，如果大量攝取omega-6脂肪酸的話，會增加發炎症狀，增加癌症、關節炎、肥胖的危險。

健康的替代品：橄欖油和菜籽油中的omega-6脂肪酸和omega-3脂肪酸較為平衡。這兩種油也含有較高的單元飽和性脂肪，對降低低密度脂蛋白膽固醇（壞膽固醇）也有幫助。

敬肱二頭肌一杯！

就算坐在辦公室，也能培養出肌肉！法國研究者發現，花7個小時，每20分鐘慢慢一小口一小口喝下含有30克蛋白的奶昔，肌肉增加的效果比一口氣喝完30克蛋白好上太多了。所以你也可以效法這種原則，將30克的蛋白粉（1或1又1/2匙）加入450克的水，工作的時候慢慢喝，這樣可以穩定供給肌肉生長的基本營養，也比較不會在兩餐之間跑到自動販賣機解饞。

營養的秘密NO.4

五項你該打破的飲食迷思

《男性健康》雜誌顧問、理學碩士艾爾岡曾經針對幾個常見的營養迷思提出說明如下，能夠讓你的飲食計畫更加完備。

迷思NO.1
高蛋白攝取對腎臟有害

迷思的起源：1983年，研究者首度發現多吃蛋白質能增加腎絲球過濾率（GFR）。GFR可以視為是每分鐘腎過濾的血液量。許多科學家根據這項發現推論，GFR過高就會造成腎臟負擔。

科學證實：近20年前，荷蘭研究者發現，富含蛋白質的一餐的確會使GFR升高，但對整體腎功能並沒有負面的影響。其實，完全沒有任何研究指出，吃下大量的蛋白質會傷害到腎臟。有一種謬傳，要大家「每天平均每磅體重不得吃超過1.27克的蛋白質」，這是完全沒有根據的。

基本概念：最實用的方法就是依照個人目標體重，每天攝入相同公克的蛋白質。例如，如果你想從圓滾滾的200磅變成精實的180磅，那你一天就吃180克的蛋白質。

迷思NO.2
藍莓比香蕉對身體更好

迷思的起源：研究指出，藍莓所含的抗氧化劑，幾乎勝過所有相同重量單位的水果。所以經常可以聽見這種宣傳說藍莓比其他水果好，尤其勝過香蕉。

科學證實：兩種水果對身體都很好，只是補充的營養不同。例如，以每卡路里為單位，香蕉比藍莓多4倍的鎂和鉀。所以並不是一種食物比另一種食物更好這麼簡單，而是和你衡量的角度有關。若要追求最好，應該要均衡變化。譬如說，科羅拉多州立大學科學家發現攝取多樣蔬菜水果的人，比只吃少數種類水果的人更健康。

基本概念：蔬菜水果有益身體健康。要得到最好的效果，就應該混著吃你最愛的水果，不要依抗氧化劑的含量限制自己。

迷思NO.3
紅肉會致癌

迷思的起源：在一項1986年的研究中，日本研究者發現餵食異環胺的老鼠得到了癌症，異環胺是高溫過度烘烤產生的化合物。從那時起，有相當多的人口研究指出紅肉和癌症可能有的潛在關聯。

科學證實：沒有任何研究發現攝取紅肉和癌症有直接的因果關係。而多數人口研究都稱不上有結論。研究調查廣泛人群的飲食習慣和健康狀況，結果的統計數字找出的是趨勢而非原因。

基本概念：不必停止烤肉。愛好吃肉的人也別因為擔心烤肉的危險而不吃漢堡和牛排；不過，應該切掉烤焦或烤過頭的部分。

迷思NO.4
高果糖漿比正常的食用糖更容易導致肥胖

迷思的起源：2002年，加州大學戴維斯校區的研究者發表了一篇廣為流傳的報告指出，美國人果糖和高果糖漿攝取量增加，剛好和肥胖的劇增比例成正比。

科學證實：高果糖漿和蔗糖（就是一般的食用糖）都含有等量的果糖。其實，以化學相似度來說，兩者都含有50%的果糖和50%的葡萄糖。這就是為什麼加州大學戴維斯校區科學家發現，果糖的攝取是同時來自高果糖漿和蔗糖。真相是，沒有證據顯示這兩種糖有什麼不同。兩者攝取過量都會造成體重增加。

基本概念：高果糖漿和食用糖都是空熱量碳水化合物，攝取量都應有所限制。

迷思NO.5
鹽會造成高血壓，應該要避免

迷思的起源：1940年代，杜克大學研究者醫學博士華特·肯納，因為採用限制鹽攝取量的療法治療高血壓而聲名大噪。之後，研究證實減少鹽份攝取的確有幫助。

科學證實：大量的科學報告發現，血壓正常的人沒有必要限制鹽攝取量。好，如果你已經有高血壓，你可能是對鹽「有些敏感」。所以，減少鹽的攝取量會對你有幫助。但是，近20年來已知道，如果患高血壓的人不願減少鹽量攝取，那麼只要攝取更多富含鉀的食物，對健康就有相同的益處。為什麼？因為兩種礦物質的平衡：荷蘭科學家發現，鉀的攝取量不足和高鹽攝取對血壓都有相同的影響。結果顯示，平均一般人一天攝取3200毫克的鉀，比建議值少了1500毫克。

基本概念：多吃水果、蔬菜和豆類，實行健康飲食。例如：菠菜（煮過的）、香蕉和多數豆類每份各含有400毫克的鉀。

進食前先動腦

下次吃零食前，先想想前一餐吃了什麼。英國研究者發現，進食前先思考一下自己先前吃過什麼東西的人，比沒有三思而後行的人，少吃了30%的卡路里。道理在於：回想自己已經吃了些什麼，能防止你過度放縱。

專業特刊

揭發重訓營養學的秘密

不論是想減肥或培養肌肉，只要確保肌肉有補充足夠的養分，就能達到最好的效果。因此，重訓前後就要攝取健康的蛋白質。提供身體基本營養，修飾並使肌肉重組，增加功效。

而且，重訓後當天是攝取碳水化合物最好的時間。為什麼？不妨想像你吃的碳水化合物都裝到一個籃子中。當籃子滿了，碳水化合物就溢出來，並轉換成脂肪。身體就是就是如此運作的，而籃子就是你的肌肉。但運動時，你就會燃燒碳水化合物，將其移出籃子外。因此，重訓後你就有更多的空間可以貯存碳水化合物。所以重訓後所攝取的碳水化合物就比較不可能貯存成腹部脂肪。不僅如此，這些碳水化合物還能促進肌肉修復。

你可以在重訓前或重訓後後立刻攝取每天所需的澱粉和糖分，或可以只食用蛋白質重訓零嘴，讓碳水化合物籃子保持空空的，使身體全力燃燒脂肪。選擇以下你最喜歡的選項。

蛋白質重訓小點心

選擇一：

簡單方便的奶昔。準備蛋白質奶昔（和水混合），其中至少含有20克的蛋白質（多一些也可以）。選購時，記得選成分含有較少碳水化合物和脂肪的商品。以下三種推薦商品都混合含有乳清蛋白和酪蛋白，但類似的蛋白粉也可以。

品項名稱：At Large Nutrition Nitrean
購買網址：www.atlargenutrition.com
每份含有（準備兩份）：24克蛋白質、兩克碳水化合物、1克脂肪

品項名稱：Biotest Metabolic Drive Super Protein Shake
購買網址：www.t-nation.com
每份含有（準備兩份）：20克蛋白質、4克碳水化合物、1.5克脂肪

品項名稱：MET-Rx Protein Plus Protein Powder(46-g Metamyosyn Protein Blend)
購買網址：metrx.com
每份含有（準備一份）：46克蛋白質、3克碳水化合物、1.5克脂肪

選擇二：

日常食品。自食物中攝取至少20公克的優質蛋白。

- 小罐的鮪魚罐頭（100公克）
- 85到110公克的熟食肉類
- 一份約為一疊撲克牌大小的瘦肉（長、寬、高）
- 3顆蛋，例如炒蛋。

蛋白質加碳水化合物重訓小點心

選擇一：

簡單方便的奶昔（含碳水化合物）。準備一份奶昔（和水或牛奶混合），其中含40到80克的碳水化合物及至少40克的乳清蛋白和酪蛋白。選購時，選用含有這兩種蛋白的商品。至於碳水化合物，這是唯一可以含糖的情況。因為碳水化合物在重訓時馬上可以成為能量利用，在重訓後可以加速肌肉增長。以下三項商品符合以上標準：

品項名稱：At Large Nutrition Opticen
購買網址：www.atlargenutrition.com
每份含有（準備一份）：52克蛋白質、25克碳水化合物、1.7克脂肪

品項名稱：Biotest Surge Recovery
購買網址：www.t-nation.com
每份含有（準備一份）：25克蛋白質、46克碳水化合物、2.5克脂肪

品項名稱：MET-Rx Xtreme Size Up
購買網址：metrx.com
每份含有（準備一份）：59克蛋白質、80克碳水化合物、6克脂肪

選擇二：

日常食品（包含碳水化合物）。趁

碳水化合物籃子半滿，享受一、兩份碳水化合物的滋潤，不用擔心對腰圍的影響。自日常食品中，至少攝取20克的優質蛋白，碳水化合物上限40克。你可以自由混合食物，或採用以下指示，想出你最喜歡的食物（例如：披薩！）

含有20克蛋白的食物：

- 小罐鮪魚罐頭（100公克）
- 85到110公克的熟食肉類
- 3顆蛋

含15到20克碳水化合物各種分量的食物（你需要兩份）：

- 一片麵包
- 1/2杯義大利麵和米飯
- 1/2杯穀片
- 1/2顆中等大小的馬鈴薯
- 1杯莓果或切片水果
- 1整顆蘋果、柳橙或桃子
- 1/2根大香蕉

同時含有蛋白質和碳水化合物的乳製品（每220公克／杯）：

乳製品	蛋白質（克）	碳水化合物（克）
牛奶	8	12
巧克力牛奶	8	25
原味優格	8	12
水果優格	8	25
克菲爾發酵乳	14	12
調味克菲爾 發酵乳	14	25
白乾酪	31	8

大放送！

25種對抗肥胖的零嘴

以這些誘人的組合取代無腦亂吃

每當你在正餐之間想嗑點東西的時候，就從下表兩種類別中各選一種食物，任意搭配。請遵守表中的建議分量。下表中可以得出25種約含200卡路里的營養均衡選擇。每一種組合都會充滿足夠的蛋白質、脂肪、纖維質，和一劑對抗疾病的抗氧化劑。

吃這個……	分量	配這個……	分量
杏仁或花生醬、核果、堅果種子	1湯匙	蘋果	1顆中等大小
原味優格	3/4杯	桃子	1顆大的
火腿或火雞肉片	3片	芹菜*	5枝
硬質乳酪（帕馬森或切達乳酪）	30公克／1片	藍莓	1杯
2%白乾酪	1/2杯	小紅蘿蔔*	1杯

*芹菜、紅蘿蔔的卡路里非常低，你可以將這兩項欄中的分量加倍來搭配。